Licht und Materie
Band 2

Licht und Materie

Band 2: Laser

von
Prof. Dr. Dr. h.c.mult. Hermann Haken
Institut für Theoretische Physik und Synergetik
Universität Stuttgart

2., erweiterte Auflage

B·I·
Wissenschaftsverlag
Mannheim · Leipzig · Wien · Zürich

Die Deutsche Bibliothek – CIP-Einheitsaufnahme

Haken, Hermann:
Licht und Materie / von Hermann Haken. –
Mannheim; Leipzig; Wien; Zürich: BI-Wiss.-Verl.
Bd. 2. Laser. – 2., erw. Aufl. – 1994
ISBN 3-411-17152-9

Gedruckt auf säurefreiem Papier
mit neutralem pH-Wert (bibliotheksfest)

Druck: RK Offsetdruck GmbH, Speyer
Bindearbeit: Progressdruck GmbH, Speyer
Printed in Germany
ISBN 3-411-17152-9

Dem Andenken an den Pionier der Elektronik,
Professor Walter Schottky gewidmet.

Vorwort zur zweiten Auflage

Seit dem Erscheinen der 1. Auflage des vorliegenden Lehrbuches hat die Laserphysik weiterhin eine stürmische Entwicklung genommen. Dies gilt sowohl für die Entdeckung und Erforschung neuartiger Laserprozesse als auch für das Auffinden neuer Anwendungen. Da in diesem Buch die Grundlagenphysik im Vordergrund steht, habe ich mich bemüht, die neuesten Entwicklungen auf diesem Gebiet aufzunehmen, um so Professoren und Studenten die Möglichkeit zu geben, sich mit diesem faszinierenden Gebiet näher vertraut zu machen. So habe ich das Laserlicht-Chaos, ein Phänomen, das ich 1975 vorausgesagt hatte und das inzwischen in zahlreichen Experimenten aufgefunden und auch theoretisch weiter studiert werden konnte, neu aufgenommen. Daneben wird auf eine Reihe weiterer sogenannter Instabilitäten in Lasern, die zu komplexem zeitlichem Verhalten der Laserlichtausstrahlung führen, hingewiesen. Ein interessantes und wichtiges Konzept ist das des 2-Photonen-Lasers, bei dem das einzelne Laseratom im Laserprozeß nicht ein, sondern jeweils zwei Photonen aussendet. Die hier ablaufenden Prozesse lassen sich zwanglos im Anschluß an die Quantentheorie des Lasers behandeln. Ein sehr erfolgversprechendes Gebiet stellen die sogenannten transversalen Effekte im Laser dar, wo es zu einer räumlichen Strukturbildung des Laserlichtes kommt. Hierbei treten verblüffende Analogien mit Strukturbildungsvorgängen in Flüssigkeiten und bei chemischen Reaktionen zutage. Für mich bedeutet die Entdeckung dieser neuartigen Phänomene eine besondere Genugtuung, da es gerade das Anliegen des von mir begründeten interdisziplinären Forschungsgebiets der Synergetik ist, die Analogien bei Musterbildungsvorgängen in den verschiedensten Gebieten aufzudecken. Schließlich habe ich noch den optischen synergetischen Computer aufgenommen, da dieser eine vielversprechende Alternative zu den neuronalen Netzen darstellt.

Abgesehen von den eben genannten Ergänzungen und Erweiterungen konnte der ursprüngliche Text unverändert stehen bleiben, da die hier behandelten Grundgleichungen und Lösungsverfahren sich auch in der neueren Entwicklung als absolut tragfähig erwiesen haben. Es versteht sich von selbst, daß mir bekanntgewordene Druckfehler beseitigt wurden und daß im Literaturverzeichnis Hinweise auf neue Veröffentlichungen mit aufgenommen wurden. Frau Irmgard Möller danke ich für das rasche und sorgfältige Schreiben der Ergänzungen und Herrn Dipl. Phys. Marc Neufeld für die Anfertigung der zugehörigen Abbildungen.

Stuttgart, März 1994 Hermann Haken

Vorwort zur ersten Auflage

Der hier vorliegende 2. Band über den Laser stellt den zentralen Teil unseres Lehrbuchs „Licht und Materie“ dar. In der Tat schlägt der Laser die Brücke von den Grundlagen der Atom- und Quantentheorie zu den vielen wichtigen Anwendungen insbesondere in der nichtlinearen Optik und zahlreichen anderen Zweigen aus Physik und Technik. Darüberhinaus aber ist vom physikalischen Standpunkt aus der Laser schon für sich allein genommen ein äußerst interessantes Forschungsobjekt, dessen wissenschaftliche Bedeutung erst jetzt so richtig erkannt wird. So ist die Frage, wie aus inkohärentem Licht im Laser kohärentes Licht entsteht und welche kollektiven Phänomene sich hier abspielen, von grundsätzlichem Interesse. Hier hat der Laser sogar Pate gestanden zu einem neuen Wissenschaftszweig, der Synergetik, die sich systematisch mit dem Entstehen von Ordnung aus Unordnung befaßt.

Gemäß meiner Absicht, das Buch einem breiten Leserkreis zugänglich zu machen, gehe ich wie bereits im 1. Band von sehr einfachen Voraussetzungen aus und entwickle systematisch die verschiedenen Stufen der Lasertheorie vom Einfachen zum Schwierigeren fortschreitend. So behandle ich zuerst die sogenannten Ratengleichungen, die uns Auskunft über die ausgestrahlten Intensitäten des Lasers geben. Das Kernstück bildet dann die halbklassische Lasertheorie, die es gestattet, sehr viele der grundlegenden Phänomene des Lasers zu behandeln und die auch im technischen Bereich für das Verständnis der Laserprozesse unentbehrlich ist. Schließlich behandle ich im letzten Teil die Eigenschaften des Lasers, die durch die Quantennatur von Licht und Materie bedingt sind. Hier handelt es sich um so grundsätzliche Fragen wie die Kohärenzeigenschaften des Lichts, seine Rauscheigenschaften und die Photonenstatistik.

Diese Fragen sind nicht nur von physikalischem Interesse, sondern auch wieder bedeutsam für technische Anwendungen, da nur durch die Beantwortung dieser Fragen bestimmt werden kann, welche grundsätzlichen Grenzen gesetzt sind, um z.B. frequenzreines Licht zu erzeugen. Zum anderen hielt ich es hier für geboten, mich auf das Wesentliche zu beschränken. Leser, die insbesondere tiefer in die quantentheoretische Behandlung des Laserlichts eindringen wollen, seien auf mein Buch „Laser Theory“, das als Band XXV/2c des Handbuchs für Physik erschienen ist, verwiesen.

Mit der gesamten Problematik des Lasers wurde ich schon frühzeitig und durch glückliche Umstände vertraut. Im Jahr 1960 war ich als

Gastwissenschaftler an den Bell Telephone Laboratories in den USA tätig. Dort erfuhr ich sehr bald, insbesondere durch meinen Freund Wolfgang Kaiser (der jetzt an der Universität München als Professor tätig ist) von einer ganz revolutionierenden Entwicklung. Man versuchte nämlich, eine völlig neuartige Lichtquelle zu entwickeln, die auf dem Prinzip der induzierten Emission beruhen sollte. Zwei Jahre vorher, d.h. 1958, hatten Schawlow und Townes in einer Abschätzung gezeigt, daß es möglich sein sollte, das Maserprinzip auf den optischen Bereich auszudehnen, und verschiedene Gruppen der Bell Laboratorien, wie auch andere Laboratorien, versuchten, dies experimentell zu verwirklichen. Durch die Diskussionen, die sich dabei entwickelten, wurde ich sehr schnell in die Problematik eingeführt. Ich begann damals eine Lasertheorie zu entwickeln, die ich 1962 in Grundzügen veröffentlichte und dann später, gemeinsam mit meinen Mitarbeitern, auf eine ganze Reihe konkreter Probleme anwandte. Etwa zur gleichen Zeit entwickelte Willis Lamb seine Lasertheorie, die er dann ebenfalls mit seinen Mitarbeitern auf eine Reihe von Problemen anwandte. Wie wir heute wissen, sind diese beiden völlig unabhängig voneinander entstandenen Theorien, die als semiklassische Lasertheorien bezeichnet werden, miteinander äquivalent. Der nächste Schritt, nämlich eine adäquate Quantentheorie des Lasers, wurde sodann 1964 und in den folgenden Jahren von mir und meiner Stuttgarter Gruppe, sowie ab 1965 von Lamb und seinen Mitarbeitern und sodann auch von Lax und Louisell durchgeführt. Wir alle betrachteten die Entwicklung dieser Theorien, die zum Teil längs verschiedener Wege zum gleichen Resultat führten, als eine faszinierende Aufgabe. Es erscheint mir aber, daß die physikalischen Vorgänge im Laser und deren Anwendungsmöglichkeiten so vielfältig sind, daß der Laser auch heute noch nichts von seiner Faszination verloren hat, sondern auf viele Jahre hinaus ein weiterhin höchst reizvolles Objekt wissenschaftlicher Forschung sein wird.

Ich hoffe, daß das vorliegende Buch mit dazu beiträgt, Dozenten und Studenten, wie auch Ingenieure und Lehrer höherer Schulen, für dieses Gebiet zu begeistern und ihnen ein tiefergehendes Verständnis zu ermöglichen.

Meinem Mitarbeiter, Herrn Dr. A. Wunderlin, danke ich für die sorgfältige und kritische Durchsicht des Manuskripts und die Überprüfung der Aufgaben. Herrn Dr. H. Ohno danke ich für die Anfertigung der Zeichnungen. Mein besonderer Dank gilt meiner Sekretärin, Frau U. Funke, die trotz ihrer mannigfachen Aufgaben das Manuskript in gewohnter Weise in kürzester Zeit und in perfekter Form erstellte. Die Fertigstellung dieses Bandes und weiterer Buchvorhaben wurde ermöglicht durch ein Programm der Deutschen Forschungsgemeinschaft, das durch die Initiative von Prof. Dr. Maier-Leibnitz zustande kam. Das

Bundesministerium für Bildung und Wissenschaft stellte die Mittel zur Bezahlung eines Lehrstuhlvertreters bereit und das Baden-Württembergische Ministerium für Wissenschaft und Kunst und die Universität Stuttgart gewährten mir ein Freijahr. Allen Beteiligten danke ich herzlich für die Unterstützung, die sie mir in jeder Hinsicht und in unbürokratischer Weise gewährten.

Stuttgart, Oktober 1980 H. Haken

Inhaltsverzeichnis

Symbolverzeichnis

*	bezeichnet die konjugiert komplexe Größe
+	bezeichnet den adjungierten Operator
$A_{\mu\lambda}$	langsam veränderliche Amplitude des Dipolmoments/oder der zugehörige Operator. Der Index μ bezeichnet das entsprechende Atom
$\mathbf{B}$	magnetische Induktion
B_λ	langsam veränderliche Amplitude der elektrischen Feldmode λ/oder des zugehörigen Operators
C	ist definiert in (6.46). In Kapitel 9 wird es verwendet für die spezifische Wärme bei konstantem Volumen
D	gesättigte Gesamtinversion
D_0	ungesättigte Inversion, summiert über alle Atome
$\mathbf{E}$	elektrische Feldstärke
$\mathbf{E}^{(+)}$	positiver Frequenzanteil der elektrischen Feldstärke
$\mathbf{E}^{(-)}$	negativer Frequenzanteil der elektrischen Feldstärke
E_i	Energieeigenwert des Atomniveaus i
E_λ	elektrische Feldstärke der Mode λ
F, F^+	fluktuierende Kräfte/Operatoren zu fluktuierenden Kräften bei der elektrischen Feldamplitude/dem zugehörigen Operator
$\tilde{F}, \tilde{F}^+$	wie bei F, F^+, jedoch im rotierenden Koordinatensystem
F_{tot}	gesamte fluktuierende Kraft/entsprechender Operator in der Gleichung für den Ordnungsparameter (nach Elimination der Atomvariablen)
$\mathcal{F}$	Freie Energie
G	Gewinnfaktor
$\mathbf{H}$	magnetische Feldstärke
H	Hamiltonoperator
H_0	Hamiltonoperator ohne äußere Störung
H^s	Hamiltonoperator der äußeren Störung
H^s_{ik}	Matrixelemente von H^s
I	Intensität
I_λ	Intensität der Mode λ
L	Resonatorlänge
$\mathbf{M}$	Magnetisierung
$M_\uparrow$	Magnetisierung nach oben
$M_\downarrow$	Magnetisierung nach unten
$\mathcal{N}$	Normierungsfaktor
N	Zahl der laseraktiven Atome

N_i	Besetzungszahl des Niveaus i
$N_{i\mu}$	Besetzung des Niveaus i beim Atom μ
N_{2s}	Besetzung des Niveaus 2 im gesättigten Zustand
$(N_2 - N_1)_{thr}$	Inversion an der Laserschwelle
$\mathbf{P}$	Polarisation
$\mathbf{P}^{(+)}$	positiver Frequenzanteil der Polarisation
$\mathbf{P}^{(-)}$	negativer Frequenzanteil der Polarisation
R	Reflexionsvermögen
S	Entropie
T	Relaxationszeit der Inversion (in Kap. 9: Temperatur)
T_c	kritische Temperatur
V	Volumen
W	Zerfallsrate
$W_{\lambda\mu}$	Übergangswahrscheinlichkeit pro Zeiteinheit, definiert in (4.55)
W_i	Energieeigenwert zum Atomniveau i
b_λ	elektrische Feldamplitude/der entsprechende Operator zur Mode λ
c	Lichtgeschwindigkeit
d_0	ungesättigte Inversion
d_μ	gesättigte Inversion des Atoms μ
c_i	Entwicklungskoeffizienten der Wellenfunktion
e	Elementarladung
$\mathbf{e}_\lambda$	Polarisationsvektor einer transversalen Welle
f	Federkonstante
$g_{\mu\lambda}$	Kopplungskonstante Lichtfeld-Atom
$\hbar$	Plancksches Wirkungsquantum dividiert durch 2π
$\mathbf{j}$	Stromdichtevektor
$\mathbf{k}$	Wellenvektor
m	Elektronenmasse
n_λ	Photonenzahl der Mode λ
n_{sp}	Zahl der spontan emittierten Lichtquanten
n_{th}	Zahl der thermischen Lichtquanten
$\mathbf{p}$	Dipolmoment
$\mathbf{p}_\mu$	Dipolmoment des Atoms μ
$p_\mu^{(+)}$	positiver Frequenzanteil des Dipolmoments beim Atom μ
$p_\mu^{(-)}$	negativer Frequenzanteil des Dipolmoments beim Atom μ
q	Oszillatorkoordinate
r	Radius
s_+, s_-, s_z	Spinoperatoren für ein Spin 1/2 System
t	Zeit
t_1	Relaxationszeit Lichtfeld
t_a	Relaxationszeit atomare Dipolmomente
$\mathbf{u}_\lambda$	Resonatoreigenfunktionen

$\mathbf{v}$	Geschwindigkeit
w_{ik}	atomare Übergangswahrscheinlichkeit von k nach i
$\mathbf{x}$	Ortsvektor
y	spektrale Dichte
Γ	Dämpfungskonstante
$\Gamma_{\mu-}$, $\Gamma_{\mu+}$	fluktuierende Kräfte/zugehörige Operatoren bei der Polarisation
$\Gamma_{\mu\alpha}$	fluktuierende Kräfte/zugehörige Operatoren bei der Inversion
Δ	Laplaceoperator
$\mathbf{\Theta}_{ik}$	Dipolmatrixelement
Ω_λ	Frequenz der Laserschwingung λ
α	Polarisierbarkeit
α_μ	Amplitude des Dipolmoments/zugehöriger Operator des Atoms μ
β_μ	Def. s. (8.64)
γ	homogene atomare Lebensdauer
ϑ	Winkel
κ	Dämpfungskonstante des Lichtfeldes
λ	Wellenlänge
μ	magnetisches Moment
ν	atomare Übergangsfrequenz
$\Delta\nu$	Linienbreite
ξ_μ	Koordinate eines atomaren Dipols μ
ρ	Frequenzdichte
σ	elektrische Leitfähigkeit
τ	Lebensdauer
φ	Phasenwinkel
φ_i	atomare Eigenfunktionen
Ψ	Wellenfunktion
ω	Kreisfrequenz
$\bar{\omega}_\mu$	Kreisfrequenz des atomaren Übergangs beim Atom μ
ω_λ	Kreisfrequenz der Lichtwellenmode λ

1. Einleitung

Das Wort Laser ist ein amerikanisches Kunstwort. Es ist, wie so oft in der technischen Literatur, eine Abkürzung bestehend aus den Anfangsbuchstaben von „Light Amplification by Stimulated Emission of Radiation“. Auf Deutsch heißt dies „Lichtverstärkung durch induzierte Emission von Strahlung“. Das Laserprinzip ist aus dem sogenannten Maserprinzip hervorgegangen. Auch das Wort Maser ist ein Kunstwort und besteht aus den Anfangsbuchstaben von „Microwave Amplification by Stimulated Emission of Radiation“, das heißt also „Mikrowellenverstärkung durch induzierte Emission von Strahlung“.

Der Maser war von Basov, Prokhorov, Townes, sowie Weber vorgeschlagen worden, während wir die Ausdehnung dieses Prinzips auf den Lichtwellenbereich Schawlow und Townes verdanken. Um das Laserprinzip zu verstehen, ist es zweckmäßig, kurz auf das Maserprinzip einzugehen.

Die technische Vorrichtung zu dessen Verwirklichung, die ebenfalls Maser genannt wird, besteht im wesentlichen aus zwei Komponenten. Einmal einem sogenannten Hohlraumresonator, zum anderen Molekülen, die sich in diesem befinden oder in diesen hineingeschossen werden. Ein Hohlraumresonator ist im wesentlichen nichts anderes als ein Metallkasten bestimmter Form und Dimension (Fig. 1.1). In diesem können sich (vgl. hierzu auch Bd. I, Abschn. 2.3) stehende elektromagnetische Wellen mit bestimmten diskreten Wellenlängen ausbilden (Fig. 1.2 u. 1.3). Die möglichen Wellenformen wollen wir im folgenden, wie stets

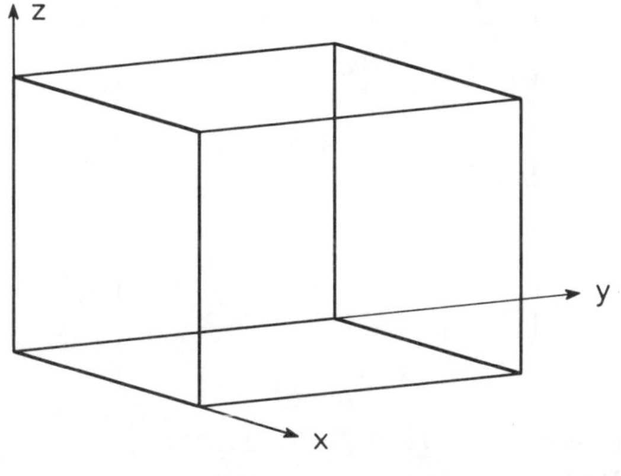

Fig. 1.1 Beispiel eines rechteckigen Hohlraumresonators.

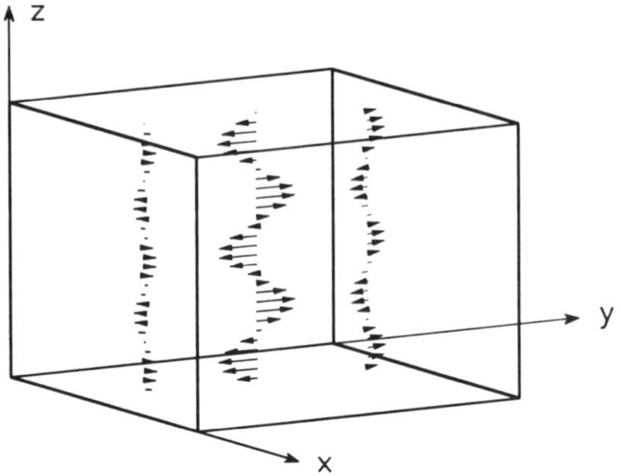

Fig. 1.2 Elektromagnetische Welle in einem Hohlraumresonator. Die elektrische Feldstärke ist nach Richtung und Größe durch die entsprechenden Pfeile dargestellt.

sonst in der Literatur, als Moden bezeichnen. Diese Moden besitzen eine diskrete Folge von Eigenfrequenzen. Diese im Hohlraumresonator im Prinzip möglichen Moden sollen nun angeregt werden. Dazu schießt man Moleküle (z.B. Ammoniakmoleküle) in den Hohlraumresonator ein, wobei die Moleküle vorher energetisch angeregt wurden. Wichtig für das Verständnis von Maserprozessen ist für uns im Moment nur, daß zwischen dem angeregten Zustand des NH_3-Moleküls (der ein

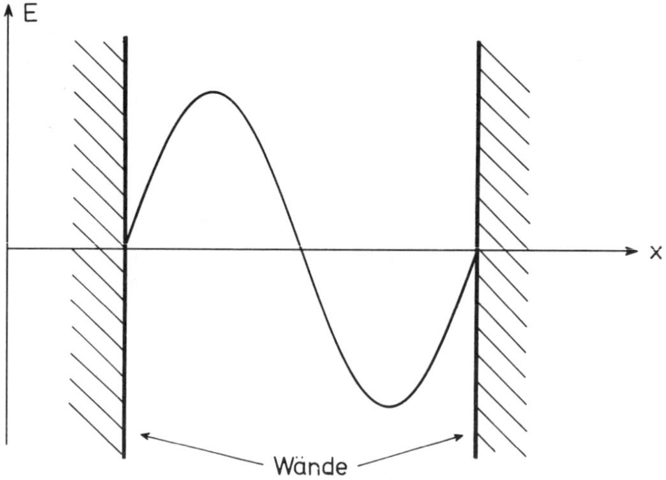

Fig. 1.3 Stehende elektrische Welle der Feldstärke **E** zwischen zwei idealleitenden Wänden.

Schwingungszustand ist) und dem Grundzustand ein Übergang erfolgen kann, bei dem eine elektromagnetische Welle mit der Quantenenergie $h\nu = E_2 - E_1$ ausgestrahlt wird. ν ist dabei die Frequenz der ausgestrahlten Welle, während E_2 und E_1 die Energien von Anfangs- und Endzustand des Moleküls sind.

Wie wir bereits im ersten Band gesehen haben, können angeregte Atome oder auch Moleküle zur induzierten Emission veranlaßt werden, wenn bereits eine Zahl von Quanten des elektromagnetischen Feldes vorhanden ist. Durch die im Hohlraum vorhandenen angeregten Moleküle kann also eine bestimmte Mode immer mehr durch induzierte Emission „angefacht" werden. Es kommt bei dem hier vorliegenden Mikrowellenbereich also zur *Verstärkung der Mikrowellenmode durch induzierte Emission.* Bei der Energieübertragung von Molekülen an das elektromagnetische Feld ist dabei wichtig, daß die Frequenz des Molekülübergangs mit der Frequenz der zu verstärkenden Mode übereinstimmt. Genauer gesagt ist es notwendig, daß die Frequenz der Mode innerhalb der Linienbreite des molekularen Übergangs liegt. Bei den beim Maser verwendeten Molekülen kann durch die Dimensionierung des Mikrowellenresonators erreicht werden, daß nur eine bestimmte Mode verstärkt wird, während alle anderen Moden außerhalb der Linienbreite liegen (vgl. Fig. 1.4).

Von Schawlow und Townes wurde vorgeschlagen, das Maserprinzip auf den optischen Bereich auszudehnen. Hierbei werden zur Verstärkung des

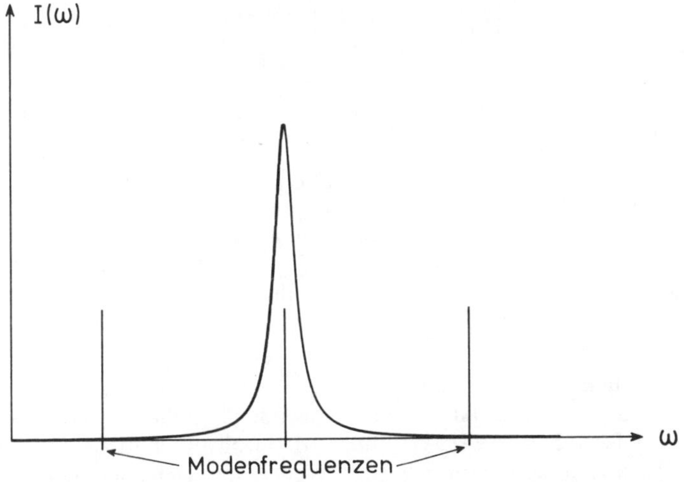

Fig. 1.4 Aufgetragen ist die Emissionsintensität eines Moleküls gegenüber der Kreisfrequenz. Im Mikrowellenbereich liegen die Modenfrequenzen meist so weit voneinander getrennt, daß nur eine in die Emissionslinie fällt.

Lichtfeldes optische Übergänge zwischen den Elektronenniveaus von Atomen verwendet. Bei der Verwirklichung des Laserprinzips treten gegenüber dem Maser jedoch grundsätzliche neue Probleme auf. Diese liegen darin, daß die Lichtwellenlänge klein ist verglichen mit einem Hohlraum von vernünftiger Dimension. Deshalb ist im allgemeinen der Abstand zwischen den verschiedenen Eigenfrequenzen der Moden sehr klein, so daß sehr viele Moden im Frequenzbereich eines atomaren Übergangs liegen (Fig. 1.5). Deshalb muß eine geeignete Modenauswahl getroffen werden. Eine Möglichkeit hierzu besteht darin, die Seitenwände eines Hohlraumresonators wegzulassen und nur zwei gegenüberliegende

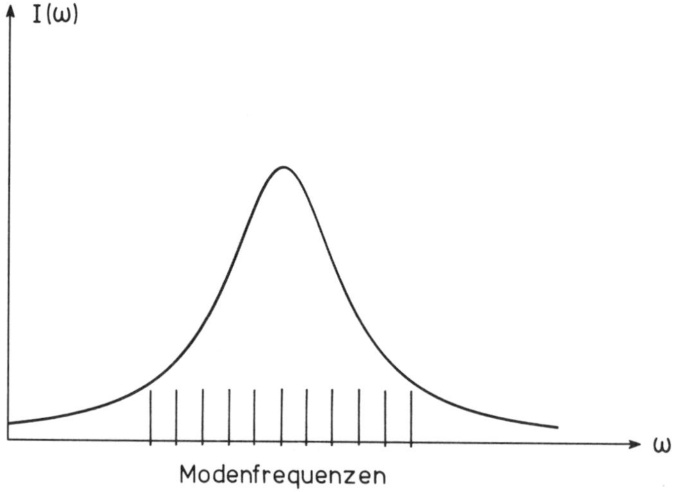

Fig. 1.5 Beispiel für die Lage von Modenfrequenzen im optischen Bereich. Hier fallen im allgemeinen sehr viele in eine Emissionslinie.

Spiegel zu behalten. Der daraus resultierende „Fabri-Perot-Resonator", der von Schawlow und Townes, Prokhorov und Dicke vorgeschlagen wurde, ermöglicht die Modenselektion in zweierlei Weise. Betrachten wir hierzu die Fig. 1.6 und 1.7. Bevor der Laserprozeß beginnt, strahlen die angeregten Atome Licht spontan in alle möglichen Richtungen ab. Aufgrund der Spiegelanordnung können nur Lichtwellen, die genügend nahe längs der Laserachse emittiert werden, in dem „Resonator" genügend lange bleiben, um die induzierte Emission der Atome zu verursachen, während alle anderen „Moden" nicht verstärkt werden können. Dieser Effekt wird besonders dadurch unterstützt, daß bei der induzierten Emission immer wieder Wellen mit gleicher Richtung und Wellenlänge verstärkt werden. Auf diese Weise führt das Fabri-Perot-Interferometer zu einer starken Diskriminierung der Moden hinsichtlich ihrer Lebensdauer. Weiterhin kann die Spiegelanordnung aufgrund der

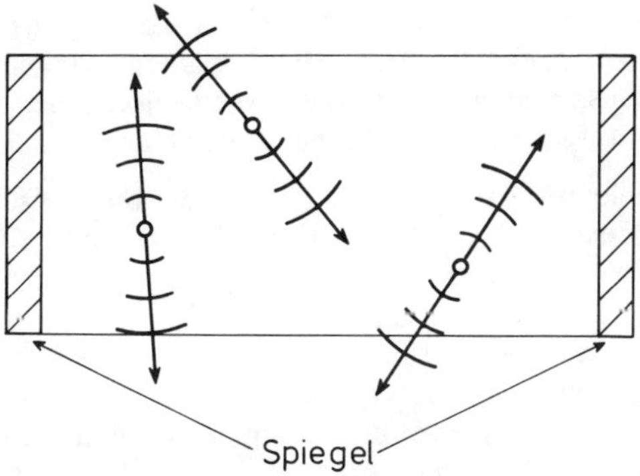

Fig. 1.6 Die angeregten Atome im Laserresonator können Licht in alle möglichen Richtungen abstrahlen. Die schräg zur Laserachse laufenden Wellen verlassen den Resonator schnell und tragen nichts zum Laserprozeß bei.

üblichen Interferenz nur solche axialen Moden aufrechterhalten, von denen ein ganzzahliges Vielfaches der halben Wellenlänge gerade den Spiegelabstand ergibt. Allerdings sind im allgemeinen auch dann noch sehr viele Frequenzen innerhalb der atomaren Linienbreite enthalten. Die endgültige Modenauswahl, oft die Selektion einer *einzigen* Mode, wird dann durch den Laserprozeß selbst getroffen, wie wir in diesem Buch zeigen werden.

Die erste experimentelle Verifizierung des Laserprinzips gelang Maiman 1960 am Rubin, einem rot leuchtenden Edelstein. Dies war der Anfang einer stürmischen Entwicklung, die auch heute noch nicht zum Stillstand

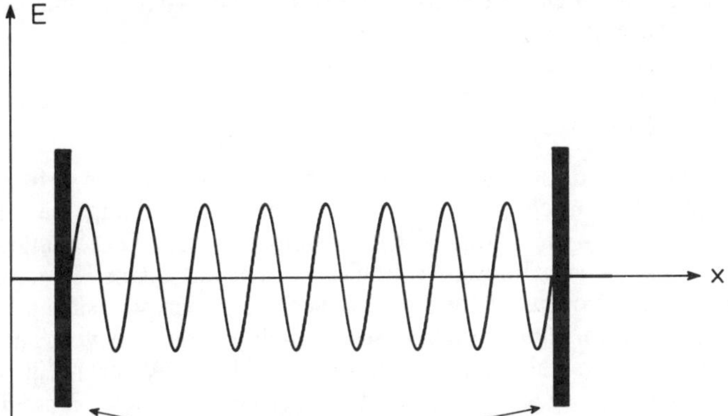

Fig. 1.7 Die elektrische Feldstärke einer stehenden axialen Welle im Laserresonator.

gekommen ist. Lasertätigkeit wurde bald darauf in Helium–Neon-Gas-Entladungen nachgewiesen. Heute kennen wir eine große Zahl verschiedenartigster Substanzen, die Lasertätigkeit hervorbringen, und wir werden hierauf in Abschnitt 2.3 näher eingehen.

Der Schwerpunkt unserer Darstellung wird die theoretische Behandlung des Laserprozesses selbst sein. Wir werden sehen, daß es eine Fülle hochinteressanter Vorgänge im Laser gibt und werden hierauf im einzelnen eingehen. Was sind die physikalisch interessanten Aspekte und Probleme einer Lasertheorie? Hierzu müssen wir uns klarmachen, daß in einem Laser sehr viele laseraktive Atome vorhanden sind. Wir haben es daher im Sinne der Physik mit einem Vielteilchenproblem zu tun. Typischerweise haben wir bei einem Laser 10^{14} oder noch wesentlich mehr Atome vor uns, die am Laserprozeß teilnehmen. Des weiteren stehen in einem Laser viele Moden in Wechselwirkung mit den Atomen. Wir haben es daher mit einem System mit sehr vielen miteinander in Wechselwirkung stehenden Freiheitsgraden zu tun. Des weiteren ist der Laser ein sogenanntes offenes System. Einerseits strahlt der Laser durch einen seiner teilweise durchlässigen Spiegel ständig Licht ab und zum anderen muß ihm ständig zur Aufrechterhaltung des Prozesses Energie zugeführt werden. Das System ist also gegenüber dem Energieaustausch mit der Umgebung offen. Indem die Atome ständig durch Energiezufuhr angeregt werden müssen und andererseits Licht abstrahlen, wird das atomare System weit vom thermischen Gleichgewicht gehalten. Im Laufe der Jahre hat sich herausgestellt, daß der Laser geradezu ein Paradebeispiel von Systemen, die offen und fern vom thermischen Gleichgewicht sind, darstellt. Schließlich und endlich müssen wir die optischen Übergänge zwischen atomaren Niveaus nach der Quantentheorie behandeln. Die diskrete Struktur der Spektrallinien ist ja eine direkte Folge der Quantentheorie. Auf den ersten Blick also haben wir es hier mit einem hochkomplizierten Problem zu tun, dessen Lösung neue Wege physikalischen Denkens verlangte.

Die Bewältigung dieser Aufgabe ist in mehreren Schritten erfolgt. Die einfachste, aber noch sehr modellmäßige Beschreibung des Laserprozesses erfolgte mit Bilanzgleichungen für die Erzeugungs- und Vernichtungsrate von Photonen ähnlich denen, mit deren Hilfe Einstein die Plancksche Formel in der Weise herleitete, wie wir sie in Band I beschrieben haben. Eine derartige Beschreibungsweise, die von Tang und Statz und DeMars, aber auch von vielen anderen Autoren für Laserprozesse herangezogen wurde, findet auch heute noch Verwendung, wenn es um die Behandlung globaler Erscheinungen, wie die Intensitätsverteilung des Lichts im Laser geht. Andererseit ist diese modellmäßige Beschreibung für viele, gerade in der modernen Laserphysik wichtige Prozesse unzureichend. Das ist insbesondere dann der Fall, wenn es auf die Phasenbeziehungen zwischen den Lichtwellen im Laser ankommt. Eine Theorie, die die meisten in Lasern sich abspielenden Prozesse adäquat beschreibt, ist die sogenannte halbklassische oder semiklassische Lasertheorie. Diese wurde von mir 1962 entwickelt und sodann von meinen Mitarbeitern und mir weiter ausgebaut. Diese Theorie, die wir in diesem Buch ausführlich herleiten und besprechen werden, erlaubt es, insbesondere das Vielmodenproblem sowohl in Festkörperlasern als auch in Gaslasern zu behandeln. Wir werden damit verstehen, unter welchen Bedingungen nur eine Mode vom Laser selektiert wird oder mehrere Moden gleichzeitig miteinander existieren können. Ferner ergibt sich dabei, daß durch den Laserprozeß die Frequenzen des ausgestrahlten Laserlichts gegenüber den atomaren Frequenzen verschoben werden können. Die Gleichungen der halbklassischen Lasertheorie bilden zugleich die Grundlage zur theoretischen Behandlung einer Reihe von Phänomenen, bei denen Frequenzkopplung auftritt. Derartige Kopplungsphänomene sind fundamental für das Entstehen ultrakurzer Lichtimpulse, die immer mehr Eingang in spektroskopische Untersuchungen finden. Eine mit unserer Theorie äquivalente Theorie wurde unabhängig von Lamb entwickelt und von ihm 1964 veröffentlicht, wobei Lamb den Gaslaser behandelte.

Die halbklassische Theorie, die darauf hinausläuft, das Verhalten der Atome durch bestimmte quantenmechanische Mittelwerte zu beschreiben und das Lichtfeld gänzlich klassisch zu behandeln, hat aber eine merkwürdige Konsequenz. Während nämlich oberhalb einer kritischen Pumpleistung, mit der die Atome ständig energetisch angeregt werden, das Laserlicht als völlig kohärente Welle entsteht, sollte unterhalb dieser kritischen Pumpleistung überhaupt keine Ausstrahlung stattfinden. Nun muß natürlich eine befriedigende Lasertheorie als Spezialfall auch die Ausstrahlung gewöhnlicher Lampen umfassen und insbesondere erklären, worin gerade der Unterschied zwischen Lampen- und Laserlicht besteht.

Wie wir wissen, entsteht das Licht gewöhnlicher Lampen durch spontane Emission. Die spontane Emission von Licht ist aber ein ausgesprochen quantenmechanischer Vorgang. Offenbar ist die halbklassische Theorie aber nicht in der Lage, diesen Vorgang zu erfassen. Es wird somit nötig, eine vollständig quantenmechanische Theorie des Lasers zu entwickeln. Die bis dahin bekannten quantenmechanischen Theorien, insbesondere die sehr eingehende Theorie von Weisskopf und Wigner, waren zwar in der Lage, die spontane Emission eines einzelnen Atoms im Detail wiederzugeben, konnten aber andererseits nicht den Laserprozeß beschreiben. Es entstand daher die Aufgabe, eine Theorie des Lasers zu entwickeln, die sowohl quantenmechanisch ist als auch die schon aus der halbklassischen Theorie bekannten Nichtlinearitäten enthält. Diese

Theorie, die von mir 1964 entwickelt wurde, zeigte, daß sich das Laserlicht von dem Licht normaler Lampen grundsätzlich unterscheidet. Während das Licht gewöhnlicher Lampen aus einzelnen voneinander unabhängigen Wellenzügen besteht, ist das Laserlicht im wesentlichen ein einziger Wellenzug, dessen Phase und Amplitude nur noch kleinen Schwankungen unterworfen sind. Bei der mathematischen Behandlung mußte die unmittelbare Nachbarschaft der Laserschwelle ausgeklammert werden. Diese Lücke wurde 1965 von Risken (später auch von Hempsteadt und Lax) geschlossen. Risken interpretierte meine quantenmechanische Lasergleichung als eine klassische Langevingleichung und stellte die zugehörige Fokker-Planck-Gleichung auf. Die stationäre Lösung der Fokker-Planck-Gleichung beschreibt die Photonenstatistik im Laser. Wir werden auf diese Fragestellungen, die die Kohärenz- und Rauscheigenschaften sowie die Photonenstatistik des Lasers betreffen, ausführlich in Kap. 8 eingehen.

Zur Behandlung dieser Fragengruppe steht neben den Langevingleichungen und der Fokker-Planck-Gleichung noch die sogenannte Dichtematrixgleichung zur Verfügung, deren Behandlung jedoch den Rahmen unseres Buches sprengen würde. Eine Dichtematrixgleichung, die sowohl die Atome als auch das Lichtfeld quantenmechanisch beschreibt, wurde von Haake und Weidlich 1965 hergeleitet. Lösungen derartiger Dichtematrixgleichungen in verschiedenen Darstellungen wurden insbesondere von Scully und Lamb 1966 sowie von Weidlich, Risken und Haken 1967 entwickelt und gestatten ebenfalls sowohl die Photonenstatistik zu bestimmen als auch die Kohärenzeigenschaften des Laserlichts theoretisch zu behandeln.

Damit kommen wir abschließend zur Frage nach der Struktur der Lasertheorie und ihrer Darstellung in diesem Buch. Im streng logischen Sinn sieht die Struktur der Lasertheorie wie folgt aus. Am Anfang steht die quantentheoretische Behandlung der Atome und des Lichtfelds etwa so, wie wir sie im 1. Band bereits kennengelernt haben. Die entsprechenden Gleichungen beschreiben die Wechselwirkung zwischen Atomen und Lichtfeld. Darüberhinaus aber sind sowohl die Atome als auch das

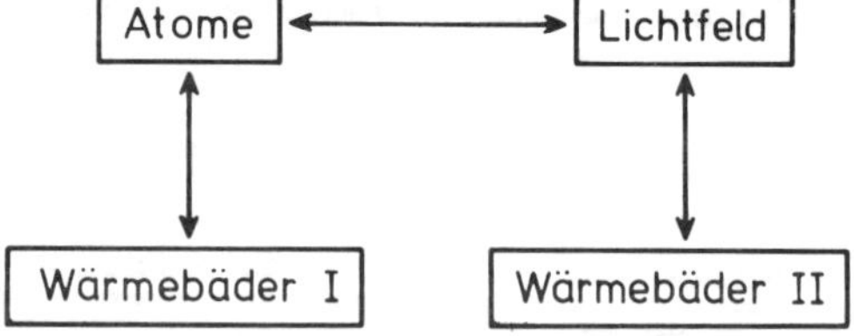

Fig. 1.8 Schema der Kopplung zwischen Atomen, Lichtfeld und Wärmebädern.

Lichtfeld noch an die Umgebung gekoppelt, so etwa das Lichtfeld an Verlustmechanismen in den Spiegeln oder die Laseratome an das Wirtsgitter. Die Ankopplung von Lichtfeld und Atomen an ihre jeweilige Umgebung führt zu Dämpfungs- und Fluktuationserscheinungen, die wir ebenfalls im 1. Band behandelt haben. Es ergeben sich damit quantenmechanische Ausgangsgleichungen für den Laser, die ihn als ein offenes System behandeln (Fig. 1.8). Mittelt man diese Ausgangsgleichungen über die Fluktuationen der Wärmebäder und bildet geeignete quantenmechanische Mittelwerte, so gelangen wir zu den halbklassischen Lasergleichungen. Eliminiert man aus diesen Gleichungen die Dipolmomente der Atome und mittelt über Phasen, so ergeben sich die Bilanzgleichungen (in der neueren Literatur oft auch Ratengleichungen

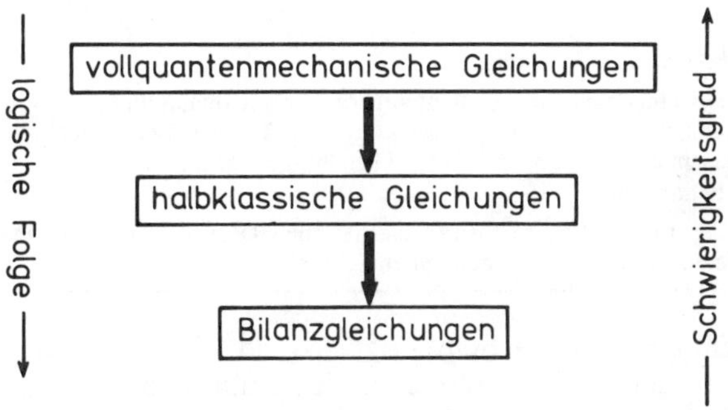

Fig. 1.9 Der Zusammenhang zwischen den verschiedenen theoretischen Beschreibungen der Laserprozesse.

genannt). Nun ist es wohl klar, daß die Bilanzgleichungen eine viel einfachere Struktur als die vollquantenmechanischen Gleichungen haben, zumindest was den Schwierigkeitsgrad der Interpretation und Behandlung anbelangt. Aus diesem Grund treten hier die *logische Folge* einerseits und das *pädagogische Bedürfnis* andererseits *in Widerstreit* (Fig. 1.9). Ich habe in diesem Buch dem pädagogischen Aspekt den Vorzug gegeben, um das im Vorwort des 1. Bandes gegebene Versprechen einzuhalten, eine möglichst einfache Darstellung des Gesamtgebietes zu geben. Aus diesem Grund beginne ich mit den Bilanzgleichungen, die ich anschaulich begründe und leite mit ihrer Hilfe eine Reihe wichtiger Phänomene her (vgl. Tab. 1.1). Sodann befassen wir uns mit den halbklassischen Gleichungen, die wir im Detail motivieren und herleiten, wobei wir nach wie vor auf die voll quantenmechanischen Gleichungen verzichten können. Schließlich wenden wir uns der quantentheoretischen Behandlung zu, wobei wir aber eine Darstellung wählen, die sich sehr eng an die der halbklassischen Gleichungen anlehnt,

Tabelle 1 Die Struktur der Lasertheorie

1. *Bilanzgleichungen*
für Photonenzahlen und Besetzungszahlen der Atome.

Diese Gleichungen gestatten es, folgende Probleme zu behandeln:

Laserbedingung, Verteilung der Intensität auf Moden (Photonensorten), Einmodenbetrieb, Vielmodenbetrieb (Koexistenz und Wettbewerb von Moden), Laserkaskaden, Riesenimpulslaser, gedämpfte Oszillationen.

2. *Halbklassische Gleichungen*

Diese beruhen auf den Maxwell-Gleichungen sowie der Schrödingergleichung für Atome.

Diese Gleichungen gestatten es, u.a. folgende Probleme zu behandeln:

Frequenzverschiebungen, Populationspulsationen, Modenkopplung (Frequenz- und Phasenkopplung), ungedämpfte Oszillationen, ultrakurze Impulse, Photonenecho, Superstrahlung, Wellenausbreitung im „invertierten" Material, sowie alle unter 1. genannten Probleme.

3. *Quantentheoretische Gleichungen*

Sie beruhen auf einer vollständig quantentheoretischen Behandlung des Lichtfeldes und der Atome mit Hilfe der Schrödingergleichung oder äquivalenter Gleichungen, insbesondere den Heisenberggleichungen. Diese Gleichungen gestatten es u.a., die folgenden Probleme zu behandeln:

Linienbreite des Laserlichts, Intensitätsfluktuationen (Rauschen), Kohärenz, Photonenstatistik sowie alle unter 1. und 2. genannten Probleme.

sodaß auch der formale Schwierigkeitsgrad nicht zu groß wird. Ich glaube daher, daß auch Leser, die mit den Feinheiten der Quantentheorie oder der Quantentheorie des Lichtfelds nicht vertraut sind, noch relativ leicht die wesentlichen Gedanken und Grundbegriffe erfassen können.

2. Grundeigenschaften und Typen von Lasern

2.1 Die Laserbedingung

Wir betrachten den in Fig. 2.1 dargestellten Laser etwas genauer und diskutieren die Bedeutung der einzelnen Teile und deren Funktion. Die beiden einander gegenüber angebrachten Spiegel erfüllen, wie wir bereits sahen, folgende Funktionen. Stellen wir uns das Licht als eine *Welle* vor, so können zwischen den beiden Spiegeln sich nur stehende Wellen ausbilden, deren Wellenlänge λ mit dem Spiegelabstand L durch die Beziehung $n \cdot \lambda/2 = L$ (n ganzzahlig) verknüpft ist. Auf die Frage, wie sich der endliche Durchmesser der Spiegel auf die Ausbildung solcher stehender Wellen auswirkt, werden wir später in Abschnitt 3 eingehen. Betrachten wir hingegen das Licht als aus *Photonen* bestehend, so bewirken die beiden Spiegel, daß Photonen, die in axialer Richtung laufen, immer wieder reflektiert werden und so relativ lange im Laser bleiben, während schräg laufende Photonen den Laser rasch verlassen. Die Spiegel bewirken also eine Selektion der Photonen hinsichtlich der Lebensdauer.

Wir greifen nun eine einzelne Sorte von Photonen (z.B. die, die axial laufen und zu einer bestimmten Wellenlänge λ gehören) heraus und untersuchen, wie sich deren Zahl n aufgrund der im Laser ablaufenden Prozesse ändert. Hierzu müssen wir noch Voraussetzungen über die am Laserprozeß teilnehmenden Atome machen. Wir nehmen an, daß diese

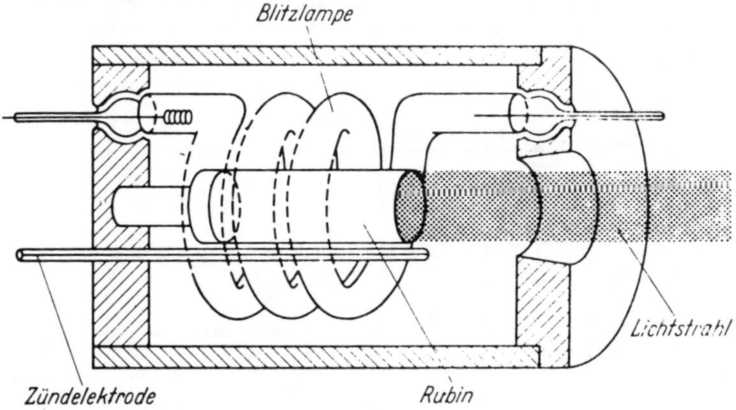

Fig. 2.1 Erste experimentelle Anordnung des Rubin-Lasers nach Maiman. Der in der Mitte zu sehende Rubinstab ist von einer spiralförmigen Blitzlampe umgeben.

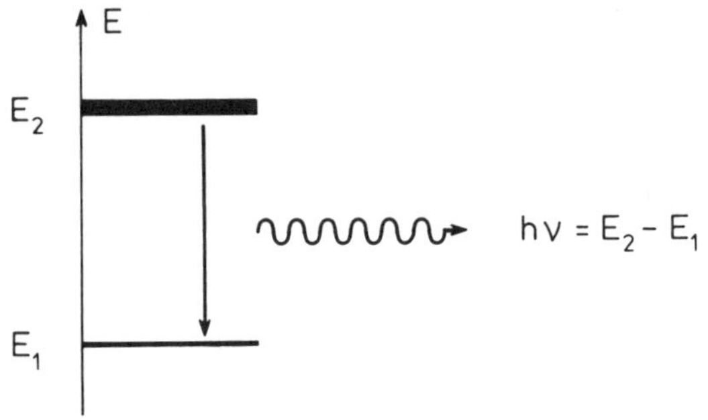

Fig. 2.2 Aufgetragen ist die Energie E eines Zwei-Niveau-Atoms mit den Energiestufen E_1 und E_2, von denen die obere besetzt ist. Beim optischen Übergang von Niveau 2 in das Niveau 1 wird ein Photon mit der Quantenenergie $h\nu = E_2 - E_1$ emittiert.

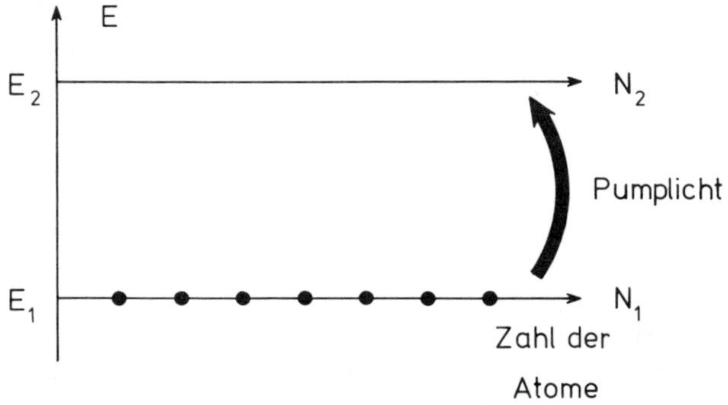

Fig. 2.3a Durch Pumpen wird eine Zahl von Atomen aus dem Zustand 1 in den Zustand 2 angehoben. Damit wird die Zahl der Atome im Grundzustand, N_1, verringert, die der Atome im angeregten Zustand vergrößert.

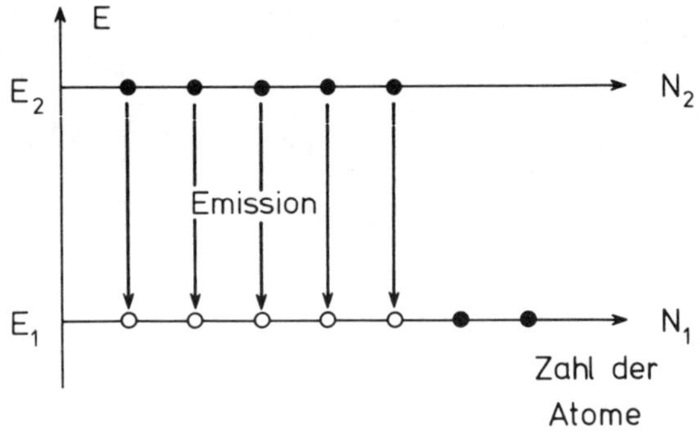

Fig. 2.3b Die angeregten Atome können durch Emission von Licht wieder in den Grundzustand übergehen.

Atome jeweils zwei Energieniveaus haben, zwischen denen der optische Übergang, der dann zum Laserprozeß führen soll, stattfindet (Fig. 2.2). Durch das äußere Pumplicht soll bewirkt werden, daß eine größere Zahl von Atomen, N_2, im angeregten Zustand ist, während die andere Zahl der Atome, N_1, im Grundzustand geblieben ist (Fig. 2.3).

Die angeregten Atome strahlen Photonen spontan ab, und zwar mit einer Rate, die proportional zur Zahl der angeregten Atome N_2 ist. Bezeichnen wir die Rate, mit der ein einzelnes angeregtes Atom ein Photon pro Sekunde erzeugt, mit W, so lautet die gesamte Erzeugungsrate der Photonen WN_2. Wie wir wissen, tritt daneben die induzierte Emission auf, wobei die Erzeugungsrate der Photonen aus der spontanen Rate einfach durch Multiplikation mit n hervorgeht, also

Induzierte Emission: *Erzeugungsrate* $N_2 Wn$.

Andererseits reabsorbieren die Atome im Grundzustand wieder Photonen mit der *Absorptionsrate* $-N_1 Wn$. Schließlich müssen wir in Rechnung stellen, daß die Photonen den Laser verlassen können, etwa indem sie durch einen der Endspiegel treten oder an Verunreinigungen gestreut werden usw. Bezeichnen wir die Inverse der Lebensdauer t_1 der Photonen mit 2κ, so haben wir als *Verlustrate* $-2\kappa n$ anzusetzen. Fügen wir alle Beiträge, die von den verschiedenen Prozessen herrühren, zusammen, so erhalten wir die grundlegende Lasergleichung

$$\frac{dn}{dt} = (N_2 - N_1)\, Wn + WN_2 - 2\kappa n. \tag{2.1}$$

Den expliziten Ausdruck für W haben wir in Band 1 hergeleitet (Formel 2.96). Hier machen wir ihn uns noch einmal plausibel durch folgende Überlegung. Würden wir die spontane Ausstrahlungsrate des Atoms in bezug auf *alle* möglichen Photonenarten zugrundelegen, so wäre $W = 1/\tau$, wobei τ die Lebensdauer des Atoms gegenüber spontaner Emission ist. Hier interessieren wir uns aber lediglich für den Übergang des Atoms bei spontaner Emission einer ganz *speziellen Photonensorte*. Daher müssen wir die Übergangswahrscheinlichkeit pro Sekunde, $1/\tau$, noch durch die Zahl aller möglichen Photonensorten dividieren. Daher haben wir jetzt zu bilden $W = 1/(\tau p)$, wobei nach Bd. I (Formel 2.56) die Zahl p durch

$$p = V 8\pi\nu^2\, \Delta\nu / c^3 \tag{2.2}$$

gegeben ist. Darin ist V das Volumen des Lasers, ν die Frequenz des Laserlichts, $\Delta\nu$ die atomare Linienbreite und c die Lichtgeschwindigkeit im Medium. Mit Hilfe der bisher angegebenen Formeln können wir sofort eine Laserbedingung ableiten. Lasertätigkeit setzt dann ein, wenn n exponentiell ansteigt, was gewährleistet ist, wenn die rechte Seite von

(2.1) größer als 0 ist, wobei wir die dann unbedeutend gewordene spontane Emissionsrate Wn_2 vernachlässigen. Setzen wir die Abkürzung für W und κ ein, so erhalten wir daraus sofort die Laserbedingung

$$\frac{N_2 - N_1}{V \dfrac{8\pi\nu^2 \, \Delta\nu}{c_3} \tau} > \frac{1}{t_1}. \tag{2.3}$$

Diese Bedingung verrät uns, welche Lasermaterialien wir verwenden müssen und wie wir den Laser zu konstruieren haben. Zunächst einmal ist dafür zu sorgen, daß die Lebensdauer t_1 der Photonen genügend groß ist. Dies können wir, wie wir gleich sehen werden, erreichen, indem wir den Abstand zwischen den Spiegeln genügend groß wählen.

Um t_1 abzuschätzen stellen wir uns vor, daß die Photonen in axialer Richtung laufen und mit einer bestimmten Wahrscheinlichkeit bei jedem Auftreffen auf einen Spiegel den Laser verlassen. Die betreffende Wahrscheinlichkeit läßt sich in einfacher Weise durch das Reflexionsvermögen R der Spiegel ausdrücken. Wie man sich sofort überlegt, ist die Lebensdauer eines Photons proportional zum Spiegelabstand, umgekehrt proportional zur Lichtgeschwindigkeit und umgekehrt proportional zu $1 - R$. Wir erhalten somit die Relation

$$t_1 = \frac{L}{(1 - R)\, c}. \tag{2.4}$$

Um ein konkretes Beispiel zu betrachten, setzen wir hierin

$$R = 90\%,$$
$$L = 30 \text{ cm} \tag{2.5}$$

ein. Damit ergibt sich

$$t_1 = 10^{-8} \text{ sec.} \tag{2.6}$$

Diskutieren wir nun die linke Seite der Ungleichung (2.3). Um (2.3) zu erfüllen, müssen wir $N_2 - N_1$, die sogenannte Inversion, möglichst groß werden lassen. Das Volumen V sollte möglichst klein sein oder, wenn wir die Inversion auf das Volumen beziehen, sollte die *Inversion pro Volumen* genügend groß sein. Der Faktor ν^2 sollte natürlich möglichst klein sein, aber, da man ja Licht jeweils spezieller Wellenlänge erzeugen will, kann die Größe von ν^2 nicht umgangen werden. Wir sehen aber, daß es mit zunehmender Frequenz immer schwieriger wird, die Laserbedingung zu erfüllen, was es so schwierig macht, einen Röntgenstrahllaser zu bauen. Sowohl die atomare Linienbreite, $\Delta\nu$, als auch die Lebensdauer τ eines Atoms bezüglich spontaner Lichtemission sollten möglichst klein gewählt werden. Hier stoßen wir aber auf prinzipielle Grenzen. Wie in der Quantenmechanik gezeigt wird, gilt nämlich die Unschärferelation $\Delta\nu \cdot \tau \geq 1$. Setzen wir nun einige typische Daten ein, und zwar

$$\nu = 10^{15}\ \text{sec}^{-1}, \qquad c = 3 \cdot 10^{10}\ \text{cm sec}^{-1},$$
$$\tau = 10^{-8}\ \text{sec}, \qquad \Delta\nu = 10^{10}\ \text{sec}^{-1}, \tag{2.7}$$

so erhalten wir als Inversionsdichte, die für die Lasertätigkeit nötig ist,

$$\frac{(N_2 - N_1)}{V} > 10^{10}\ [\text{cm}^{-3}]. \tag{2.8}$$

Eine Reihe von Anregungsmechanismen, mit deren Hilfe die notwendige Inversion erreicht werden kann, werden wir in Abschnitt 2.3 kennenlernen.

Aufgaben zu 2.1

1) Man berechne W für folgende Laserdaten (Rubin)

$V = 62{,}8\ \text{cm}^3$
$\nu = 4{,}32 \cdot 10^{14}\ \text{Hz}$
$\Delta\nu = 2{,}49 \cdot 10^{13}\ \text{Hz}$
$c = 2{,}9979 \cdot 10^{10}\ \text{cm/sec}$
$\tau = 3{,}0\ \text{msec}$

2) Man berechne die Zahl der Moden eines geschlossenen Resonators der Kantenlänge $L = 1$ cm, 10 cm, 100 cm, die sich innerhalb der Linienbreite

$\Delta\nu = 6{,}22 \cdot 10^9$ Hz, Zentralfrequenz $\nu = 4{,}32 \cdot 10^{14}$ Hz bei Zimmertemperatur (Rubin)
$\Delta\nu = 5{,}34 \cdot 10^9$ Hz, Zentralfrequenz $\nu = 2{,}82 \cdot 10^{14}$ Hz (Nd)

befinden.

Wie groß ist die Zahl der Moden in den genannten Fällen, wenn es sich dabei um die axialen Moden ($E \propto \sin kx$) in einem Fabry-Pérot Interferometer handelt?

3) Man berechne die Resonatorlinienbreite $\kappa = \frac{1}{2}t_1$ unter Zugrundelegung von Formel (2.4) für folgende Fälle: Laser-Resonatorlänge ($\equiv$Spiegelabstand) $L = 1$ cm, 10 cm, 100 cm, Reflexionsvermögen $R = 99\%$, 90%, 10%.

Wie ändert sich das Resultat, wenn der Brechungsindex $n = 2$, $n = 3$ beträgt?

Man vergleiche die Resonatorlinienbreite mit dem Frequenzabstand der Moden und der optischen Linienbreite von Rubin und Neodym (vgl. Aufgabe 2).

4) Man berechne mit Hilfe der Laserbedingung die kritische Inversionsdichte für Rubin, wobei man die folgenden Daten verwende:

$$V = 62{,}8 \text{ cm}^3$$
$$\nu = 4{,}32 \cdot 10^{14} \text{ Hz}$$
$$\Delta\nu = 2{,}49 \cdot 10^{13} \text{ Hz}$$
$$\tau = 3{,}0 \text{ msec}$$
$$c' = 1{,}70 \cdot 10^{10} \text{ m/sec}$$
$$R = 99\%$$

Hinweis: Man sehe von der Entartung der Niveaus ab.

2.2 Charakteristische Eigenschaften des Laserlichts

Die charakteristischen Eigenschaften des Laserlichts machen den Laser zu einem idealen Hilfsmittel für viele physikalische und technische Anwendungen. Wir nennen hier einige der wichtigsten Eigenschaften.

1) Laserlicht kann hohe Intensität besitzen. Im Impulsbetrieb lassen sich Leistungen weit größer als 10^{10} Watt erzielen. Um diese Leistung zu veranschaulichen denke man nur daran, daß man 10^8 Glühlampen à 100 Watt braucht, um die gleiche Leistung zu erzielen. Sie ist mehr als etwa die Leistung aller amerikanischen Kraftwerke zusammengenommen. Für Anwendungen in der Laserfusion sind Anlagen mit einer Leistung von mehr als 10^{13} Watt im Bau oder Versuchsbetrieb. Auch hohe Dauerleistungen lassen sich erzielen, etwa von der Größenordnung 10^5 Watt. Die erzielten Spitzenleistungen sind aus leicht einsehbaren Gründen nicht veröffentlicht.

2) Das Laserlicht ist außerordentlich gerichtet. Dies rührt daher, daß das Licht im Laser in Form einer ebenen Wellenfront auf die Endspiegel zuläuft, die dann als Beugungsöffnung wirken (Fig. 2.4). Man kommt so der idealen Divergenz einer am Spalt gebeugten ebenen Welle sehr nahe. Hat man etwa einen Laser mit dem Durchmesser von einigen Zentimetern, so ergibt sich bei einem Laserstrahl, der auf den Mond gerichtet ist, dort nur ein Fleck von wenigen hundert Metern Durchmesser. Aufgrund der strengen Parallelität des austretenden Lichts ergibt sich eine hervorragende Fokussierbarkeit, die es, gemeinsam mit der hohen Intensität des Laserlichts gestattet, auf kleinstem Raum sehr hohe Lichtintensitäten zu erzeugen. Rechnet man die Lichtintensität in elektrische Feldstärke um, so ergeben sich Feldstärken, die weit größer als 10^8 Volt/cm sein können. Dies sind aber Feldstärken, denen sonst die Elektronen in Atomen unterworfen sind. Damit wird durch Laserlicht die Ionisierung von Atomen möglich.

a

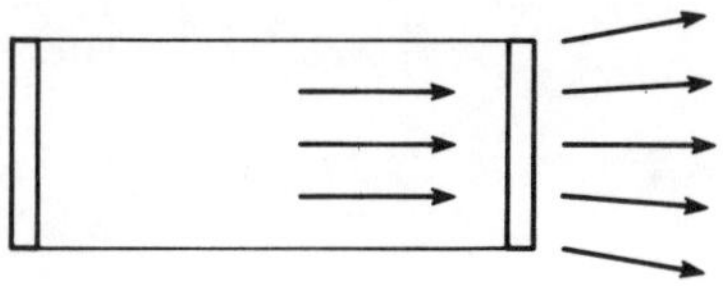

b

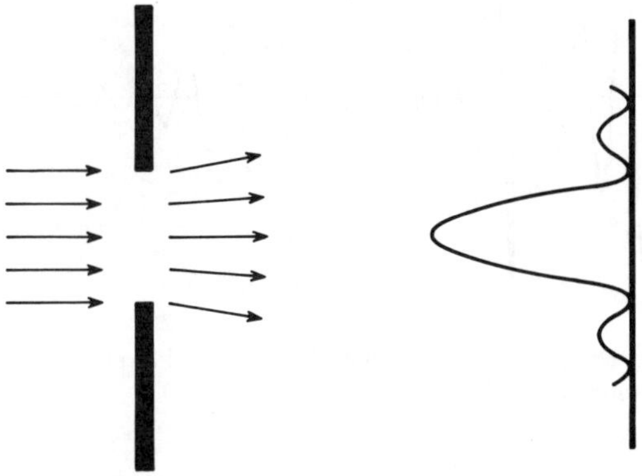

Fig. 2.4a und b Durch den Laserprozeß wird im Laser (Fig. a) eine planparallele Welle erzeugt. Die Divergenz des austretenden Strahls entspricht der einer am Spalt gebeugten ebenen Welle (Fig. b).

3) Das Laserlicht ist außerordentlich frequenzrein. Die Frequenzunschärfe $\delta\nu$, die theoretisch umgekehrt proportional zur ausgestrahlten Leistung ist, kann im Idealfall $\delta\nu = 1$ Hz bei 1 Watt Ausgangsleistung betragen. Mit $\delta\nu = 1$ ergibt sich für sichtbares Licht eine relative Frequenzreinheit $\delta\nu/\nu = 10^{-15}$, die von der gleichen relativen Schärfe wie etwa beim Mößbauer-Effekt ist.

Wichtig ist, daß diese Frequenzreinheit gleichzeitig bei *hoher Intensität in der ausgestrahlten Linie* erreicht wird, ganz im Gegensatz zu Spektralapparaten, wo eine große Frequenzreinheit mit geringen Intensitäten erkauft werden muß. Zusammenhängend mit der Frequenzreinheit ist

4) die Kohärenz des Laserlichts zu erwähnen. Während Licht gewöhnlicher Lampen aus einzelnen Wellenzügen besteht, die etwa einige Meter lang sind, kann Laserlicht Wellenzüge bis zu 300000 km erreichen.

5) Laserlicht kann in ultrakurzen Impulsen von 10^{-12} sec Dauer (sogenannte Picosekunden) und noch kürzer, d.h. ca. 100 Fentosekunden (1 Fentosekunde $= 10^{-15}$ sec) erzeugt werden.

Es liegt auf der Hand, daß die genannten Eigenschaften des Laserlichts den Laser zu einem idealen Instrument für viele Zwecke machen, worauf

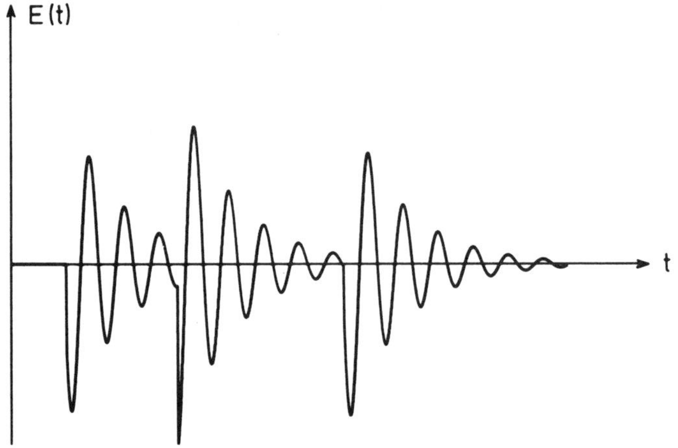

Fig. 2.5a Die elektrische Feldstärke $E(t)$ des Lichts einer Lampe besteht aus unkorrelierten einzelnen Wellenzügen.

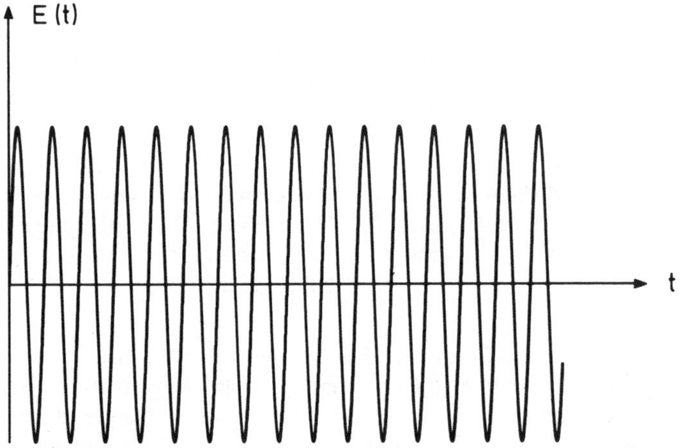

Fig. 2.5b Laserlicht besteht aus einem einzigen in sich zusammenhängenden, sehr langen Wellenzug.

wir in diesem und im nächsten Band im Detail eingehen werden. Eine interessante Frage, auf die wir noch näher zu sprechen kommen, ist, wie der Übergang der Ausstrahlung einer Lampe zu der des Lasers erfolgt. Pumpen wir den Laser nur schwach und tragen die elektrische Feldstärke E des Lichtfelds als Funktion der Zeit t auf, so erhalten wir das in Fig. 2.5 dargestellte Bild. Das Licht besteht aus völlig unkorrelierten einzelnen Wellenzügen. Das Ganze sieht gewissermaßen aus wie ein Gemisch kurz abgehackter Spaghetti. Erhöhen wir die Pumpleistung, so

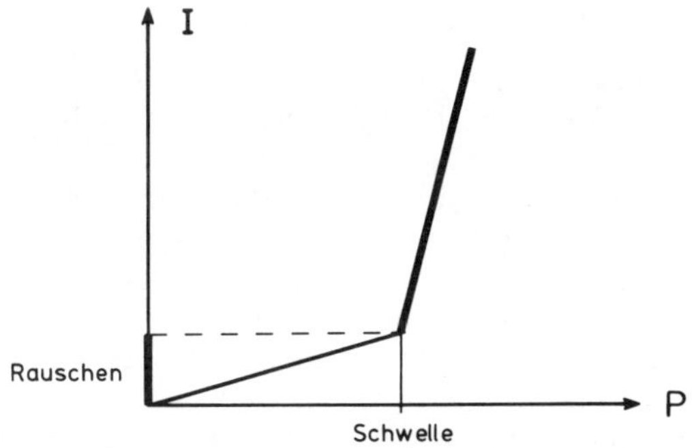

Fig. 2.6 Die ausgestrahlte Leistung *I* in Abhängigkeit von der Pumpstärke. Im Bereich der Lampe besteht die Intensität nur aus Rauschen und steigt nur langsam mit der Pumpstärke an. Oberhalb der Schwelle steigt die ausgestrahlte Intensität sehr viel stärker mit der Pumpstärke an. Die Intensität bezieht sich dabei jeweils auf eine bestimmte Mode.

tritt von einem bestimmten Schwellwert an ein völlig anderes Verhalten des Lichts zutage.

Es ist ein in sich zusammenhängender, außerordentlich langer Wellenzug geworden (Fig. 2.5). Dieser plötzliche Übergang, der Licht von einer Lichtqualität zu anderer Lichtqualität verwandelt, zeigt sich auch, wenn man die (in einer Mode) ausgestrahlte Leistung gegenüber der Pumpleistung aufträgt (Fig. 2.6). Während unterhalb der Laserschwelle, also im Bereich des Lampenlichts, die ausgestrahlte Intensität nur langsam ansteigt, wächst sie oberhalb der Schwelle schnell an. Dies deutet darauf hin, daß sich der innere Ordnungszustand des Lasers an der Schwelle schlagartig ändert. Ein Vorgang, der sehr stark an Phasenübergänge etwa bei Supraleitern oder Ferromagneten erinnert. In der Tat werden wir in Kap. 9 zeigen, daß diese Analogie außerordentlich eng ist.

2.3 Beispiele von Lasersystemen (Laser-Typen und Laser-Prozesse)

Wie wir bereits sahen, besteht ein Laser typischerweise aus den folgenden Teilen: dem laseraktiven Material, der Pumpquelle und dem Resonator. In diesem Abschnitt wollen wir eine Reihe von Beispielen von Lasermaterialien kennenlernen. Es gibt heutzutage eine Fülle von Materialien, die Lasertätigkeit zeigen und es werden immer noch neue entwickelt. Die Liste unserer Beispiele ist daher keineswegs vollzählig, vielmehr wollen wir einige besonders typische Lasermaterialien besprechen. Leser, die an den mehr prinzipiellen Fragen der Laserphysik interessiert sind, können diesen Abschnitt auch gänzlich übergehen oder sich nur das erste Beispiel, den Rubinlaser, ansehen.

2.3.1 Energie- und Pumpschemata. Arten von Linienverbreiterungen

Zuvor ist es jedoch zweckmäßig, wenn wir eine Übersicht über die verschiedenen verwendeten Energieschemata, zwischen denen Pump- und Laserprozesse ablaufen, geben. In der Tat gibt es hier nur einige wenige Grundtypen. Den einfachsten haben wir bereits kennengelernt. Hier haben wir es mit einem atomaren System zu tun, von dem wir bei jedem Atom nur zwei Niveaus zu betrachten brauchen. Zwischen diesen Niveaus findet der optische Übergang, der dann zur Lasertätigkeit führt, statt. Da für den Laserprozeß immer genügend viele Atome angeregt sein müssen, müssen wir von außen her stets die Atome wieder durch Energiezufuhr von dem Zustand 1 in den Zustand 2 hinaufpumpen (vgl. Fig. 2.7).

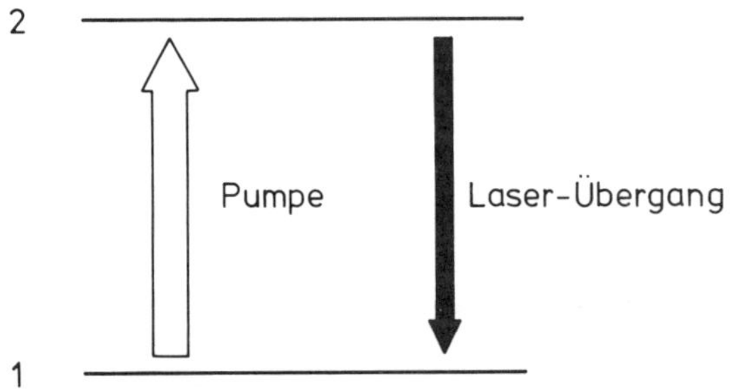

Fig. 2.7 Pumpvorgang und Laserausstrahlung bei einem Zwei-Niveau-Atom.

Für die theoretische Herleitung der meisten Eigenschaften des Laserlichts reicht eine derartige Vorstellung völlig aus. Bei der praktischen Verwirklichung jedoch ist das Energieniveau-Schema etwas komplizierter. Hier können wir drei Grundtypen unterscheiden. Der erste Grundtyp ist in Fig. 2.8 dargestellt. Hier wird durch Energiezufuhr das Elektron des Atoms aus einem Grundzustand 1 in einen angeregten Zustand 3 gebracht. Diese Anregung erfolgt oft durch Einstrahlung von Licht mit einer Frequenz, die der Übergangsfrequenz von 1 nach 3 entspricht (optisches Pumpen nach Kastler). Von Niveau 3 kann das Elektron strahlungslos (oder strahlend) in das Niveau 2 übergehen, um schließlich von Niveau 2 aus einen optischen Übergang nach 1 zu machen. Dieser optische Übergang dient dann als Grundlage für den Laserprozeß. Ein weiteres Pumpschema ist in Fig. 2.9 dargestellt. Der Grundzustand des Atoms ist hier mit 0 bezeichnet. Von diesem aus wird das System durch optisches Pumpen in den Zustand 2 gebracht. Von dem Zustand 2 kann nun der optische Übergang in den Zustand 1 erfolgen. Das Elektron im Zustand 1 kann dann strahlungslos (oder strahlend) in den Grundzustand übergehen. Für die genannten

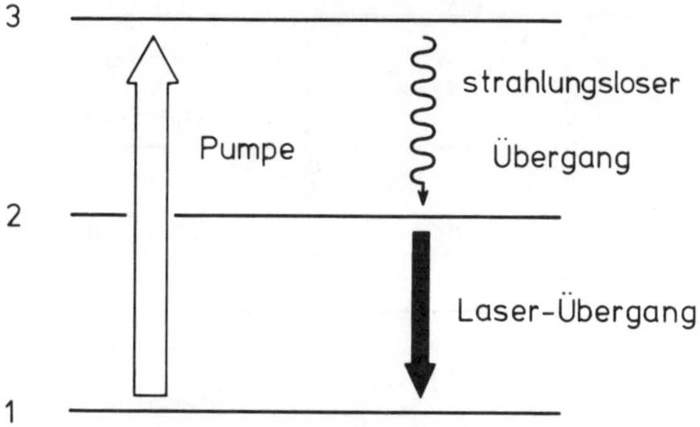

Fig. 2.8 Pumpe, strahlungsloser und Laser-Übergang bei einem Drei-Niveau-Atom, wobei der untere Übergang zur Lasertätigkeit führt.

strahlungslosen Übergänge stehen mehrere Mechanismen zur Verfügung, z.B. bei Gasatomen Stöße der Atome untereinander.

Wie wir bei der Herleitung der Laserbedingung gesehen haben, müssen wir eine genügend hohe Inversion $N_2 - N_1$ erzielen. Da bei dem Schema von Fig. 2.8 ursprünglich praktisch alle Atome im Grundzustand sind, erfordert die Herstellung einer Inversion eine viel höhere Pumpleistung als sie bei dem Schema der Fig. 2.9 benötigt wird. Erfolgt hier nämlich die Rekombination von 1 nach 0 genügend rasch, so bleibt das Niveau 1 nur schwach besetzt und die Inversion kann durch die Zahl der angeregten Atome N_2 allein hergestellt werden. Eine ebenfalls oft angetroffene Anordnung ergibt sich gemäß Fig. 2.10.

Hier erfolgt das optische Pumpen von Niveau 0 aus in das Niveau 3. Von hier aus findet eine strahlungslose (oder strahlende) Rekombination nach

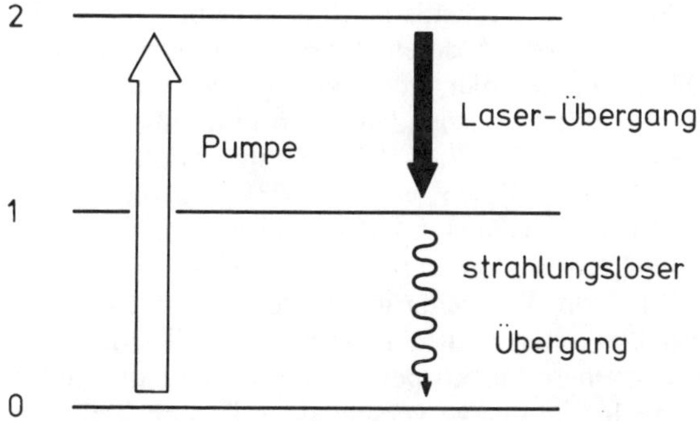

Fig. 2.9 Pumpe, Laser-Übergang und strahlungsloser Übergang bei einem Drei-Niveau-Atom, wobei der obere Übergang zur Lasertätigkeit führt.

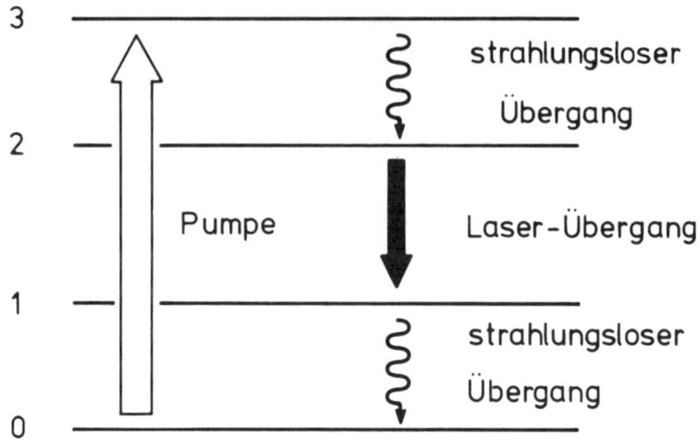

Fig. 2.10 Vier-Niveau-Atom mit Pumpe, strahlungslosen Übergängen und dem Laser-Übergang, wobei der mittlere Übergang zur Lasertätigkeit führt.

2 statt. 2 bildet dann das Ausgangsniveau für den optischen Übergang nach 1, dient also als Grundlage für den Laserprozeß. Von 1 aus erfolgt dann wieder eine strahlungslose oder strahlende Rekombination nach 0.

Wie wir wissen, können nicht nur einzelne Elektronen in Atomen diskrete Energieniveaus inne haben, sondern auch kompliziertere Quantensysteme besitzen Energieniveaus. Wie wir weiter unten sehen werden, lassen sich praktisch alle Lasermaterialien in ihrem Energieschema in das System der oben angegebenen Übergangsprozesse einordnen. Allerdings müssen wir hierbei noch eine etwas genauere Betrachtung einschieben. Sehr oft erfolgt das Pumpen in einen ganzen Satz verschiedener Niveaus hinein. Der Grund hierfür liegt darin, daß man dem System möglichst viel Pumpleistung zuführen möchte. Ferner sind auch die optisch aktiven Niveaus, etwa bei Fig. 2.10 die Niveaus 2 und 1, verbreitert.

Hierbei ist es wichtig, zwischen verschiedenen Arten von Linienverbreiterungen zu unterscheiden. Einmal gibt es nämlich Niveauverbreiterungen, die allen Atomen des Systems gleichermaßen gemeinsam sind. Man spricht hier von *homogener* Niveau- oder *Linienverbreiterung*. Eine stets vorhandene Verbreiterung ist die sogenannte *natürliche Linienbreite* (Fig. 2.11). Diese kommt daher, daß ein Elektron im angeregten Zustand diesen wieder verläßt, so daß die Lebensdauer des Elektrons in diesem Zustand begrenzt ist. Die Linienbreite $\Delta\nu$ ist dann durch die Lebensdauer τ gemäß der Relation $\Delta\nu = 1/\tau$ gegeben. Eine andere Art von Verbreiterung werden wir sogleich bei den zu besprechenden konkreten Fällen kennenlernen. Werden z.B. die laseraktiven Atome in einem Festkörper als Störstellen eingebaut, so erfahren die Atome je nach Einbaulage verschiedene äußere Einflüsse, insbesondere lokale elektrische Felder. Hierdurch werden, abhängig von der Atomlage, die Energieniveaus verschoben (inhomogene Linienver-

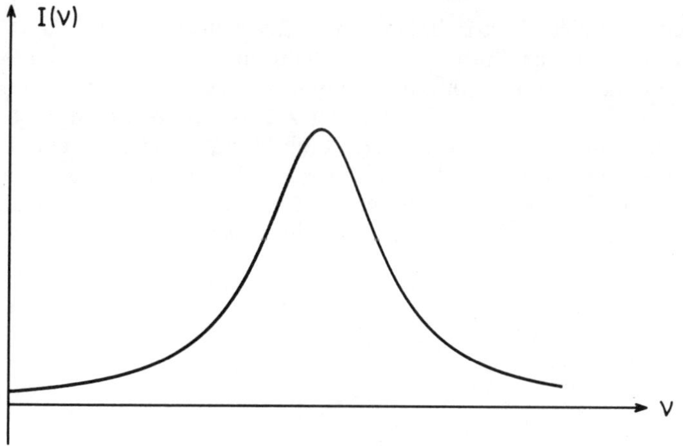

Fig. 2.11 Die Lorentz-Linie.

breiterung). Bezüglich der Gesamtheit der Atome heißt dies, daß die verschiedenen Atome verschiedene Energieverschiebungen erleiden und somit insgesamt die Energieniveaus des gesamten Systems verbreitert werden (Fig. 2.12).

Eine andere wichtige inhomogene Verbreiterung beruht auf dem Dopplereffekt bei sich bewegenden Atomen. Dieser Effekt ist uns aus der Akustik gut bekannt. Fährt ein hupendes Auto an uns vorbei, so

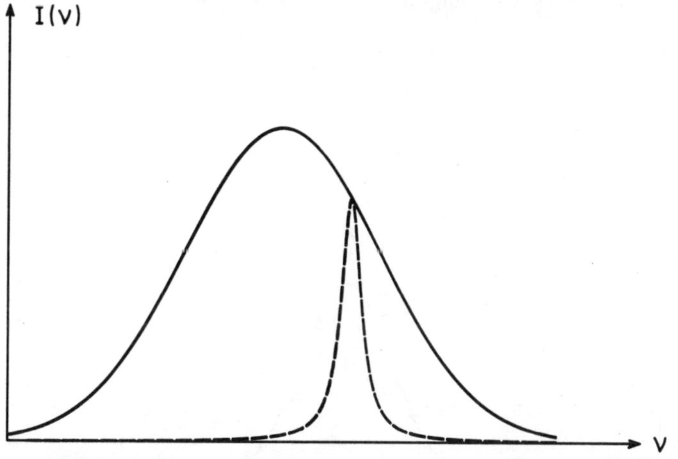

Fig. 2.12 Eine inhomogen verbreiterte Linie mit Gaußscher Form (ausgezogene Linie). Zum Vergleich ist die Lorentz-Linie des Übergangs mit homogen verbreiterter Linie eingezeichnet.

erscheint uns der Hupton höher, wenn das Auto auf uns zufährt, tiefer hingegen, wenn das Auto sich wieder von uns entfernt. Dieser Effekt ist auch in der Optik vorhanden. Bewegt sich ein Atom mit der Geschwindigkeit v auf den Beobachter zu, so erscheint dem Beobachter die von dem Atom ausgesandte Lichtfrequenz gemäß der Formel $\nu' = (1 + v/c)\,\nu$ erhöht, wobei ν die Ausstrahlungsfrequenz des ruhenden Atoms ist. Für ein sich entfernendes Atom gilt das umgekehrte Vorzeichen, $\nu' = (1 - v/c)\,\nu$. Fliegen in einem Gas Atome mit ver-

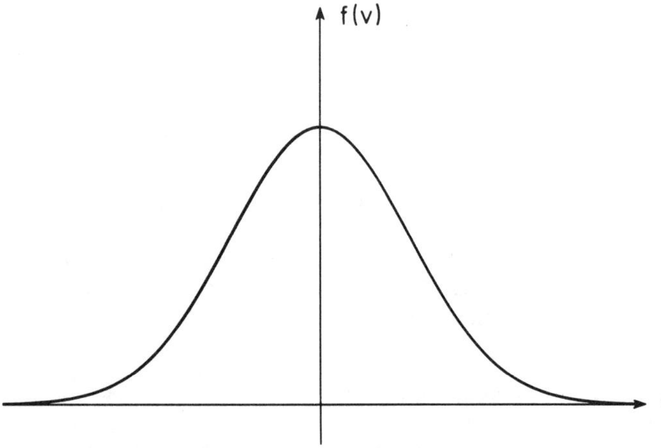

Fig. 2.13a Die Maxwellsche Geschwindigkeitsverteilung von Gasatomen, die mit der Geschwindigkeit v längs der Laserachse fliegen.

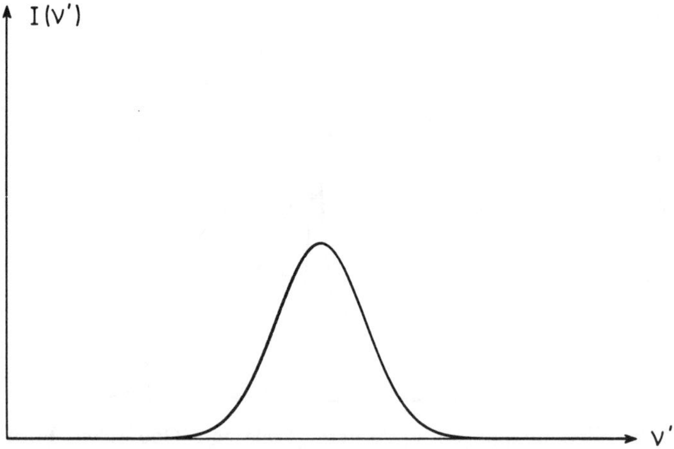

Fig. 2.13b Die Doppler-verbreiterte Emissionslinie von Gasatomen als Folge der Maxwellschen Geschwindigkeitsverteilung von Fig. 2.13a.

schiedenen Geschwindigkeiten z.B. nach der thermischen Geschwindigkeitsverteilung, so hat diese Geschwindigkeitsverteilung eine entsprechende Frequenzverteilung zur Folge. Wir sprechen von der *Doppler-verbreiterten Linie* (Fig. 2.13).

2.3.2 Lasermaterialien

Wenden wir uns nun konkreten Beispielen zu. Hierzu betrachten wir als erstes

Übergänge von Elektronen in Atomen

Diese Atome können insbesondere in Festkörpern als Störstellen eingebaut sein. Hiermit kommen wir zur ersten Klasse von Lasersystemen, nämlich der Klasse der

Festkörperlaser

a) Rubin. Der Rubin war das erste Material, bei dem Lasertätigkeit gefunden wurde. Der Rubin, schon lange als Schmuckstück bekannt, ist ein Kristall, der aus Aluminiumoxyd (Al_2O_3) besteht. Diese Grundsubstanz ist mit Cr^{3+}-Ionen, d.h. dreifach ionisierten Chromionen dotiert in einer typischen Konzentration von 0,05 Gewichtsprozenten. Diese Chromionen verleihen dem Rubin die rote Farbe. Die Lasertätigkeit findet zwischen den entsprechenden Niveaus von Cr^{3+} statt. Das genaue Energieschema ist in Fig. 2.14 dargestellt. Es handelt sich hier grundsätzlich um ein Schema gemäß der Fig. 2.8, wobei allerdings die beteiligten angeregten Niveaus 2 und 3 noch aufgespalten sind. Das optische Pumpen erfolgt in die Niveaus, die in der Fig. 2.14 mit $^4F_2$ bzw.

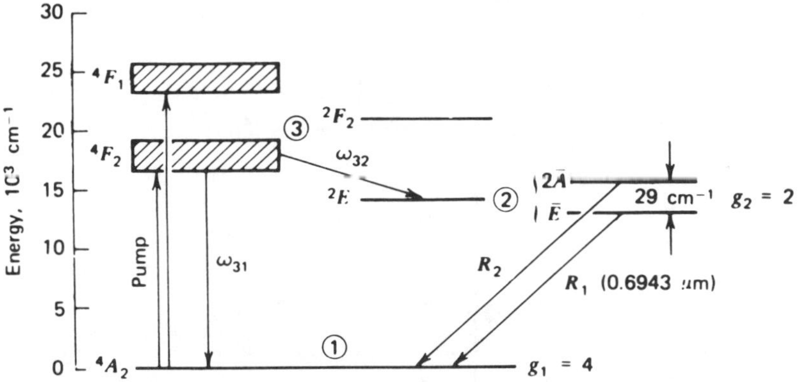

Fig. 2.14 Das Energieschema des Rubins. ① Grundzustand, ② angeregter Zustand, von dem aus der Laser-Übergang erfolgt, ③ Pumpniveaus. (Nach T. H. Maiman, *Phys. Rev. Letters*, **4**, 564 (1960).)

$^4F_1$ bezeichnet werden. Von hier aus relaxiert das Chromion in den Zustand 2 von Fig. 2.8, der in der Figur 2.14 mit ^2E angegeben ist. Dieses Niveau selbst ist in Wirklichkeit in zwei weitere Niveaus aufgespalten. Vom unteren dieser beiden Niveaus, mit $\bar{E}$ bezeichnet, erfolgt dann der optische Übergang, d.h. der Laserübergang in das Niveau 1 von Fig. 2.8 (das übrigens selbst wieder 4-fach entartet ist). Der mit E_1 bezeichnete optische Übergang liegt bei 0,6943 μm. Die Lebensdauer des oberen Laserniveaus $\bar{E}$ ist ca. 3×10^{-3} s, die Linienbreite $\Delta\nu$ ist stark temperaturabhängig. Bei 300 K beträgt sie 2×10^{11} Hz. Üblicherweise wird der Rubin mit intensiven Blitzlampen angeregt, aber auch andere Lichtquellen werden verwendet, um kontinuierliche Lasertätigkeit zu erzeugen.

b) Der Neodym Glaslaser. In diesem Fall bildet Glas die Grundsubstanz, die mit den laseraktiven Neodymionen (Nd^{3+}) dotiert wird. Das Pumpschema ist das der Fig. 2.15, wobei anstelle des in Fig. 2.10 auftretenden Niveaus 3 ein ganzer Satz von Niveaus dient. Wichtig ist, daß das untere Laserniveau 1 vom Grundzustand 0 energetisch so stark getrennt ist, daß selbst bei Zimmertemperatur die Besetzungszahl des Niveaus 1 sich von der des Niveaus 0 um den Faktor e^{-10} unterscheidet,

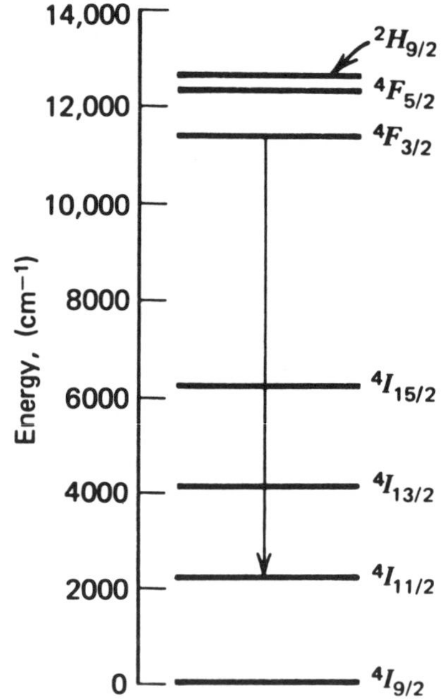

Fig. 2.15 Nach A. Yariv, *Quantum Electronics*, 2nd edition, Wiley & Sons, 1976.

d.h. wir dürfen annehmen, daß das Niveau 1 anfänglich praktisch unbesetzt ist. Der zwischen den Zuständen 2 und 1 stattfindende Übergang liegt bei $\lambda = 1{,}06\ \mu m$.

c) Der Neodym-Yag-Laser. In diesem Fall werden die dreiwertigen Neodymionen in Yttrium-Aluminium-Granate (Yag) eingebettet. Diese Granate bestehen aus $Y_3Al_5O_{12}$. Das Termschema entspricht dem der Fig. 2.15. Die Lasertätigkeit erfolgt bei $\lambda = 1{,}0641\ \mu m$ bei Zimmertemperatur.

d) Neodymium-Pentoxid-Kristalle. Neodym kann auch an regulären Gitterplätzen in diesen genannten Kristallen eingebaut werden und zeigt Lasertätigkeit.

e) Als ein letztes Beispiel von Festkörperlasern seien schließlich *Ionen seltener Erden* genannt, die in Calcium-Wolframat eingebaut werden.

Gaslaser

In diesem Fall bilden die laseraktiven Atome ein Gas. Das erste experimentell gefundene Beispiel war der Helium–Neon-Laser, bei dem eine Gasmischung aus Helium- und Neon-Atomen verwendet wird (Fig. 2.16). Die Laserübergänge finden im Neon speziell bei $\lambda = 0{,}6328\ \mu m$, $\lambda = 1{,}15\ \mu m$ und $\lambda = 3{,}39\ \mu m$ statt. Der Pumpvorgang der Neon-Atome ist besonders interessant. In dem Gasgemisch, das typischerweise 1,0 mm Hg von Helium und 0,1 mm Hg von Neon enthält, findet eine Gleich- oder Wechselstromentladung statt. Dadurch werden energiereiche Elektronen freigesetzt, die die Heliumatome in angeregte Niveaus bringen. Die Elektronen „fallen“ dann in Form einer Kaskade auf tiefer gelegene Zustände und sammeln sich vor allen Dingen in den langlebigen (metastabilen) Zuständen 2^3S und 2^1S (Fig. 2.17). Da diese langlebigen Niveaus energetisch praktisch mit den 2S und 3S – Niveaus des Neons übereinstimmen, können bei Stößen die angeregten Heliumatome ihre

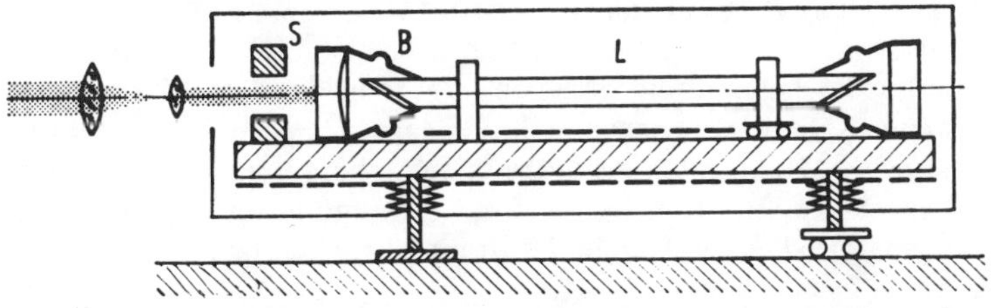

Fig. 2.16 Beispiel einer experimentellen Anordnung des He–Ne-Lasers. Die Gasentladungsröhre des Lasers ist mit *L* bezeichnet. An ihren Enden sind die Spiegel schräg unter dem Brewster-Winkel angebracht. Der Laser ist mit Hilfe der gezeigten Anordnung möglichst schwingungsfrei gelagert. (Nach D. Rosenberger, *Techn. Anwendungen des Lasers*, Springer, 1975.)

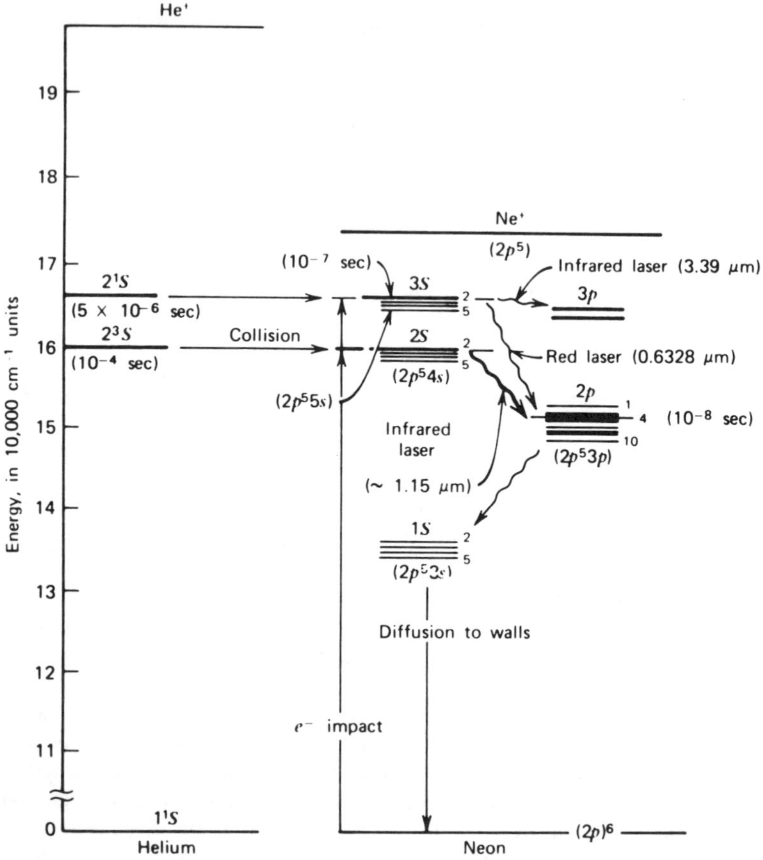

Fig. 2.17 Das Termschema von Helium und Neon. Die Anregungsenergie des Helium-Atoms wird durch Stöße (Collision) auf das Neon übertragen. (Nach W. R. Bennett, *Appl. Optics*, Suppl. 1, *Optical Masers*, p. 24, 1962.)

Energie an die Neonatome abgeben, die dann das Laserlicht erzeugen. Eine weitere wichtige Klasse von Gaslasern stellen die sogenannten Ionenlaser dar. Hier finden die laseraktiven Übergänge in Ionen der Gase Hg oder Ar statt. Ionisierung und Anregung erfolgt hier durch Elektronenstoß, die Ausstrahlung liegt im Ultravioletten.

Elektronische Übergänge in Molekülen

Excimer Laser

Um den Begriff des Excimers zu verstehen, stellen wir uns zwei Atome oder Moleküle mit abgeschlossenen Schalen vor, z.B. zwei Heliumatome. Diese stoßen sich im Grundzustand ab, – es sollte daher kein He_2-Molekül geben. Regt man aber ein Elektron eines Atoms an, so kann es mit dem anderen Atom ein Molekül bilden: ein *Excimer*. Rekombiniert das angeregte Elektron des einen Atoms, so zerfällt das Molekül. Hierbei kann die Laserbedingung in idealer Weise erfüllt werden, da der „Grundzustand des Moleküls" gar nicht existiert, also $N_1 = 0$ ist. Lasertätigkeit in Excimer-Systemen wurde zuerst in flüssigem Xenon, das durch einen Elektronenstrahl energetisch gepumpt wurde, nachgewiesen. Inzwischen wurde Lasertätigkeit von Excimeren in gasförmigem Xe_2, Kr_2, Ar_2 gefunden sowie bei gasförmigen Verbindungen zwischen Edelgasen und Halogeniden wie XeBr, XeF, XeCl, KrF, ArF, KrCl. Die Anregung der Atome erfolgt hierbei durch hochenergetische Elektronenstrahlen oder durch schnell ablaufende Entladungen. Diese Laser können Licht im ultravioletten und vakuum-ultravioletten Spektrum emittieren.

Chemische Laser

In diesen wird der angeregte Zustand eines Elektrons in einem Molekül durch einen chemischen Prozeß erzeugt. Ein Beispiel hierfür ist eine Reaktion zwischen Fluor und Wasserstoff

$$F + H_2 \rightarrow HF^* + H$$

bei dem das Fluoratom angeregt wird.

Farbstofflaser

Viele organische Farbstoffe zeigen eine ausgeprägte Lumineszenz, die oft einen großen Wellenlängenbereich im sichtbaren Bereich des Spektrums überstreicht. Ein oft für Laser verwendetes Farbstoffmolekül ist Rodamin 6*G*. Der Illustration halber geben wir seinen Aufbau in Fig. 2.18 wieder. Die optischen Übergänge werden wieder durch Elektronen verursacht. Hierbei müssen wir zwischen zwei Sorten von Anregungen unterscheiden. Bei der einen ist der Spin des Elektrons im angeregten Zustand entgegengesetzt zu dem des übrigen Moleküls, der Gesamtspin ist daher Null und wir nennen diese Zustände *S*-Zustände (Singulett-Zustände). Daneben gibt es auch Zustände, bei denen der Spin des

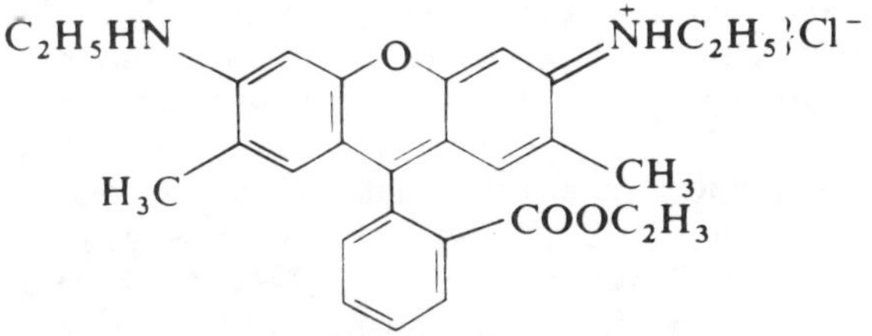

Fig. 2.18 Molekülstruktur von Rhodamin 6G.

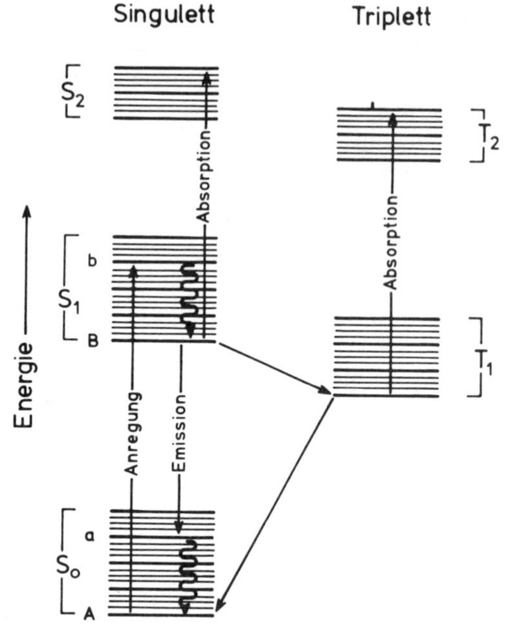

Fig. 2.19 Energieschema eines Farbstoffmoleküls. Links sind die Gruppen der Singulettzustände aufgetragen, die durch Schwingungen und Rotationen noch weiter aufgespalten sind (vgl. Text). Rechts sind die Triplett-Zustände angegeben.

angeregten Elektrons parallel zu dem des übrigen Moleküls ist. Der Gesamtspin ist hier gleich 1 und wir sprechen hier von Triplett-Zuständen. Beide Arten von Zuständen sind aufgrund der Molekülschwingungen weiter aufgespalten. Dies ist durch die ausgezogenen Linien in Fig. 2.19 zum Ausdruck gebracht. Schließlich ist noch eine feinere Aufspaltung vorhanden, die daher rührt, daß die Moleküle auch rotieren können und die Rotationsbewegung ebenfalls quantisiert ist. In gebräuchlichen Anordnungen befinden sich die organischen Farbstoffmoleküle in Lösung. Sie werden durch andere Laser, z.B. Argon-Laser angeregt, wobei ein Übergang aus der Gruppe S_0 in die Gruppe S_1 erfolgt. Dieser Anregung folgt eine rasche Rekombination zum untersten Niveau der Gruppe S_1. Von hier aus findet dann der optische Übergang in einen der Zustände der Gruppe S_0 statt. Neben dieser optischen Rekombination finden auch mit relativ kleiner Übergangsrate Übergänge von S_1 nach T_1 statt. Da der optische Übergang von T_1 in den Grundzustand von S_0 verboten ist, leben diese Zustände T_1 sehr lange. Leider fällt nun aber die Absorptionsfrequenz des Übergangs von T_1 nach T_2 mit der Emissionsfrequenz von S_1 nach S_0 zusammen. Dies hat zur Folge, daß das ausgestrahlte Laserlicht sehr stark wieder absorbiert wird, so daß die Lasertätigkeit sehr rasch unterdrückt wird. Daher wird ohne weitere Maßnahmen nur Pulstätigkeit gefunden. Allerdings kann durch Zusätze in der Lösung erreicht werden, daß die Zustände T_1 rasch rekombinieren, so daß die Reabsorption unterdrückt wird.

Neben dem Rodamin 6*G* gibt es noch eine ganze Reihe weiterer organischer Farbstoffmoleküle, die Lasertätigkeit aufweisen. Durch Kombination verschiedener Arten von Farbstoffmolekülen kann heute ein Wellenbereich von 430–800 nm überdeckt werden. Auf Grund der breiten Lumineszenzlinien sind organische Farbstofflaser sehr gut abstimmbar. Diese Abstimmung kann z.B. durch Reflexionsgitter erzielt werden.

Lasertätigkeit, die auf molekularen Schwingungen beruht

Das wichtigste Beispiel hierfür ist der CO_2-Gaslaser. In diesem Molekül können die einzelnen Atome Schwingungen ausführen. Die hier vorliegenden drei Grundschwingungsarten sind in Fig. 2.20 dargestellt und in der Legende näher beschrieben.

Gemäß der Quantentheorie sind derartige Schwingungszustände zu quantisieren, so daß diskrete Energieniveaus zur Verfügung stehen. Das Energiediagramm einiger niedrig liegender Schwingungsniveaus von CO_2 ist in Fig. 2.21 dargestellt. Einer der Laserprozesse besteht in einem optischen Übergang zwischen den in der Figur mit 00^01 und 10^00 bezeichneten Niveaus. Die Anregung des obersten Niveaus erfolgt üblicherweise in einer Plasma-Entladung, welche zusätzlich zu CO_2 noch N_2 und He enthält. In der Plasmaentladung wird ein großer Teil der zweiatomigen N_2-Moleküle zu Schwingungen angeregt, wobei sich die

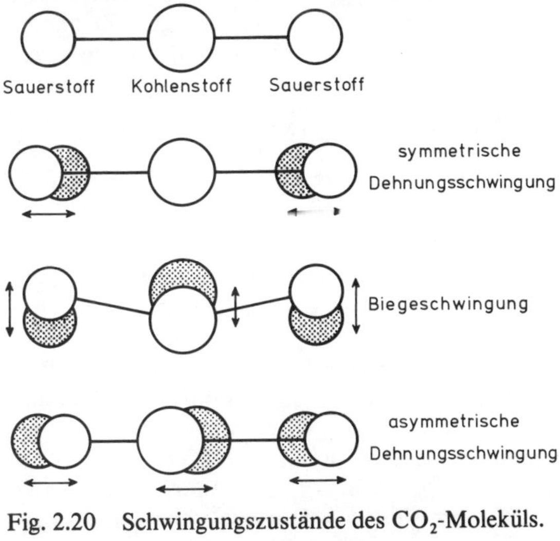

Fig. 2.20 Schwingungszustände des CO_2-Moleküls.

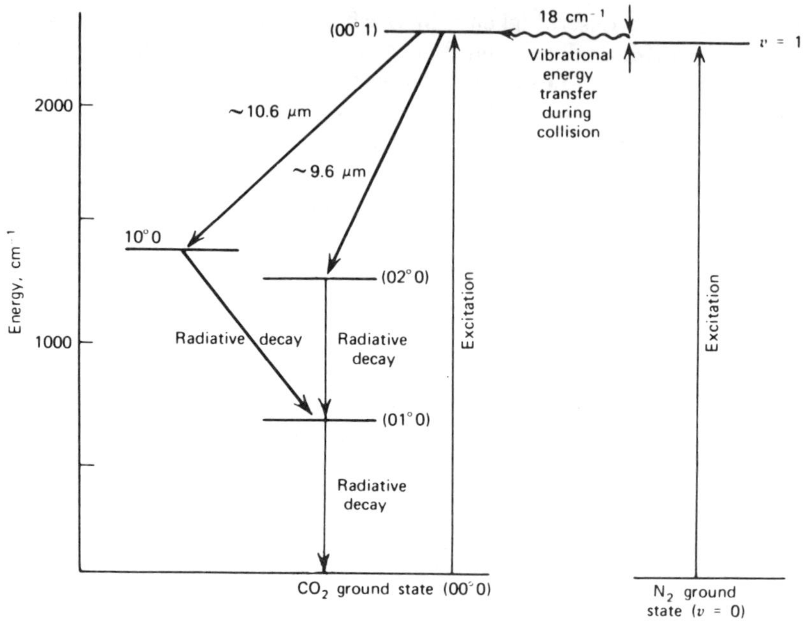

Fig. 2.21 Schwingungsniveaus von CO_2. (Nach C. K. N. Patel, *Phys. Rev. Lett.*, **12**, 588 (1964).)

Moleküle im angeregten Zustand mit der Schwingungsquantenzahl $n = 1$ des harmonischen Oszillators ansammeln. Zusammenstöße mit CO_2-Molekülen im Grundzustand erlauben die Energieübertragung des angeregten Zustands von N_2 auf einen angeregten Zustand von CO_2 (vgl. Fig. 2.21). Der kleine Energieunterschied wird in kinetische Energie der Moleküle nach dem Zusammenstoß umgewandelt. Der Wirkungsgrad des CO_2-Lasers ist sehr hoch und liegt bei ca. 30%. Zur Erzeugung hoher Leistungen sind Laser bis zu mehreren 100 m Länge gebaut worden. Neben den Schwingungsniveaus gibt es gemäß der Quantentheorie im CO_2-Molekül auch diskrete Rotationsniveaus, die ebenfalls an Laserprozessen beteiligt sein können.

Wird der Gasdruck über 5 Torr erhöht, so setzt infolge der zahlreichen Stöße eine Linienverbreiterung ein, die die der üblichen Dopplerbreite übersteigt. Hier gibt es dann das zweite, besonders für Anwendungen sehr interessante Laser-Regime des CO_2-Lasers. Besonders hohe Ausgangsleistungen können in sogenannten gasdynamischen Lasern erzielt werden. Hier wird eine Mischung aus CO_2, N_2, H_2O oder He benutzt. Diese Gasmischung, die ursprünglich unter hohem Druck steht und sehr heiß ist, läßt man sich schnell durch Überschalldüsen ausdehnen. Während der Ausdehnung wird eine Inversion in den

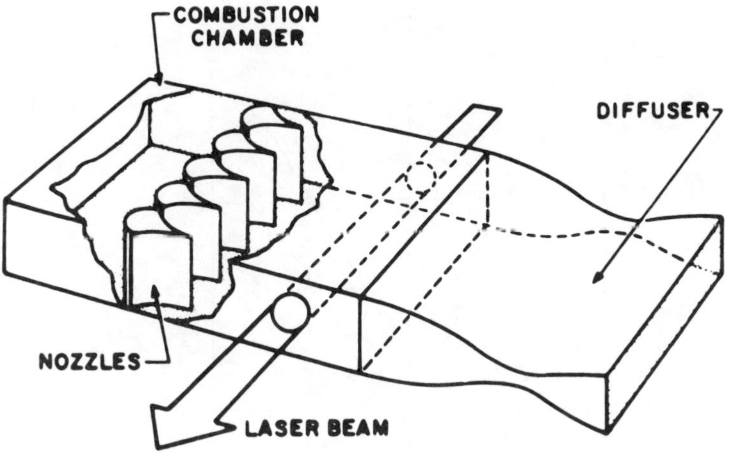

Fig. 2.22 Typische Anordnung eines gasdynamischen Lasers. (Nach J. D. Anderson jun., *Gasdynamic Lasers. An Introduction*, Academic Press, 1976.)

Gasatomen erreicht, so daß wir ein laseraktives Medium vor uns haben. Das Überschallgas passiert eine Laser-Spiegel-Anordnung, wobei ein Laserlichtstrahl senkrecht zu dem Gasfluß erzeugt wird (vgl. Fig. 2.22).

Elektronische Übergänge in Halbleitern

Hier haben wir es mit einer weiteren Art von Festkörperlasern zu tun. Allerdings gehören hier die Elektronenzustände, zwischen denen die Laserübergänge erfolgen, nicht einzelnen Störatomen an, sondern dem ganzen Kristallgitter, das den Halbleiter bildet. Auf diese Elektronenzustände waren wir bereits kurz im ersten Band zu sprechen gekommen.

Ein Halbleiter ist üblicherweise ein Kristall, in dem die einzelnen Atome periodisch angeordnet sind. Wie in der Quantenmechanik gezeigt wird, können sich in einer solchen regulären Anordnung von Atomen Elektronen wie Wellen mit einem Wellenzahlvektor $\mathbf{k}$ ausbreiten. Zu einem bestimmten $\mathbf{k}$-Vektor gehört jeweils ein Satz von Energien $E(\mathbf{k})$ (vgl. Fig. 2.23). Die einzelnen zusammenhängenden Energiestufen bilden die sogenannten Bänder, die durch verbotene Zonen getrennt sind. In Fig. 2.24 haben wir als Beispiel zwei Bänder mit einer verbotenen Zone (Energielücke) angeführt. Im Grundzustand werden die einzelnen Energieniveaus, die wir uns als diskret aber sehr dicht aufeinanderfolgend vorstellen können, von unten her mit Elektronen angefüllt.

Bei einem Isolator ist das letzte mit Elektronen gefüllte Band bis oben gefüllt, das nächst folgende leer (Fig. 2.25). Wie in der Festkörperphysik gezeigt wird, können optische Übergänge nur senkrecht erfolgen, d.h. der $\mathbf{k}$-Vektor muß erhalten bleiben.

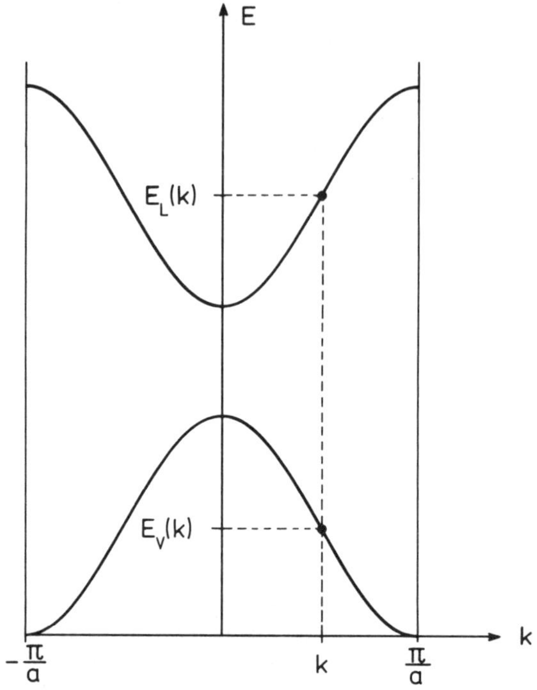

Fig. 2.23 Energiebandschema eines Elektrons im Festkörper. Aufgetragen ist die Energie eines Elektrons im Valenzband (unten) bzw. eines Elektrons im Leitungsband (oben) gegenüber dem **k**-Vektor.

Wie könnte nun ein solcher Halbleiterkristall zur Lasertätigkeit gebracht werden? Dazu muß man eine Inversion erzeugen, d.h. Elektronen in den angeregten Zustand bringen. Ein solches Beispiel ist in Fig. 2.26 schematisch dargestellt. Wegen der obengenannten **k**-Auswahlregel stören sich Elektronen benachbarter **k**-Niveaus beim Übergang nicht, so daß eine hinreichend große Inversion erzeugt werden kann, wenn wir nur genügend viele Elektronen anfänglich in das oberste Band, das sogenannte Leitungsband, bringen. In der Praxis läßt sich eine Inversion durch Bestrahlung des Kristalls mit einem Elektronenstrahl erreichen, wobei die Elektronen aus dem Valenzband in das Leitungsband gemäß Fig. 2.26 gebracht werden. Für viele praktische Anwendungen ist jedoch ein anderer Anregungs-, oder mit anderen Worten, Pump-Mechanismus gebräuchlich. Bringt man nämlich Fremdatome in eine bestimmte Zone eines Halbleiters (vgl. Fig. 1.10 des 1. Bandes), so lassen sich die Energieniveaus gegeneinander verschieben (vgl. Fig. 2.27). Da die Elektronen im Grundzustand die jeweils tiefsten Zustände einnehmen

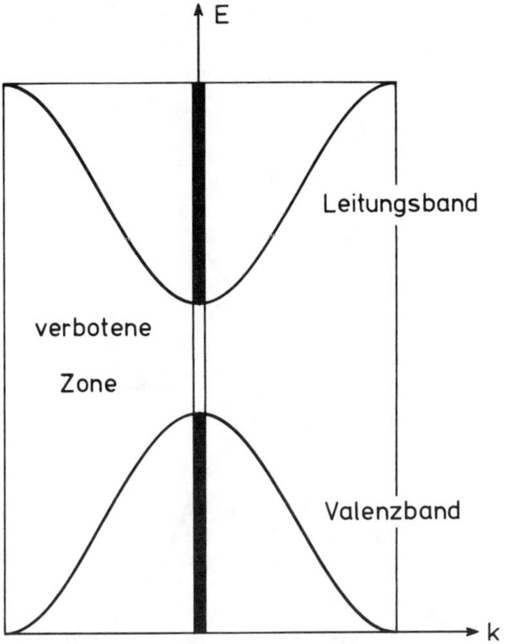

Fig. 2.24 Projizieren wir die Energiewerte auf die E-Achse, so erkennen wir deutlich, daß das Leitungsband und das Valenzband (schwarz) durch die verbotene Zone (weiß) getrennt sind.

wollen, entsteht das in Fig. 2.27 dargestellte Besetzungsschema. Da hier der energetisch tiefste Zustand erreicht ist, können keine optischen Übergänge stattfinden. Um nun eine Inversion zu erzeugen, wie sie uns nach Fig. 2.26 vorschwebt, legt man ein elektrisches Feld an den Kristall an. Dieses elektrische Feld hat zur Folge, daß an einem Ende die Energie der Elektronen angehoben, am anderen Ende des Kristalls jedoch abgesenkt wird, oder mit anderen Worten, das Energieschema wird gekippt. Da die Elektronen nun wieder den energetisch tiefsten Zustand einnehmen wollen, müssen sie offensichtlich Übergänge wie in Fig. 2.28 angegeben machen. Dies sind aber wieder optische Übergänge von einem besetzten in ein unbesetztes Niveau. Wir haben hier das Schema einer sogenannten pn-junction vor uns, wobei p und n als Abkürzungen für positiv und negativ stehen. Ein wichtiges Beispiel derartiger Halbleiterlaser ist das Gallium-Arsenid.

In der Praxis ist dieses einfache Bild noch zu modifizieren, da die Übergänge stark von den vorhandenen Störstellen, die von der Dotierung herrühren, beeinflußt werden. Dadurch wird auch die **k**-Auswahlregel

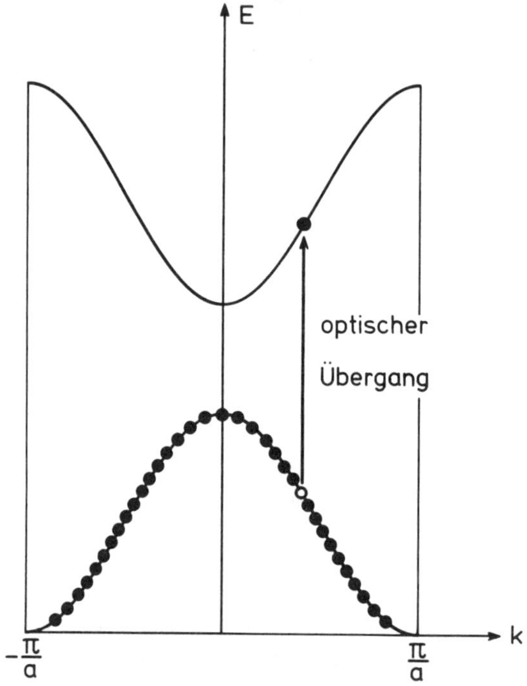

Fig. 2.25 Der optische Übergang eines Elektrons aus dem Valenzband in das Leitungsband erfolgt unter Beibehaltung der *k*-Wellenzahl, d.h. senkrecht.

verletzt. Halbleiterlaser dieser Art können sehr klein sein und den Bruchteil eines Millimeters als Dimension besitzen. Da die Lichtquelle trotzdem sehr intensiv ist, können diese Laser z.B. für medizinische Untersuchungen verwendet werden. Sie spielen aber auch in der Nachrichtentechnik eine wesentliche Rolle. Aus technischen Gründen muß das einfache Aufbauschema, das wir eben beschrieben haben, noch in mancherlei Hinsicht ergänzt werden. Man konstruiert dann Mehrfach-pn-Übergänge. Ein Beispiel ist in Fig. 2.29 dargestellt.

Eine weitere Klasse von Halbleiterlasern bilden die sogenannten Exzitonenlaser. Um den hier verwendeten Begriff des Exzitons zu erklären, gehen wir von einem Isolator aus. Diesen denken wir uns aus den einzelnen Atomen mit darin lokalisierten Elektronen aufgebaut. Regen wir einen solchen Isolator optisch an, so kann ein Elektron aus seinem Mutter-Atom entfernt werden und zu einem anderen Atom übergehen. Dabei bleibt natürlich ein positiv geladenes „Loch" zurück. Das negativ geladene Elektron spürt die Coulombsche Anziehungskraft des zurückgebliebenen Lochs und kann dieses unkreisen (vgl. Bd. I, Fig.

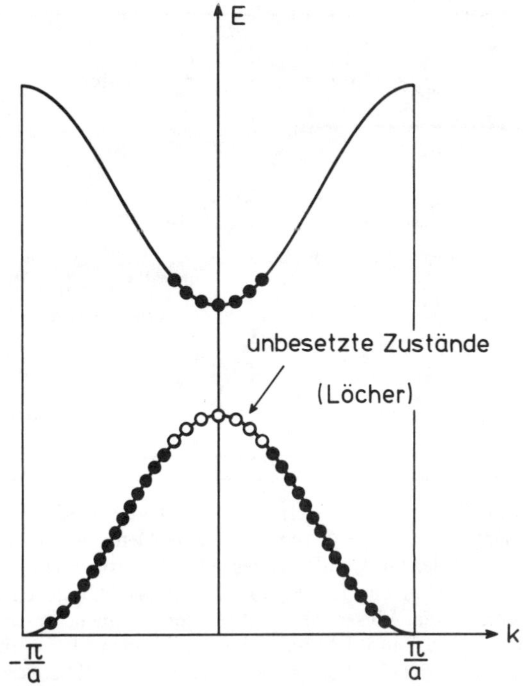

Fig. 2.26 Regen wir optisch oder durch Elektronenstöße eine Zahl von Elektronen an, so besetzen diese Zustände im Leitungsband, denen unbesetzte Zustände (Löcher) im Valenzband gegenüberstehen. Auf diese Weise kann eine Inversion erzeugt werden.

1.12). Nach der Quantentheorie sind die dem Elektron und Loch zur Verfügung stehenden Energien quantisiert. Dieses System: Elektron – Loch mit quantisierten Energien heißt „Exziton". Bei intensiver Einstrahlung von Licht können in Halbleitern hohe Dichten von derartigen Exzitonen erzeugt werden. Vereinigen sich Elektron und Loch wieder, so kann die Energie in Form von Licht abgegeben werden und könnte somit zum Laserprozeß führen. Da aber in praktischen Fällen immer mehr Exzitonen erzeugt werden können als bereits da sind, würde bei diesem Prozeß die Absorption immer überwiegen und der Laserprozeß gemäß der Laserbedingung (2.3) könnte nicht stattfinden. Hier hilft nun die Natur nach. Beim optischen Übergang eines Exzitons kann nämlich ein Teil der Energie des Exzitons an Gitterschwingungen abgegeben werden, so daß für den Reabsorptionsprozeß nicht mehr genügend Energie zur Verfügung steht. Damit wird der Laserprozeß sichergestellt (Fig. 2.30).

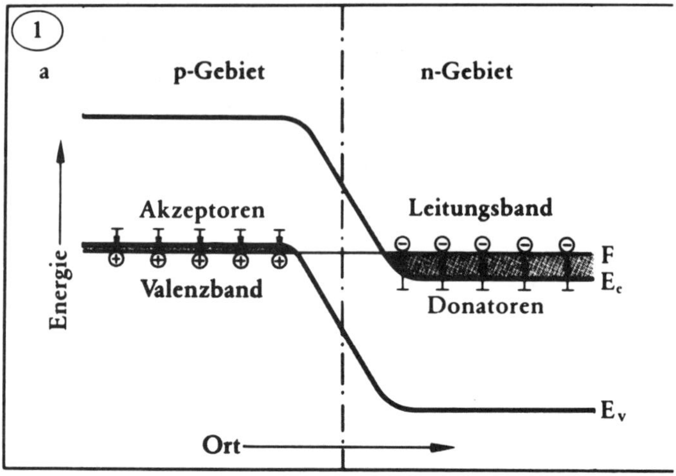

Fig. 2.27 Durch Dotierung eines Halbleiters mit verschiedenen Fremdatomen können die Energiebänder lokal verschoben werden. In diesem Bild ist die Energie als Funktion des Ortes aufgetragen. Die Donatoren sind Fremdatome im Gitter, die Elektronen an das Leitungsband abgeben. Umgekehrt sind Akzeptoren Fremdatome, die Elektronen aufnehmen können, oder mit anderen Worten, die im Valenzband Löcher schaffen können. *F* ist die sogenannte Fermi-Energie, bis zu der die Elektronen-Niveaus aufgefüllt werden. E_c ist die untere Kante des Leitungsbandes, E_v die obere Kante des Valenzbandes.

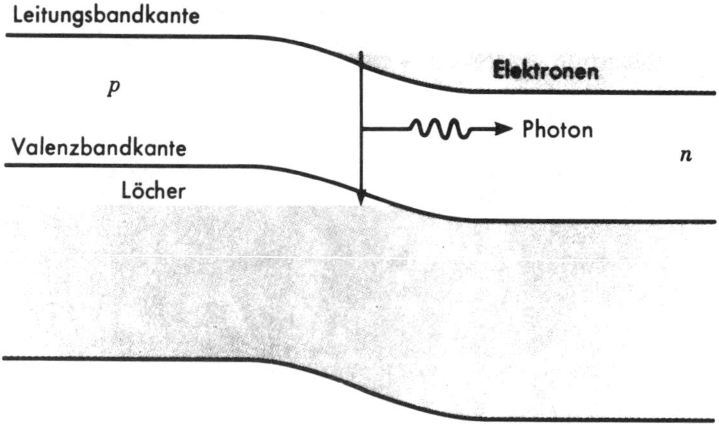

Fig. 2.28 Bei Anlegen eines äußeren elektrischen Feldes werden Elektronen in unserer Figur nach links, die entgegengesetzt geladenen Löcher nach rechts getrieben. Es stehen sich nunmehr besetzte Elektronenzustände und unbesetzte Lochzustände gegenüber, so daß, wie durch den senkrechten Pfeil angegeben, Elektronen unter Aussendung von Photonen rekombinieren können. *p* und *n* beziehen sich auf „positiv“ bzw. „negativ“ gemäß der Dotierung.

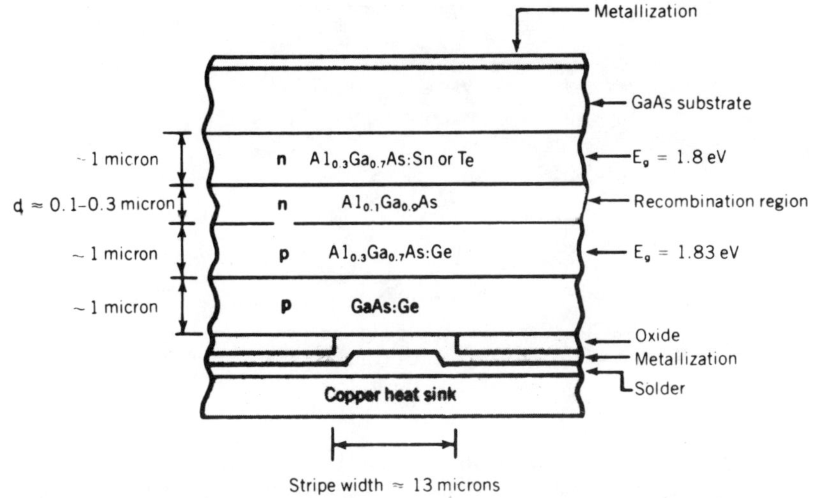

Fig. 2.29 Beispiel für experimentelle Anordnung eines Halbleiterlasers. Der Querschnitt zeigt verschiedene Schichten. Die eigentliche Lasertätigkeit findet in dem als Rekombinationsregion bezeichneten Gebiet statt. (Nach H. Kressel, I. Ladany, M. Ettenberg und H. Lockwood, *Physics Today*, Mai 1976, S. 38.)

Als letztes Beispiel für Laserprozesse im Festkörper seien Farbzentrenlaser genannt. Bei diesen handelt es sich um Ionenkristalle wie Kochsalz (NaCl) oder KBr, in denen die Atome des Natriums und des Chlors in Form von positiv bzw. negativ geladenen Ionen regelmäßig in einem Gitter angeordnet sind. In derartigen Kristallen können auf verschiedenartige Weise, die wir hier nicht näher erläutern wollen, Defekte erzeugt werden. Ein solcher Defekt kann z.B. darin bestehen, daß in einem Gitterpunkt das negativ geladene Chlorion fehlt. Auf diese Weise erscheint, global gesehen, dieser Punkt wegen der früheren

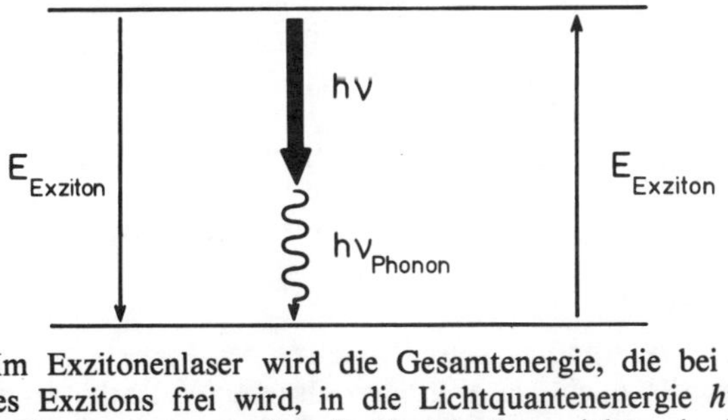

Fig. 2.30 Im Exzitonenlaser wird die Gesamtenergie, die bei der Rekombination eines Exzitons frei wird, in die Lichtquantenenergie $h\nu$ und in die Energie eines Phonons ν_{Phonon} aufgeteilt. Es steht dann nicht mehr die genügende Lichtquantenenergie zur Verfügung, um ein Exziton wieder zu erzeugen, da Reabsorptionsprozesse unterbunden sind.

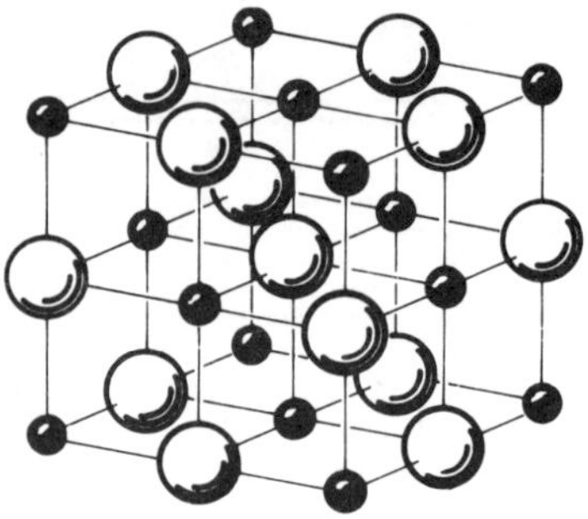

Fig. 2.31 Das NaCl-Gitter. Die negativ geladenen Chlor-Ionen sind durch große weiße Kugeln, die positiv geladenen Natrium-Ionen durch kleine schwarze Kugeln dargestellt.

Neutralität des Gitters als positiv geladen (Fig. 2.31). An einem solchen positiv geladenen Zentrum kann ein Elektron eingefangen werden. Diesem Elektron stehen nach der Quantentheorie wieder diskrete Energiewerte zur Verfügung, zwischen denen das Elektron übergehen kann und dabei Licht emittiert oder absorbiert.

Diese Zentren, die den Kristall aufgrund dieser optischen Übergänge verfärben, heißen dementsprechend „Farbzentren". Werden genügend viele dieser Zentren angeregt, so kann auch hier Lasertätigkeit stattfinden.

Der freie Elektronen-Laser

In diesem Fall sind die Elektronen frei im Vakuum beweglich und passieren in Form eines Elektronenstrahls ein räumlich moduliertes magnetisches Feld. In diesem Feld werden die Elektronen nach der Lorentz-Kraft ständig, und zwar periodisch, abgelenkt (Fig. 2.32).

Wie wir bereits aus der klassischen Elektrodynamik wissen, führen abgelenkte, d.h. beschleunigte Ladungen zu einer Ausstrahlung elektromagnetischer Wellen. Durch die kollektive Ausstrahlung vieler Elektronen wird auch hier wieder Lasertätigkeit möglich. Der Vorteil einer solchen Anordnung, die z.B. am Linear-Beschleuniger in Stanford realisiert wurde, ist die Abstimmbarkeit, die z.B. durch die kontinuierliche Variation der Magnetfeldstärke erreicht werden kann.

Röntgenstrahl- und γ-Laser

Die vielfältigen Anwendungsmöglichkeiten des Laserlichts führen naturgemäß zu dem Wunsch, Laser immer kürzerer Wellenlänge zu bauen. Im Röntgenstrahl und besonders im γ-Strahlbereich existieren hierzu allerdings bislang nur Vorschläge. Als laseraktive Quantensysteme

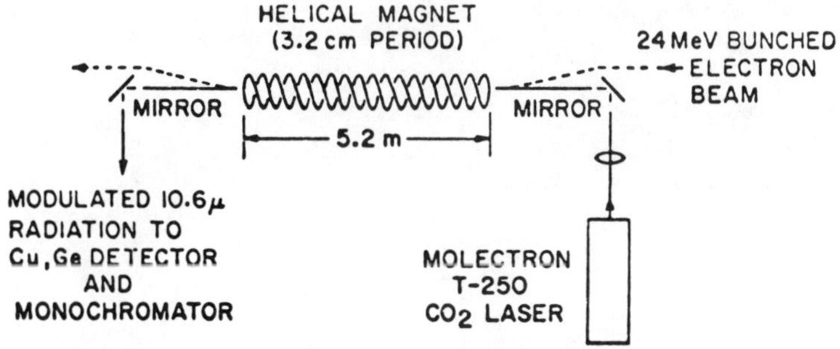

Fig. 2.32 Experimentelle Anordnung für den freien Elektronenlaser. Der von rechts eintretende gepulste Elektronenstrahl tritt durch einen Magneten, das ausgestrahlte Licht wird dem eines CO_2-Lasers überlagert und die modulierte Strahlung am Empfänger nachgewiesen. (Nach D. A. G. Deacon, L. R. Elias, J. M. J. Madey, H. A. Schwettman and T. I. Smith in *Laser Spectroscopy III*, eds. J. L. Hall and J. L. Carlsten, Springer, 1977.)

kommen angeregte Atomkerne in Frage, die γ-Strahlen aussenden können. Auch eine Resonatoranordnung nach dem Prinzip des „distributed feed back lasers“ von S.47 erscheint möglich. Wegen des Faktors ν^2 in der Laserbedingung (2.3) ist die Realisierung jedoch sehr schwierig.

3. Laserresonatoren

Im Prinzip enthält das Lichtfeld oder allgemeiner gesprochen, das elektromagnetische Wellenfeld alle möglichen Wellenlängen, alle Ausbreitungsrichtungen und alle Polarisationsrichtungen. Der Hauptzweck des Lasers ist aber, Licht mit ganz bestimmten Eigenschaften zu erzeugen oder zu verstärken. Eine erste Auswahl, und zwar bezüglich der Frequenz, erfolgt durch die Wahl des Lasermaterials selbst. Durch die Energieniveaus E des ausgewählten Systems wird die Frequenz des ausgestrahlten Lichts bereits nach der Bohrschen Formel $h\nu = E_{Anfang} - E_{Ende}$ festgelegt. Allerdings sind die Frequenzen der optischen Übergänge durch vielerlei Ursachen nicht scharf sondern verbreitert, so durch die endliche Lebensdauer des oberen Niveaus, die zu der natürlichen Linienbreite führt, durch Stoßverbreiterung, durch Verbreiterung durch inhomogene Felder usw.

Zur weiteren Einengung der Frequenzen hat man zu dem Hilfsmittel des Resonators gegriffen. Der einfachste Typ eines Resonators ist uns bereits in Bd. I begegnet, als wir die Moden in einem Hohlraumresonator abzählten. In einem Hohlraumresonator, dessen Wände ideal leitend sind, bilden sich stehende Wellen mit diskreten Frequenzen aus. Erstaunlicherweise hat sich herausgestellt, daß man beim Laser mit offenen Resonatoren auskommen kann. In der einfachsten Anordnung stehen sich zwei planparallele Spiegel gegenüber (Fig. 3.1). Wie bereits Fox und Li zeigen konnten, sind die Beugungsverluste hierbei im allgemeinen gering. Ferner läßt sich mathematisch folgendes zeigen. Geht man von einer Wellenfront in einem Spiegel aus, berechnet sodann die am anderen Spiegel ankommende Wellenfront aufgrund der Wellentheorie, d.h. im wesentlichen nach dem Huygenschen Prinzip, nimmt die ankommende Wellenfront wieder als Ausgangspunkt einer reflektierten Wellenfront und wiederholt das Verfahren, so ergibt sich nach einer Reihe von Durchgängen (typischerweise 50) eine Verteilung auf den

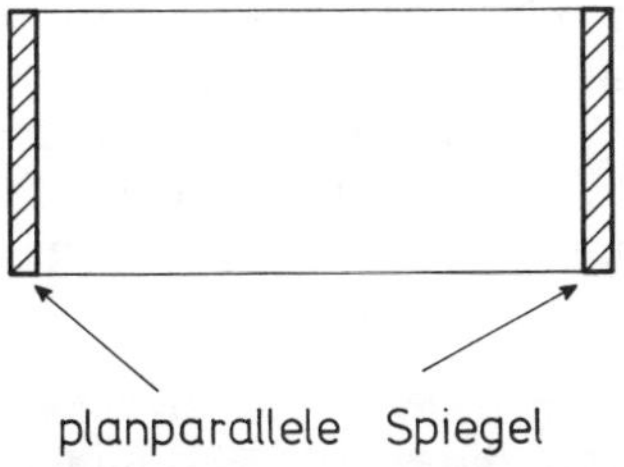

Fig. 3.1 Laser-Resonator mit planparallelen Spiegeln.

Spiegeln, die zwar in der Amplitude im Laufe der Zeit abnimmt, aber sonst ihre Struktur beibehält. Dies zeigt bereits, daß man auch beim offenen Resonator von Moden praktisch in Form ebener Wellen sprechen darf, die aber noch in ihrer Amplitude exponentiell gedämpft sind. Da sich, ähnlich wie in einem geschlossenen Resonator eine Folge diskreter Moden ausbilden kann, sind damit auch diskrete Frequenzen verknüpft, in die die Atome ausstrahlen können. Die entstehenden Modenkonfigurationen sind auf den Spiegeln mit bestimmten Intensitätsverteilungen verknüpft. Beispiele hierfür sind in Fig. 3.2 wiedergegeben.

Wegen der endlichen Lebensdauer durch Beugungsverluste und insbesondere auch durch die endliche Durchlässigkeit der Spiegel wird die Amplitude gedämpft, was mit einer Frequenzunschärfe verknüpft ist. Bei praktischen Laseranordnungen ist diese Frequenzunschärfe jedoch noch wesentlich geringer als die des ursprünglichen atomaren Übergangs. Allerdings muß hier sogleich vor einem Mißverständnis gewarnt werden. Durch den Laserprozeß selbst, den wir in diesem Buch ausführlich behandeln werden, wird die effektive Linienbreite nochmals um viele Zehnerpotenzen gegenüber den beiden obengenannten Linienbreiten verringert.

Wie anschaulich klar ist, kann das Licht nur dann genügend lange zwischen den beiden Spiegeln hin- und herlaufen, wenn diese genau parallel zueinander adjustiert sind. Werden die Laserspiegel gegeneinander verdreht, so verläßt der Lichtwellenzug sehr schnell den Laser. Seine Lebensdauer im Laser ist sehr stark abgesunken und die Laserbedingung kann nicht mehr erfüllt werden. Aus diesen Gründen sind andere Resonatoranordnungen entwickelt worden, bei denen die Ausbildung der Lichtmoden weniger empfindlich von der Justierung der Spiegel abhängt. Eine solche Vorrichtung ist in Fig. 3.3 gezeigt, wo ein ebener Spiegel durch einen Spiegel in Form eines Kugelabschnitts ersetzt wird. Eine ebenfalls gebräuchliche Anordnung ist die konfocaler Spiegel, wobei der Mittelpunkt des einen Spiegels gerade im Fokus des anderen Spiegels liegt (Fig. 3.4). Besonders die planparallelen Spiegel werden oft auf den Endstücken des Materials selbst montiert. Es gibt aber auch Anordnungen bei denen einer oder beide Spiegel von dem laseraktiven Material getrennt sind (Fig. 3.5). Derartige Anordnungen haben Einfluß auf die Modenauswahl beim Laserprozeß und können entsprechend verwendet werden. Wie wir später sehen werden, werden bei stehenden Wellen, wie sie durch die Anordnungen der Fig. 3.1 bis 3.5 erzeugt werden, unter bestimmten Anregungsbedingungen mehrere Moden gleichzeitig erzeugt.

Um hohe Reflexionskoeffizienten für polarisiertes Licht zu erzielen, wird oft, insbesondere bei Gaslasern, ein bestimmter Winkel zwischen der

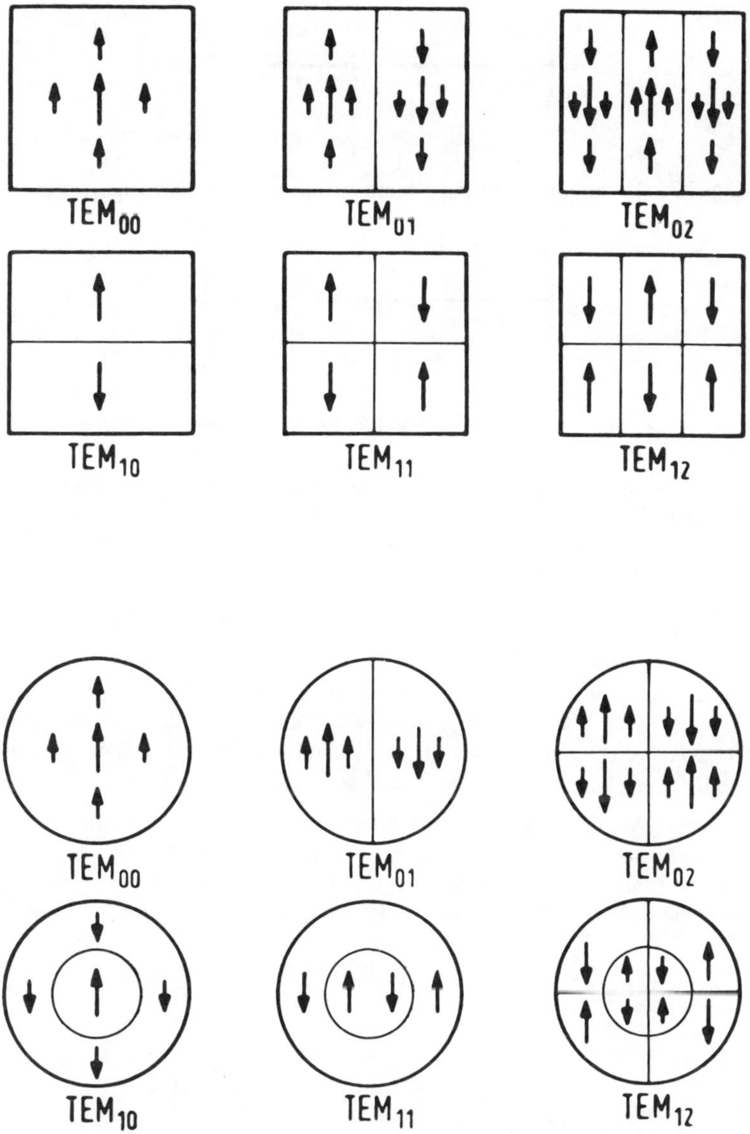

Fig. 3.2 Oben: Verteilung der elektrischen Feldstärke des Laserfeldes auf einer Endfläche eines Lasers mit rechteckigem Querschnitt. Die Abkürzung TEM bedeutet „transversale elektrische Mode". Die Indizes geben die Zahl der Knoten, d.h. Nullstellen des Feldes in vertikaler bzw. horizontaler Richtung an. Unten: Das Gleiche bei einem Laser mit kreisförmigem Querschnitt.

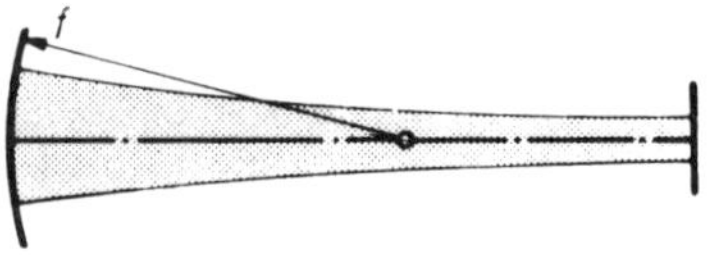

Fig. 3.3 Laseranordnung mit einem konvexen und einem ebenen Spiegel.

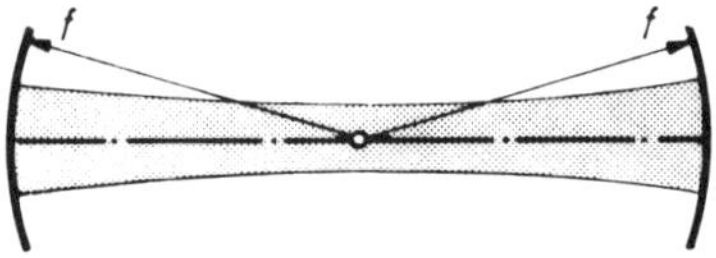

Fig. 3.4 Laseranordnung mit zwei konfokalen Spiegeln.

Laserachse und den Spiegeln verwendet, um den Brewster-Winkel auszunutzen (Fig. 2.16) (Helium–Neon-Laser). Um sehr hohe Frequenzschärfe zu bekommen, ist es notwendig, eine einzelne Mode auszuwählen. Dieses kann u.a. durch eine ringförmige Anordnung der Fig. 3.6 erzielt werden. In derartigen Anordnungen entstehen laufende Wellen. Durch zusätzliche Maßnahmen, wie z.B. durch Einbau eines sogenannten Faraday Rotators wird es sogar möglich, nur eine Ausbreitungsrichtung zu selektieren. Ringförmige Spiegelanordnungen, bei denen zwei Wellen gegeneinander laufen, bilden die Grundlage des Lasergyroskops, worauf wir noch in Abschnitt 6.7 näher eingehen werden.

Als wichtigste Grundeigenschaft aller dieser Spiegelanordnungen kann angesehen werden, daß durch diese dem Lasermaterial das bereits erzeugte Licht immer wieder zugeführt wird (feed back), wobei die Lichtwelle mehr und mehr verstärkt wird, bis es zu einem stationären

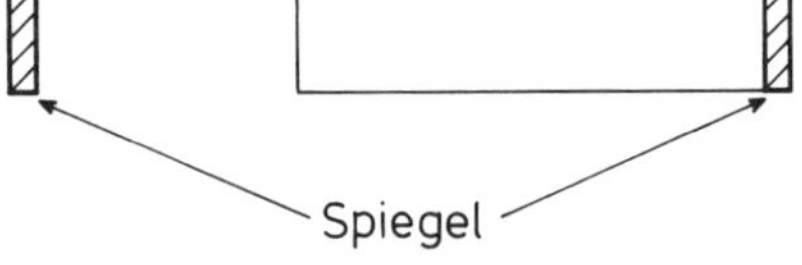

Fig. 3.5 Laseranordnung, bei der einer der Spiegel in bestimmtem Abstand vom Lasermaterial angebracht ist.

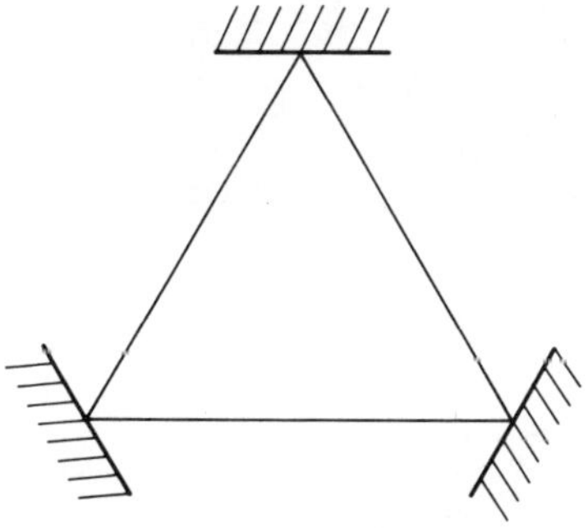

Fig. 3.6 Spiegelanordnung beim Ringlaser.

Zustand kommt. Es wird also gewissermaßen das Licht immer wieder in das Material, und zwar kohärent, zurückgestreut. Eine derartige kohärente Rückstreuung kann aber auch noch auf ganz andere Weise erzielt werden, mit einer Methode, die der Röntgenbeugung entlehnt ist. Strahlt man nämlich mit Röntgenlicht auf Kristalle, so wirkt jedes Atom als Streuzentrum. Fällt das Röntgenlicht in bestimmten Richtungen und mit bestimmter Wellenlänge ein, so können die einzelnen rückgestreuten Wellenzüge gemeinsam mit dem ankommenden Licht interferieren und es kommt zur Ausbildung von stehenden Wellen. Diese stehenden Wellen entsprechen wieder den Moden. Der Unterschied ist jedoch, daß die Rückstreuzentren über den ganzen Kristall regelmäßig verteilt sind. Überträgt man dieses Prinzip auf den optischen Bereich, so muß man nur dafür sorgen, daß z.B. durch ein Strichgitter die jeweilige Rückstreuung eines Wellenzuges bewirkt wird. Man gelangt damit zum Prinzip des sogenannten *distributed feed back* Lasers.

Übrigens sind für den Laserprozeß nicht immer derartige Rückkopplungsmechanismen, z.B. mit Hilfe von Spiegeln nötig. Z.B. ist bei bestimmten Halbleitern die Differenz des Brechungsindex des Materials und dem der Luft so groß, daß die innere Reflexion hinreichend stark ist, um eine Spiegelwirkung zu erzielen.

4. Die Intensität des Laserlichts. Bilanzgleichungen (Ratengleichungen)

In diesem Kapitel befassen wir uns mit den Bilanzgleichungen, die in der neueren deutschen Literatur oft auch Ratengleichungen genannt werden (im Englischen heißen diese Gleichungen „rate equations").

Ein Beispiel solcher Gleichungen hatten wir bereits bei der Herleitung der Laserbedingung in Abschnitt 2.1 kennengelernt. Wie wir von Band I her wissen, können wir bei einer quantenmechanischen Behandlung des Lichtfeldes jeder einzelnen Mode eine Photonenzahl n zuordnen. In diesem Kapitel behandeln wir n, das nach der Quantentheorie ganzzahlig sein müßte, als eine *kontinuierliche* Variable. Eine vollständig befriedigende Herleitung der Ratengleichungen gelingt erst durch die quantentheoretische Behandlung des Lasers, oder schon in einer guten Näherung, durch die halbklassischen Lasergleichungen. Wir stellen diese Herleitung auf ein späteres Kapitel zurück und benutzen hier die Ratengleichungen, um uns einen ersten Einblick in die physikalischen Vorgänge im Laser zu verschaffen.

4.1 Das Photonenmodell des Ein-Moden-Lasers

Wir betrachten nur eine einzige Photonensorte, deren Zahl wir mit n bezeichnen. Da wir uns im folgenden für den eigentlichen Laserprozeß interessieren, wollen wir von der spontanen Emissionsrate WN_2 (vgl. Abschn. 2.1) absehen. Wir werden ohnehin später sehen (Kap. 8), daß die induzierte Emissionsrate $(N_2 - N_1)\,Wn$ physikalisch eine gänzlich andere Rolle als die Rate WN_2 spielt, was sich in den statistischen Eigenschaften des Laserlichts äußert, worauf wir hier aber noch nicht eingehen können. Wir legen somit folgende Gleichung für die Änderung der Photonenzahl zugrunde

$$\frac{dn}{dt} = (N_2 - N_1)\,Wn - 2\kappa n. \tag{4.1}$$

Durch den Laserprozeß ändert sich aber nicht nur die Photonenzahl, sondern auch die Besetzungszahlen der Atome erfahren eine Änderung.

Wir betrachten der Einfachheit halber ein System von Zwei-Niveau-Atomen und untersuchen die zeitliche Änderung der Besetzungszahlen N_1 und N_2. Die Zahl N_2 nimmt dadurch zu, daß durch den Pumpprozeß Elektronen in den angeregten Zustand gehoben werden. Die Zahl der

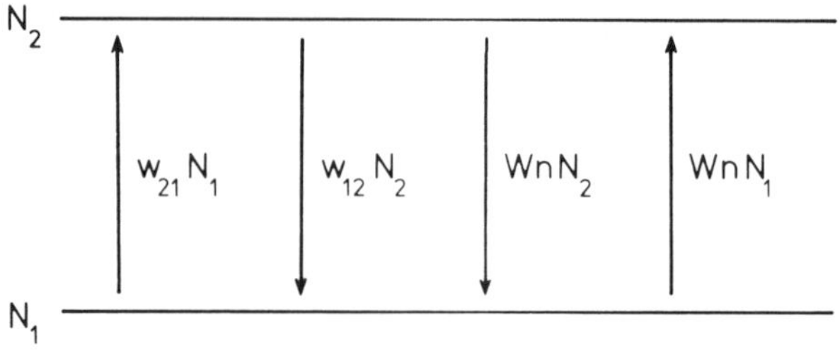

Fig. 4.1 Die verschiedenen optischen Übergänge in einem System von Zwei-Niveau-Atomen mit den Besetzungszahlen N_1 und N_2.

Übergänge ist proportional zur Zahl der Elektronen, die im Grundzustand zur Verfügung stehen, d.h. proportional zu N_1. Den zugehörigen Proportionalitätsfaktor bezeichnen wir mit w_{21} (Fig. 4.1). Hier und im folgenden ist darauf zu achten, daß wir bei diesen w's die Indizes von rechts nach links lesen müssen, d.h. w_{21} bezieht sich auf den Übergang von Niveau 1 zum Niveau 2. Diese Übergangsrate hängt natürlich von den optischen Eigenschaften des Atoms ab. Ferner ist w_{21} proportional zur Intensität des Pumplichts. Hierauf wollen wir jetzt nicht eingehen, sondern w_{21} als einen veränderbaren Parameter ansehen. Umgekehrt können Atome aus dem Niveau 2 in das Grundniveau durch sogenannte strahlungslose Übergänge, bei denen also keine Photonen emittiert werden, übergehen. Derartige Prozesse können beispielsweise durch Stöße in Gasen oder durch Wechselwirkung zwischen Atomen mit Gitterschwingungen im Festkörper verursacht werden. Die Zahl dieser Übergänge ist natürlich proportional zur Zahl der angeregten Atome, N_2.

Den zugehörigen Proportionalitätsfaktor bezeichnen wir mit w_{12}. Durch diese Beschreibung können wir auch solche strahlenden Prozesse erfassen, die gerade nicht zur Emission der hier untersuchten Photonensorte gehören. Schließlich findet noch der Prozeß der induzierten Emission und Absorption statt. Die Zahl der pro Sekunde stattfindenden Übergänge ist durch $(N_2 - N_1)\, Wn$ gegeben. Fassen wir die soeben genannten Beiträge zusammen, so ergibt sich als Bilanzgleichung für die Besetzungszahl des Niveaus 2

$$\frac{dN_2}{dt} = w_{21} N_1 - w_{12} N_2 - (N_2 - N_1)\, Wn. \tag{4.2}$$

In völlig analoger Weise läßt sich auch das Niveau 1 behandeln. Es ergibt sich dann

$$\frac{dN_1}{dt} = w_{12} N_2 - w_{21} N_1 + (N_2 - N_1)\, Wn. \tag{4.3}$$

Addieren wir die Gleichungen (4.2) und (4.3), so erhalten wir

$$\frac{d(N_1 + N_2)}{dt} = 0, \tag{4.4}$$

was nichts anderes ist als die Aussage, daß die Gesamtbesetzungszahl der beiden Niveaus 1 und 2 konstant, nämlich gleich der Gesamtzahl aller Laseratome ist

$$N_1 + N_2 = N. \tag{4.5}$$

Da in den Gleichungen (4.1) bis (4.3) die Besetzungszahldifferenz oder, mit anderen Worten, die *Inversion* $N_2 - N_1$ vorkommt, führen wir diese als neue Variable ein

$$N_2 - N_1 = D. \tag{4.6}$$

Umgekehrt lassen sich N_1 und N_2 durch N und D ausdrücken

$$\begin{aligned} N_2 &= \tfrac{1}{2}(N + D), \\ N_1 &= \tfrac{1}{2}(N - D). \end{aligned} \tag{4.7}$$

Da die Zahl N konstant ist, haben wir es nur noch mit einer zusätzlichen Variablen D zu tun. Es liegt daher nahe, die Gleichungen (4.1) bis (4.3) mit Hilfe dieser auszudrücken. Subtrahieren wir (4.3) von (4.2) und benutzen (4.7), so erhalten wir

$$\frac{dD}{dt} = N(w_{21} - w_{12}) - D(w_{21} + w_{12}) - 2WDn. \tag{4.8}$$

Diese Gleichung können wir noch auf eine wesentlich prägnantere Form bringen, wenn wir uns überlegen, daß die w's die Bedeutung von Übergangsraten haben, d.h. umgekehrt proportional zu bestimmten Übergangszeiten sind. Wir führen daher eine Zeitkonstante T durch die Beziehung

$$\frac{1}{T} = w_{21} + w_{12} \tag{4.9}$$

ein. Ferner betrachten wir, welche Inversion $D = D_0$ sich einstellen würde, wenn nur Pump- und Relaxationsprozesse stattfinden, aber nicht der Laserprozeß. Wir erhalten diese Größe, indem wir die linke Seite von (4.8) $= 0$ setzen und das letzte Glied in (4.8) weglassen. Es ergibt sich dann sofort

$$D_0 = N \frac{w_{21} - w_{12}}{w_{21} + w_{12}}. \tag{4.10}$$

Diese Inversion nennt man aus Gründen, die wir noch erläutern werden, die ungesättigte Inversion. Führen wir D_0, sowie (4.9) in (4.8) ein, so erhalten wir schließlich

$$\frac{dD}{dt} = \frac{1}{T}(D_0 - D) - 2WDn. \tag{4.11}$$

Wie wir aus der Gleichung (4.11) erkennen, ist T diejenige Zeit, in der D auf den Wert D_0 hin relaxiert, wenn keine Photonen da wären, also $n = 0$ wäre.

Unter Benutzung von (4.6) können wir die Photonengleichung in der Form

$$\frac{dn}{dt} = DWn - 2\kappa n \tag{4.12}$$

schreiben.

(4.11) und (4.12) sind die grundlegenden Lasergleichungen, die wir näher diskutieren wollen. Da die rechten Seiten das Produkt aus den Variablen D und n enthalten, sind diese Gleichungen *nichtlinear* und im allgemeinen nicht geschlossen lösbar.

Wir gehen daher bei der Diskussion und Lösung dieser Gleichungen schrittweise vom Einfachen zum Schwierigen vor. Der einfachste Fall ist der, daß n und D gar nicht von der Zeit abhängen, sich also ein stationärer Zustand eingestellt hat.

Stationäre Lösung

In diesem Fall gilt

$$\frac{dn}{dt} = 0 \quad \text{und} \quad \frac{dD}{dt} = 0. \tag{4.13}$$

Damit reduziert sich (4.11) auf

$$(D_0 - D) = 2TDWn. \tag{4.14}$$

Lösen wir diese Gleichung nach der Inversion D auf, so erhalten wir

$$D = \frac{D_0}{1 + 2TWn}. \tag{4.15}$$

(4.15) lehrt uns, daß mit zunehmender Photonenzahl die tatsächliche Inversion D gegenüber der durch Pump- und Relaxationsprozesse vorgeschriebenen Inversion D_0 verringert wird. Es tritt, wie man sagt, eine

Sättigung der Inversion auf. Dieser Sachverhalt läßt sich besonders einfach darstellen, wenn die Photonenzahl n noch klein ist. Dann können wir nämlich (4.15) durch die Beziehung

$$D \approx D_0 - 2D_0 TWn \tag{4.16}$$

ersetzen. Darin ist D_0, wie schon bemerkt, die ungesättigte Inversion. Der n enthaltende Anteil wird als Sättigung bezeichnet.

Setzen wir (4.15) in (4.12) ein und beachten, daß $dn/dt = 0$ sein sollte, so erhalten wir nach einer kleinen Umformung

$$n\left(\frac{WD_0}{1 + 2TWn} - 2\kappa\right) = 0. \tag{4.17}$$

Diese Gleichung besitzt bezüglich n die beiden Lösungen

$$n_0 = 0 \tag{4.18}$$

und

$$n_0 = (WD_0 - 2\kappa)/(4\kappa TW). \tag{4.19}$$

(Da n die stationäre Lösung ist, haben wir n noch mit dem Index 0 versehen). $n_0 = 0$ besagt natürlich, daß keine Photonen erzeugt werden, d.h. daß keine Lasertätigkeit stattfindet. Betrachten wir daher (4.19), und zwar besonders den ersten Faktor, $(WD_0 - 2\kappa)$. Bei schwachem Pumpen ist D_0 klein, so daß

$$(WD_0 - 2\kappa) < 0. \tag{4.20}$$

Da aber die Photonenzahl nicht negativ sein darf, scheidet (4.19) als Lösung aus und es bleibt nur (4.18) übrig. Es findet also keine Lasertätigkeit statt. Erhöhen wir aber D_0, so daß

$$(WD_0 - 2\kappa) > 0 \tag{4.21}$$

ist, so wird die Lösung (4.19) mit $n_0 > 0$ möglich und wir erhalten *Lasertätigkeit*.

Man kann sich leicht davon überzeugen (vgl. Übungsaufgabe), daß (4.21) identisch mit der Laserbedingung (2.3) ist. Das Anwachsen von n_0 mit wachsendem D_0 ist in Fig. 4.2 dargestellt. Während unter dem kritischen Wert $D_0 = 2\kappa/W$ keine Lasertätigkeit auftritt, tritt diese oberhalb von diesem Wert auf und n_0 steigt rasch an. Nicht ersichtlich ist allerdings aus dieser Betrachtung, warum wir in dem Bereich (4.21) die Lösung $n_0 = 0$ ausschließen können. Dazu müssen wir die zeitabhängigen Gleichungen betrachten.

Daß unterhalb der Schwelle keine Photonen vorhanden sind, liegt im

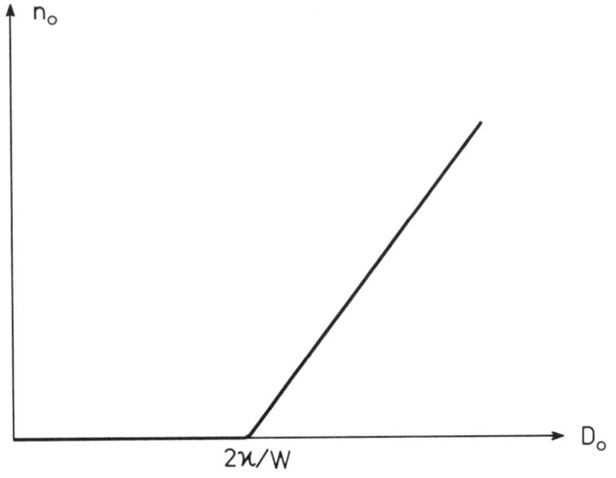

Fig. 4.2 Ausgestrahlte Photonenzahl, aufgetragen gegenüber der ungesättigten Inversion D_0. In diesem Modell findet unterhalb der kritischen Inversion $D_0 = 2\kappa/W$ keine Laserausstrahlung statt. Danach steigt die Photonenzahl linear an.

vorliegenden Fall daran, daß wir die spontane Emission vernachlässigt haben. Auf deren Berücksichtigung können wir aber erst viel später eingehen, wenn wir in Kap. 8 die Quantentheorie des Lasers darlegen.

Genäherte zeitabhängige Lösungen

Zur (genäherten) Lösung der zeitabhängigen Gleichungen machen wir zwei Annahmen:

1) Wir betrachten die Abweichung von D von der ungesättigten Inversion D_0, d.h. $D - D_0$. Wir nehmen an, daß sich $D - D_0$ nur langsam in Zeiten T ändert (vgl. hierzu Aufgabe 2 am Ende dieses Abschnitts). Mathematisch ausgedrückt heißt das, daß

$$\left|\frac{d}{dt}(D - D_0)\right| \ll |D - D_0|/T \tag{4.22}$$

sein soll. Da D_0 ohnehin zeitunabhängig ist, also $dD_0/dt = 0$ ist, dürfen wir in (4.11) die linke Seite, d.h. dD/dt gegenüber dem auf der rechten Seite stehenden $(D_0 - D)/T$ vernachlässigen, also $dD/dt = 0$ setzen. Damit können wir aber die Gleichung (4.11) lösen, indem wir $D(t)$ durch den instantanen Wert von $n(t)$ ausdrücken, wie dies bereits durch (4.15) geschehen ist. Im Gegensatz zu früher hängen aber noch n und D von der Zeit t ab!

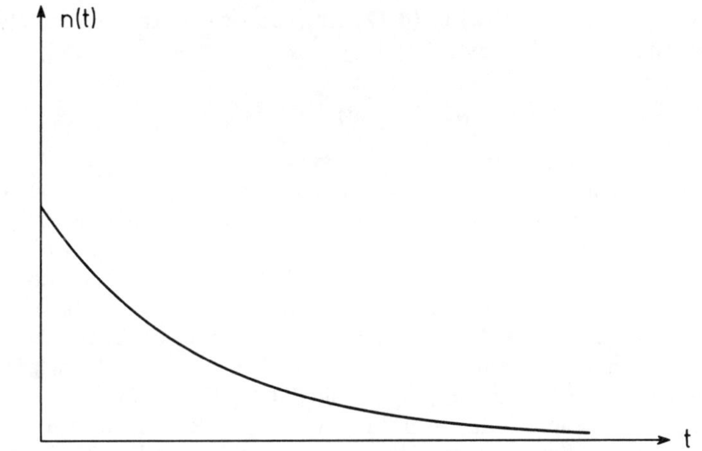

Fig. 4.3a Die Photonenzahl in Abhängigkeit von der Zeit t. Zur Zeit $t = 0$ war eine endliche Photonenzahl vorgegeben, der Laser befand sich jedoch unterhalb der Laserbedingung.

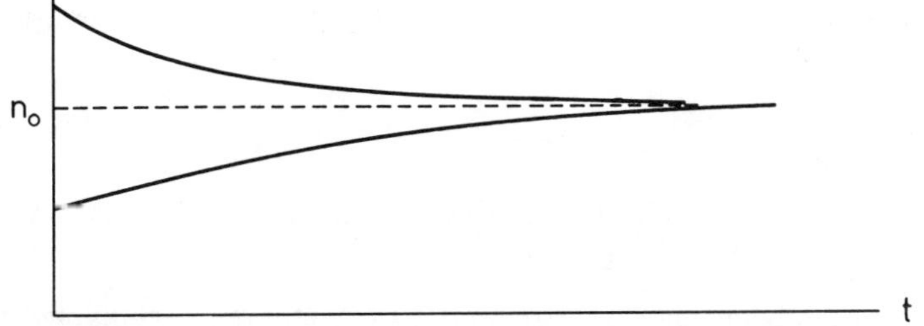

Fig. 4.3b Die Photonenzahl in Abhängigkeit von der Zeit. Die Laserbedingung ist erfüllt. Die Photonenzahl nähert sich, je nach ursprünglicher Photonenzahl, von oben oder von unten, dem stationären Wert n_0.

2) Wir nehmen überdies an, daß n noch so klein ist, daß wir (4.15) durch (4.16) ersetzen dürfen.

Setzen wir nunmehr (4.16) in (4.12) ein, und ordnen die Glieder etwas um, so erhalten wir die Lasergleichung

$$\frac{dn}{dt} = (D_0 W - 2\kappa) n - 2 D_0 T W^2 n^2. \tag{4.23}$$

Aus ihr können wir folgendes entnehmen. Bei schwachem Pumpen ist natürlich die Inversion D_0 klein oder sogar negativ. In diesem Falle gilt $(D_0 W - 2\kappa) < 0$ und die gesamte rechte Seite von (4.23) ist negativ, d.h. dn/dt ist negativ. Selbst wenn zu einer Anfangszeit einmal Photonen vorhanden sind, etwa infolge der spontanen Emission, so klingt die Photonenzahl exponentiell ab. Das zweite Glied auf der rechten Seite in (4.23) können wir ohnehin wegen der Kleinheit von n vernachlässigen. Erhöhen wir die Pumpstärke, so gilt schließlich $(D_0 W - 2\kappa) > 0$. Lassen wir zunächst wiederum das in n quadratische Glied weg, so würde sich jetzt ein exponentieller Anstieg der Photonenzahl gemäß (4.23) ergeben. Wir haben, wie man sagt, eine *Instabilität* vor uns. Spontan erzeugte Photonen werden jetzt kaskadenartig durch den Prozeß der induzierten Emission vervielfacht. Das exponentielle Anwachsen der Photonenzahl hält natürlich nicht ständig an, da schließlich das in n quadratische Glied in (4.23) wichtig wird und die rechte Seite von (4.23) negativ werden läßt. Dies bewirkt wegen $dn/dt < 0$ eine Abnahme von n, bis der stationäre Zustand $n = n_0$ erreicht wird. Das quadratische Glied rührt übrigens von der Sättigung der Inversion her, wie man leicht aus (4.16) entnehmen kann. Die Sättigung bewirkt also, daß ein stationärer Zustand erreicht wird. Fängt man umgekehrt mit einer Photonenzahl n, die größer als dieses n_0 ist, an, so überwiegt von vornherein das 2. Glied. Die Photonenzahl nimmt ab und stellt sich wiederum auf den stationären Wert n_0 ein. Diese Verhältnisse sind in Fig. 4.3 dargestellt. Wegen einer expliziten Lösung der zeitabhängigen Gleichung (4.17) verweisen wir auf die Übungsaufgabe.

Aufgaben zu 4.1

1) Man überzeuge sich davon, daß die Bedingung (4.21) mit der Laserbedingung (2.3) identisch ist.

Hinweis: Man benutze die in Abschnitt 2.1 eingeführten Definitionen von κ und W.

2) Diese Aufgabe befaßt sich mit der Lösung der zeitabhängigen Gleichung (4.23) für die Photonenzahl n:

$$\frac{dn}{dt} = an - bn^2,$$

wobei $a = D_0 W - 2\kappa$, $b = 2D_0 T W^2$, und zur Anfangszeit $t = t_0$ die Photonenzahl $n = n_0 > 0$ beträgt.

Man überzeuge sich davon, daß die Lösung von Gl. (4.23) wie folgt lautet:

a) für $a > 0$:

$$n(t) = \frac{ac \exp\{a(t - t_0)\}}{1 + bc \exp\{a(t - t_0)\}},$$

wobei c durch

$$c = \frac{n_0}{|a - bn_0|}$$

gegeben ist.

b) für $a \leq 0$:

$$n(t) = \frac{|a|\, c \exp\{a(t - t_0)\}}{1 - bc \exp\{a(t - t_0)\}}$$

Man diskutiere den Verlauf von $n(t)$.

3) Man untersuche, wann die „Langsamkeitsbedingung" (4.22) erfüllt ist.

Hinweis: Man benutze (4.15), (4.11) und die Resultate von Aufgabe 2 von diesem Abschnitt.

4.2 Relaxationsoszillationen

In diesem Abschnitt wollen wir das Zeitverhalten des Ein-Moden-Lasers weiterverfolgen. Allerdings wollen wir nun nicht mehr annehmen, daß die Inversion D sich instantan auf den Wert der Photonenzahl einstellt. Während dies bei kleinen Photonenzahlen gerechtfertigt ist (vgl. Übungsaufgabe 3 von Abschnitt 4.1), ist dies bei höheren Photonenzahlen keineswegs mehr der Fall. Stattdessen betrachten wir *kleine Abweichungen* von n und den Besetzungszahlen *von den* entsprechenden *stationären Werten*. Wir lenken also n oder N_j oder beide anfänglich aus ihren stationären Werten ein wenig aus. Wie wir zeigen werden, führen n und N_j gedämpfte Schwingungen, oder, wie man auch sagt, Relaxationsoszillationen aus.

Als Beispiel behandeln wir einen 3-Niveau-Laser, bei dem der optische Übergang zwischen den beiden oberen Niveaus erfolgt (vgl. Fig. 4.4). Die zugehörigen Besetzungszahlen bezeichnen wir wieder mit N_1 und N_2.

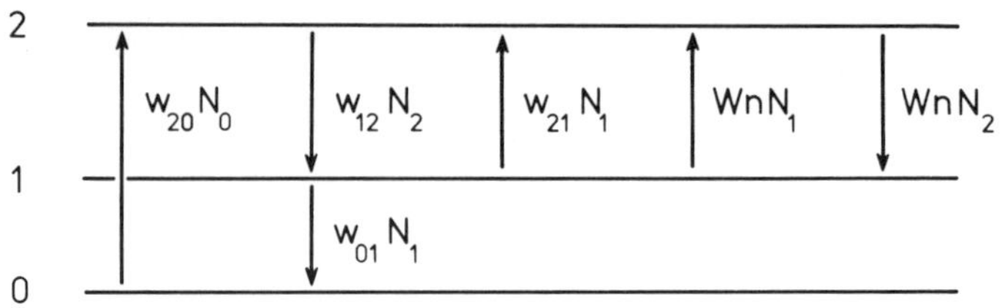

Fig. 4.4 Übergangsschema in einem System von Atomen mit drei Niveaus, bei denen der optische Übergang vom obersten zum mittleren Niveau erfolgt.

Nehmen wir an, daß der untere Übergang von Niveau 1 nach Niveau 0 sehr rasch erfolgt (vgl. hierzu auch die Übungsaufgabe), so lauten die Lasergleichungen wie folgt:

Gleichung für die Photonen

$$dn/dt = -2\kappa n + DWn, \tag{4.24}$$

wobei $D = N_2 - N_1$.

Gleichung für die Besetzungszahlen

$$dN_2/dt = Nw_{20} - w_{12}N_2 - WN_2 n. \tag{4.25}$$

N ist dabei die Gesamtzahl der Atome.

Aufgrund unserer Annahme, daß das untere Laserniveau 1 praktisch unbesetzt ist, dürfen wir in der Gleichung für die Photonen die Inversion D durch N_2 ersetzen. Wir nehmen nun an, daß Abweichungen von den stationären Werten für die Photonenzahl $n = n_0$ und von der atomaren Besetzungszahl $N_2 = N_2^0$ aufgetreten sind. Wir untersuchen, ob und wie sich wieder ein stationärer Zustand einstellt.

Hierzu machen wir den Ansatz

$$D \approx N_2 = N_2^0 + \delta N_2, \tag{4.26}$$

$$n = n_0 + \delta n, \tag{4.27}$$

wobei die stationären Lösungen n_0 und N_2^0 durch die Bedingungen

$$-2\kappa + WN_2^0 = 0 \tag{4.28}$$

und

$$Nw_{20} - N_2^0 w_{12} - n_0 N_2^0 W = 0 \tag{4.29}$$

festgelegt sind. Setzen wir (4.26) und (4.27) in (4.24) und (4.25) ein, so ergeben sich Glieder, die nur die stationären Werte enthalten, Glieder die proportional zu δn oder δN_2 sind sowie schießlich Ausdrücke, die das Produkt $\delta n\,\delta N_2$ enthalten. Wir nehmen an, daß die Abweichungen von den Gleichgewichtswerten nur klein sind. Dies ermöglicht es uns, das Glied $\delta n\,\delta N_2$ als von höherer Ordnung zu vernachlässigen. Da die stationären Werte den Gleichungen (4.28) und (4.29) genügen, fallen diese heraus, und wir behalten nur noch die Gleichungen

$$\frac{d}{dt}\,\delta n = \frac{\delta N_2}{N_2^0}\,2\kappa n_0 \tag{4.30}$$

und

$$\frac{d}{dt}\,\delta N_2 = -\frac{\delta N_2}{N_2^0}\,N w_{20} - \delta n N_2^0\,W \tag{4.31}$$

übrig. Dies sind zwei gekoppelte lineare Differentialgleichungen, die wir wie üblich durch einen Exponentialansatz der Form

$$\delta n = A\,\exp(\alpha t) \tag{4.32}$$

und

$$\delta N_2 = B\,\exp(\alpha t) \tag{4.33}$$

lösen können. Setzen wir (4.32) und (4.33) in (4.30) und (4.31) ein, führen die Differentiation nach der Zeit aus und kürzen dann die entstandenen Gleichungen durch die Exponentialfunktion, so erhalten wir die beiden folgenden Gleichungen

$$\alpha A = \frac{2\kappa n_0}{N_2^0}\,B, \tag{4.34}$$

$$\alpha B = -\frac{N w_{20}}{N_2^0}\,B - N_2^0\,WA \tag{4.35}$$

für A und B. Da diese Gleichungen homogen sind, ist nach elementaren Sätzen der Algebra eine Lösung nur möglich, wenn die zugehörige Determinante verschwindet.

$$\begin{vmatrix} \alpha & -2\kappa n_0/N_2^0 \\ N_2^0\,W & \alpha + N w_{20}/N_2^0 \end{vmatrix} = 0. \tag{4.36}$$

Rechnen wir diese Determinante aus und setzen noch die Werte für N_2^0 und n_0 gemäß (4.28), (4.29) ein, so erhalten wir eine Bedingungsgleichung für α:

$$\alpha^2 + (w_{20}\,NW/2\kappa)\,\alpha + (WNw_{20} - 2w_{12}\,\kappa) = 0. \tag{4.37}$$

Die Lösung dieser quadratischen Gleichung stellen wir in der Form

$$\alpha = -\Gamma + i\omega_r \tag{4.38}$$

dar, wobei Γ durch

$$\Gamma = w_{20}\, w_{12}/2w_{thr} \tag{4.39}$$

und ω_r durch

$$\omega_r = \left[-\frac{w_{20}^2\, w_{12}^2}{4w_{thr}^2} + \left(\frac{w_{20}}{w_{thr}} - 1 \right) 2\kappa w_{12} \right]^{1/2} \tag{4.40}$$

gegeben sind. Hierbei haben wir vorausgesetzt, daß das 2. Glied in der Klammer größer als das 1. ist, so daß ω_r eine reelle Frequenz ist. Ferner haben wir die Abkürzung

$$w_{thr} = 2w_{12}\, \kappa/NW \tag{4.41}$$

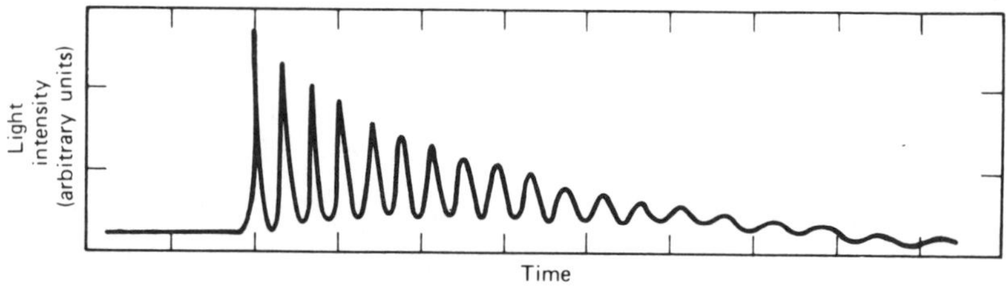

Fig. 4.5 Beispiel für Relaxationsoszillationen. (Nach L. F. Johnson, in *Lasers*, ed. A. K. Levine, M. Dekker Inc., New York, 1966.)

verwendet. Der Index „*thr*" von w_{thr} ist eine Abkürzung für „threshold" (= Schwelle). Die allgemeinste Lösung für die Photonenzahl läßt sich dann in der Form

$$\delta n = A_1 \exp[-(\Gamma - i\omega_r)\, t] + A_2 \exp[-(\Gamma + i\omega_r)\, t] \tag{4.42}$$

schreiben, wobei A_1 und A_2 durch die Anfangsbedingung für die Photonenzahl n und die Besetzungszahl N_2 festgelegt sind. Ersichtlich relaxiert das System mit Oszillationsschwingungen gegen den stationären Zustand (vgl. Fig. 4.5).

AUFGABEN ZU 4.2

Unter Benutzung des Übergangsschemas von Fig. 4.4 stelle man die zugehörigen Ratengleichungen für die Photonenzahl und die atomaren Besetzungszahlen auf.

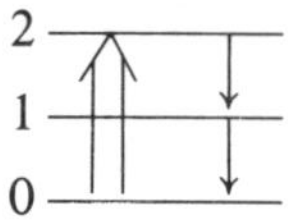

strahlend (Laser)

Man diskutiere den Grenzfall, daß w_{01} sehr groß wird und überzeuge sich davon, daß dann $N_1 \approx 0$ gesetzt werden darf. Wie lauten dann die Lasergleichungen? Warum genügt es, von diesen nur die Gleichung für die Photonenzahl und die für N_2 beizubehalten?

4.3 Der Güte-geschaltete Laser

Wir betrachten einen Laser, bei dem wir das Reflexionsvermögen eines der beiden Endspiegel verändern können. Diese Änderung kann beispielsweise dadurch erfolgen, daß man den einen Spiegel in einem bestimmten Abstand von einem Ende des Lasermaterials anbringt und diesen Spiegel dann rotieren läßt. In praktischen Fällen verwendet man oft ein rotierendes Prisma (Fig. 4.6). Um sehr kurze Schaltzeiten zu bekommen, werden auch Kerrzellen verwendet, die besonders praktisch sind, wenn das Licht der laseraktiven Atome bereits polarisiert ist, beispielsweise in Rubinkristallen.

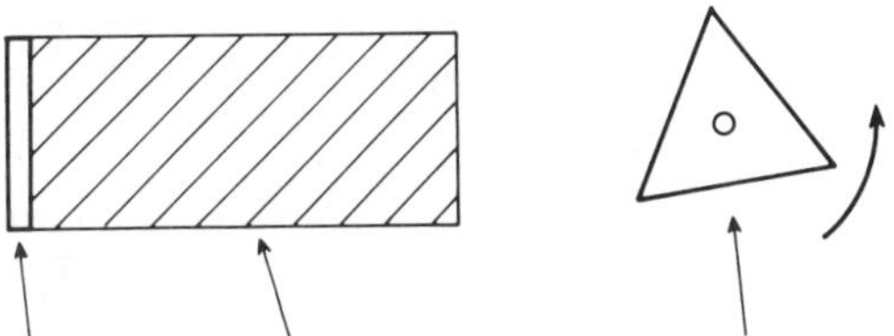

Fig. 4.6 Schema einer experimentellen Anordnung zur Ermöglichung der Güteschaltung.

Die Idee dieser Schaltung ist folgende. Läßt man zunächst einen Spiegel weg, so haben die Photonen im Lasermaterial eine außerordentlich kurze Lebensdauer. Selbst bei hohem Pumpen kann daher die Laserbedingung nicht erfüllt werden. Es kommt also nicht zur Lasertätigkeit. Da andererseits Lasertätigkeit die Inversion abbauen würde, kann bei fehlendem Spiegel eine sehr hohe Inversion erzeugt werden. Schaltet man nun plötzlich den zweiten Spiegel vor, so kann Lasertätigkeit einsetzen, und zwar ausgehend von einer sehr hohen Inversion. Wir erwarten dann ein kaskadenartiges Ansteigen der Photonenzahlen in Form eines gigantischen Impulses. Um zu einem halbquantitativen Verständnis zu kommen, betrachten wir die folgenden vereinfachten Lasergleichungen. Wir nehmen an, daß bis zur Zeit t eine hohe Inversion erreicht worden ist und setzen voraus, daß der nun ablaufende Laserprozeß rasch gegenüber den Pump- und Relaxationsvorgängen innerhalb der Atome erfolgt. Ferner vernachlässigen wir die spontane Emission. Wir erhalten dann als Gleichungen

$$dn/dt = (WD - 2\kappa)\, n \tag{4.43}$$

und

$$dD/dt = -2WnD. \tag{4.44}$$

Gemäß Gleichung (4.44) nimmt die Inversion verhältnismäßig langsam für kleine Werte von n ab, so daß wir anfänglich D auf der rechten Seite von (4.43) und (4.44) durch seinen Anfangswert D_i ersetzen können. Ferner nehmen wir an, daß anfänglich eine Anzahl von Photonen schon durch spontane Emission vorhanden ist. Deren Zahl bezeichnen wir mit n_i. Die Lösungen von (4.43) und (4.44) lauten dann

$$n = n_i \exp(\alpha t) \tag{4.45}$$

und

$$D \approx D_i\{1 + 2Wn_i[1 - \exp(\alpha t)]/\alpha\}, \tag{4.46}$$

wobei

$$\alpha = WD_i - 2\kappa. \tag{4.47}$$

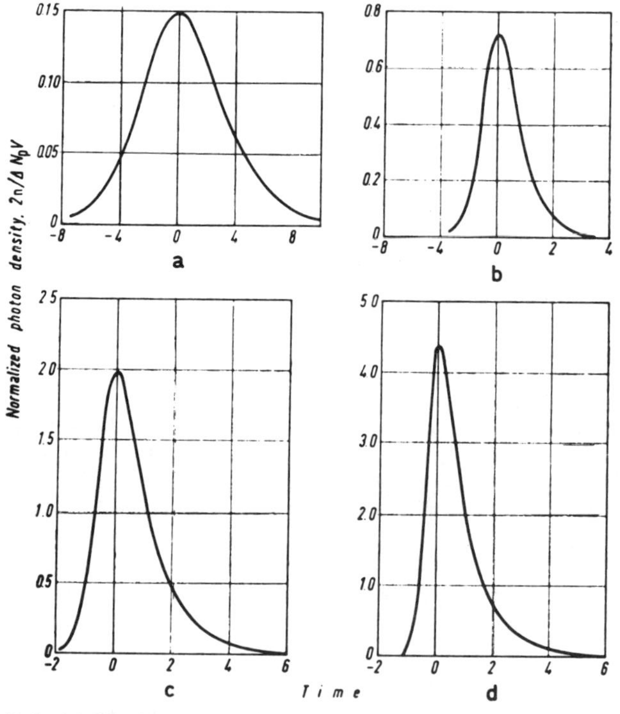

Fig. 4.7 Beispiel für den zeitlichen Verlauf der ausgestrahlten Intensität beim gütegeschalteten Laser unter verschiedenen Anregungsbedingungen. (Nach Wagner und Lengyel, *J. Appl. Phys.*, **34**, 2040 (1963).)

In der Anfangsphase wächst der Impuls n exponentiell mit der Gewinnkonstanten α an, worauf natürlich dann wegen (4.44) oder (4.46) die Inversion abnimmt. Der Anstieg kommt spätestens zu einer Zeit t_1 zum Ende, wenn $D(t_1) \equiv 0$ ist (tatsächlich endet er früher wegen der Verlustkonstanten 2κ). Wenn wir in (4.46) die 1 gegenüber der Exponentialfunktion $\exp(\alpha t)$ vernachlässigen, folgt aus (4.46), daß

$$n_i \exp(\alpha t_1) = \alpha/2W = n_{max} \tag{4.48}$$

oder damit

$$t_1 = (1/\alpha) \ln(\alpha/2Wn_i) \tag{4.49}$$

gilt.

Die Gl. (4.48) stellt gleichzeitig die Zahl der Photonen dar, die zur Zeit t_1 anwesend sind. Nach der Zeit t_1 können wir $D \equiv 0$ annehmen. Die Photonenzahl nimmt dann annähernd exponentiell gemäß

$$n(t) = n_{max} \exp[-2\kappa(t - t_1)] \tag{4.50}$$

ab. Die hier dargestellten Gleichungen sind ganz gut zumindest für eine Reihe von Abschätzungen der Größen t_1, n_{max} und $n(t)$ geeignet. Um die Gleichungen genauer zu behandeln, muß man auf Computerrechnungen zurückgreifen. Einige typische Resultate sind in Fig. 4.7 dargestellt.

4.4 Die Grundgleichungen des Vielmoden-Lasers*

In den vorangegangenen Abschnitten hatten wir einen Laser untersucht, bei dem wir stillschweigend annahmen, daß von den Atomen Licht nur in einer einzigen Schwingungsform emittiert wird. Dies steht natürlich ganz im Gegensatz zu der Emission von Atomen in herkömmlichen Lichtquellen, bei denen ja das Licht z.B. in alle möglichen Richtungen ausgestrahlt wird. Wir hatten als einen Grund für die Selektion schon kurz darauf hingewiesen, daß für die Modenselektion die verschiedenen Lebensdauern verschiedener Photonensorten verantwortlich sind. In diesem Abschnitt untersuchen wir genauer, wie die *Modenselektion im Laser* zustandekommt. Dabei werden wir sehen, daß es durchaus auch den Fall gleichzeitiger Ausstrahlung verschiedener Moden geben kann.

Hierzu müssen wir die genauere Struktur des Koeffizienten W, der in den Lasergleichungen auftritt, diskutieren. Diesen hatten wir bislang aus der Einsteinschen Theorie der Absorptions- und Emissionsprozesse von Photonen gewonnen. Wie wir in späteren Kapiteln noch detailliert herleiten werden, kann W aber nicht als konstant für alle Photonensorten

* Dieser Abschnitt, wie auch besonders die beiden folgenden, sind etwas schwieriger und können bei einer ersten Lektüre übergangen werden.

angesehen werden. Wie W tatsächlich auszusehen hat, wollen wir uns in anschaulicher Weise klar machen. W rührt letztlich von der Wechselwirkung des Lichtfeldes mit den Atomen her. Stellen wir uns eine einzelne stehende Lichtwelle etwa in der Form $\sin kx$ vor, so ist ganz klar, daß diese Lichtwelle nicht in Wechselwirkung mit einem Atom an der Stelle $x = 0$ oder an den sonstigen Knoten der Sinuswelle treten kann. Andererseits wird natürlich eine maximale Wechselwirkung zwischen Atom und Lichtwelle auftreten, wenn der Sinus jeweils sein Maximum annimmt. Da zwischen Atom und Lichtfeld Energie ausgetauscht wird, werden wir annehmen müssen, daß in die Wechselwirkung nicht die Feldamplitude sondern die Intensität, also das Absolutquadrat der Feldamplitude eingeht. Statt einer Sinuswelle könnten wir natürlich im Prinzip auch andere Wellenformen im Laserresonator erzeugen, worauf wir später noch näher eingehen wollen. Indem wir die zugehörigen Wellenformen mit $u_\lambda(\mathbf{x}_\mu)$ bezeichnen, führen uns diese Überlegungen dazu, die Übergangswahrscheinlichkeit in der Form

$$W \propto |u_\lambda(\mathbf{x}_\mu)|^2 \tag{4.51}$$

anzusetzen. Da wir es mit mehreren Wellenformen zu tun haben, unterscheiden wir die u's durch den Index λ, wobei λ an Wellenlänge erinnern soll, aber auch verschiedene Ausbreitungsrichtungen der Welle bezeichnen kann. $\mathbf{x}_\mu$ soll der Ort eines Atoms sein, wobei wir die Atome durch den Index μ unterscheiden. In diesem Sinne stellt also W die Wechselwirkung zwischen der Welle λ und dem Atom μ dar (Fig. 4.8).

Eine weitere Abhängigkeit von W vom Lichtfeld und von atomaren Größen ergibt sich, wenn wir die Polarisation des Lichtfeldes und der Atome berücksichtigen. Wie wir wissen, können einzelne Atome als schwingende Dipole aufgefaßt werden, wobei wir hier und im folgenden der Einfachheit halber annehmen wollen, daß die Dipole des Lasermaterials alle in gleicher Richtung schwingen. Hat die Lichtwelle mit dem Index λ die Polarisationsrichtung $\mathbf{e}_\lambda$, so kann sie nur in dem Maße angeregt werden, wie das Dipolmoment des Atoms $\mathbf{\Theta}$ eine Komponente in Richtung des Polarisationsvektors der Lichtwelle $\mathbf{e}_\lambda$ hat. Da wieder nur die Intensitäten eine Rolle spielen, führt uns dies dazu, die Abhängigkeit von W von der Polarisation in der Gestalt

$$W \propto |\mathbf{e}_\lambda \mathbf{\Theta}|^2 \tag{4.52}$$

anzunehmen (Fig. 4.9).

Schließlich müssen wir noch besprechen, wie die relative Lage der Frequenz der Moden zu der Frequenz des optischen Übergangs des Atoms in die Größe von W eingeht. Von nun an verwenden wir in diesem Buch bis zum Schluß für die Kreisfrequenzen folgende Bezeichnungsweise: Kreisfrequenz des atomaren Übergangs $\bar{\omega}$; Kreis-

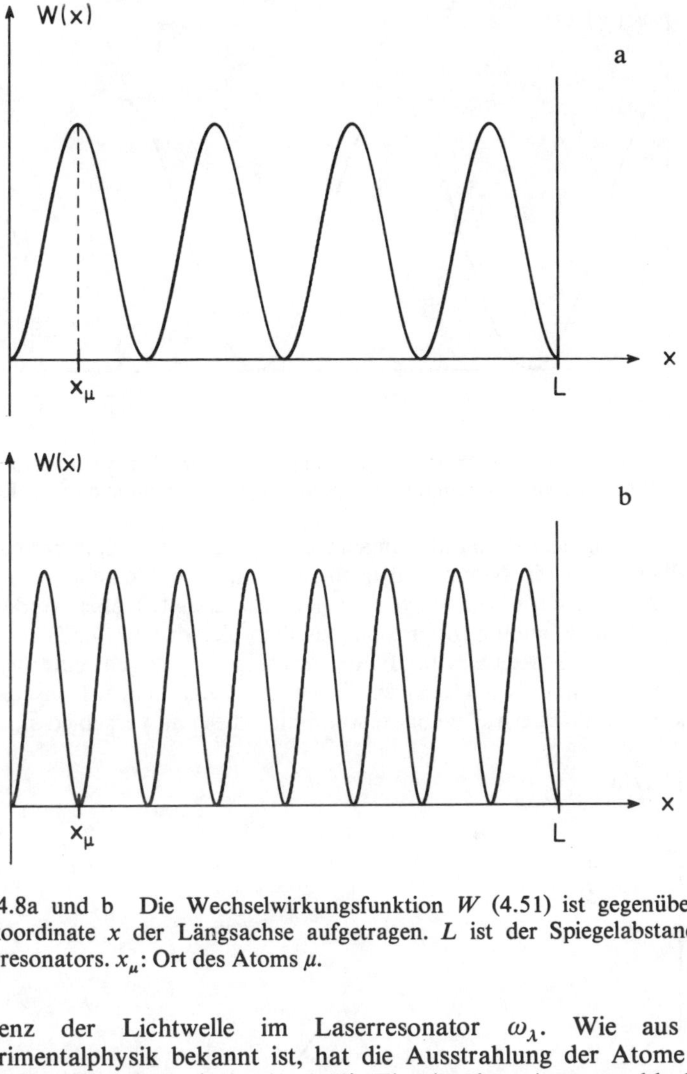

Fig. 4.8a und b Die Wechselwirkungsfunktion W (4.51) ist gegenüber der Ortskoordinate x der Längsachse aufgetragen. L ist der Spiegelabstand des Laserresonators. x_μ: Ort des Atoms μ.

frequenz der Lichtwelle im Laserresonator ω_λ. Wie aus der Experimentalphysik bekannt ist, hat die Ausstrahlung der Atome eine bestimmte Linienform (vgl. Fig. 4.10). Ein einzelnes Atom strahlt daher in dem Bereich seiner Linienbreite keineswegs Licht gleichmäßig in die einzelnen Frequenzen ab, sondern gemäß der Intensitätsverteilung. Die Intensität einer Lichtwelle mit der Frequenz ω_λ und der zentralen atomaren Übergangsfrequenz $\bar{\omega}$ ist dabei im Falle der Lorentzlinie durch

$$\frac{2\gamma}{\gamma^2 + (\bar{\omega} - \omega_\lambda)^2} \tag{4.53}$$

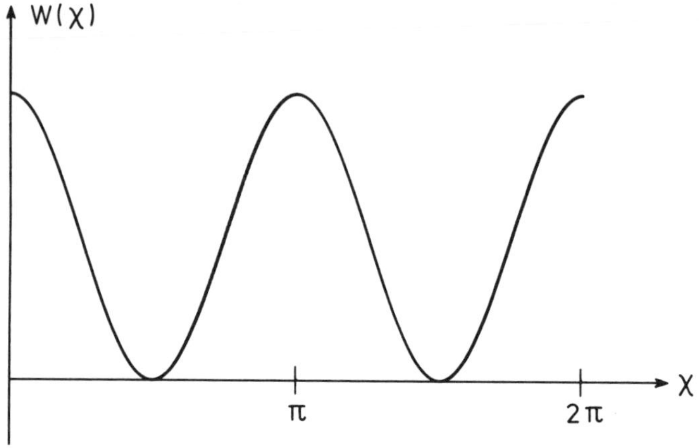

Fig. 4.9 Diese Figur illustriert die Abhängigkeit der Wechselwirkungsfunktion W vom Winkel χ zwischen atomarem Dipolmoment und Polarisation des Feldes.

gegeben. γ ist die sogenannte Linienbreite, genauer die Halbwertsbreite, bei halber Intensität. Nun soll aber andererseits W die Rate angeben, mit der ein Atom Licht in die Schwingungsform λ abgibt. Daher werden wir fordern, daß W auch proportional zu dem Ausdruck (4.53) ist (Fig. 4.10). Für eine Reihe von Fällen müssen wir noch eine weitere Verallgemeinerung von (4.53) einführen. Sind nämlich z.B. laseraktive Atome in Festkörpern eingebaut, so können diese an verschiedenartigen

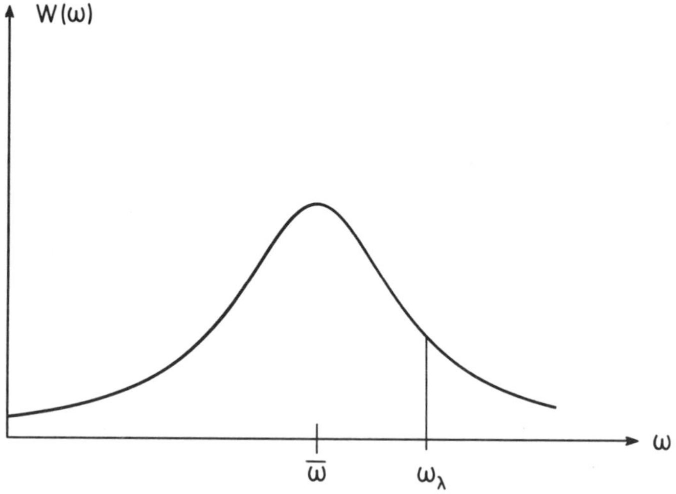

Fig. 4.10 Zur Illustration des Funktionsverlaufs von W gemäß (4.53).

Stellen im Gitter sitzen. Aufgrund der verschiedenen Lagen haben die Atome verschiedene Zentralfrequenzen $\bar{\omega}$, die wir daher noch durch den Index μ der Atome zu unterscheiden haben. Gibt es eine Verteilung der $\bar{\omega}_\mu$'s über einen bestimmten Frequenzbereich hinweg, spricht man von einer inhomogenen Verbreiterung. Zu einer inhomogenen Verbreiterung kommt es auch in Gasen, wenn man berücksichtigt, daß infolge der Bewegung der Gasatome eine Dopplerverschiebung auftritt. Im Falle der homogenen, und besonders auch im Falle der inhomogenen Verbreiterung müssen wir daher W in der Form

$$W \propto \frac{2\gamma}{\gamma^2 + (\bar{\omega}_\mu - \omega_\lambda)^2} \tag{4.54}$$

annehmen. Fassen wir die einzelnen Bedingungen, denen W unterliegt, zusammen, wobei wir den noch fehlenden gemeinsamen Proportionalitätsfaktor aus einem späteren Kapitel vorwegnehmen wollen! Da W von der Schwingungsform λ und dem betrachteten Laseratom μ abhängt, statten wir die Rate W noch mit den Indizes λ und μ aus. $W_{\lambda\mu}$ läßt sich in der folgenden Form wiedergeben

$$W_{\lambda\mu} = \frac{2\gamma}{\gamma^2 + (\bar{\omega}_\mu - \omega_\lambda)^2} \, |g_{\mu,\lambda}|^2, \tag{4.55}$$

wobei wir die Abkürzung

$$g_{\mu\lambda} = i\boldsymbol{\Theta}\mathbf{e}_\lambda \, u_\lambda(\mathbf{x}_\mu)(2\pi\omega_\lambda/\hbar)^{1/2} \tag{4.56}$$

verwendet haben. Ersichtlich kennen wir von $g_{\mu\lambda}$ schon alle Faktoren bis auf den letzten, den erst eine exakte quantenmechanische Rechnung liefert.

Wir formulieren nun die Lasergleichungen. Wir nehmen an, daß es im Laserresonator bestimmte Schwingungsformen, die wir durch den Index λ unterscheiden, gibt. Jede Schwingungsform kann mit einer bestimmten Zahl von Photonen n_λ besetzt sein. Da die Lebensdauern verschiedener Schwingungsformen im Resonator verschieden sein können, führen wir im allgemeinen verschiedene Zerfallskonstanten κ_λ ein. Da die einzelnen Atome in verschiedener Weise mit den Lasermoden wechselwirken, müssen wir die Atome einzeln betrachten.

Der Einfachheit halber betrachten wir wieder das Zwei-Niveau-Schema, wobei wir die Erweiterung auf Drei-Niveau-Schemata dem Leser als Übungsaufgabe überlassen. Die Besetzungszahlen des Atoms μ in den Zuständen 1 bzw. 2 bezeichnen wir mit $N_{1,\mu}$, $N_{2,\mu}$, die zugehörige Inversion des Atoms μ geben wir durch $d_\mu = N_{2,\mu} - N_{1,\mu}$ wieder. In

Verallgemeinerung der Lasergleichung (2.1) setzen wir die Lasergleichung für die Mode λ in der Form

$$\frac{dn_\lambda}{dt} = -2\kappa_\lambda n_\lambda + n_\lambda \sum_\mu W_{\lambda\mu} d_\mu + \sum_\mu W_{\lambda\mu} N_{2,\mu} \tag{4.57}$$

an. Wenngleich die hier niedergeschriebene Gleichung nicht exakt hergeleitet worden ist (was wir später tun werden), so ist ihre Form doch sehr plausibel. Die zeitliche Änderung der Photonen der Sorte λ ist gegeben

1) durch die Verluste (1. Glied auf der rechten Seite),

2) durch die induzierten Emissions- und Absorptionsprozesse der einzelnen Atome μ und

3) schließlich durch ein Glied, das die spontane Emission wiedergibt.

Dieses letzte Glied werden wir wieder weglassen, wenn wir den Laserprozeß betrachten.

Ein kritischer Leser wird hier mit Recht fragen, warum bei den Emissions- und Absorptionsprozessen keine Phasenbeziehungen zwischen den Moden und den Dipolschwingungen der Elektronen der Atome eingehen. Tatsächlich liegt bei der Herleitung von (4.57) eine Näherung zugrunde, deren Bedeutung wir noch mehrfach später untersuchen werden. Die Gl. (4.57) kann nur gewonnen werden, wenn von Phasenrelationen abgesehen wird, was in vielen Fällen erlaubt ist, aber keinesfalls immer zutrifft.

Die Bilanzgleichungen für das einzelne Atom μ müssen einerseits den Pump- und Relaxationsprozessen Rechnung tragen, andererseits werden die Besetzungszahlen der Atome durch induzierte Emission und Absorption zeitlich verändert. Da aber nicht nur eine Photonensorte abgestrahlt wird, sondern verschiedene Photonensorten, müssen alle Photonenzahlen berücksichtigt werden. Aufgrund dieser Überlegungen erhalten wir als Bilanzgleichungen für das Atom μ

$$\frac{dN_{2,\mu}}{dt} = w_{21} N_{1,\mu} - w_{12} N_{2,\mu} - d_\mu \sum_\lambda n_\lambda W_{\lambda\mu} \tag{4.58}$$

und

$$\frac{dN_{1,\mu}}{dt} = -w_{21} N_{1,\mu} + w_{12} N_{2,\mu} + d_\mu \sum_\lambda n_\lambda W_{\lambda\mu}. \tag{4.59}$$

Aus (4.58) und (4.59) folgt durch Addition die Erhaltung der gesamten Besetzungszahl eines Atoms:

$$N_{1\mu} + N_{2\mu} = N_\mu = 1, \tag{4.60}$$

wobei wir, da es sich nur um ein bestimmtes Atom handelt, $N_\mu = 1$ gesetzt haben. Analog zum Ein-Moden-Fall (Abschnitt 4.1) lassen sich aus (4.58) und (4.59) wieder Gleichungen für die Inversion d_μ gewinnen.

$$\frac{dd_\mu}{dt} = \frac{1}{T}(d_0 - d_\mu) - 2d_\mu \sum_\lambda n_\lambda W_{\lambda\mu}. \tag{4.61}$$

(4.57) und (4.61) sind die grundlegenden Lasergleichungen, die wir jetzt diskutieren wollen.

4.5 Lochbrennen (hole burning)

Unser Ziel wird es letztlich sein, Aufschluß über die Intensitätsverteilung im Laser zu erhalten, d.h. wir wollen die Zahl der Photonen, die zu der jeweiligen Mode λ gehören, berechnen. Da die Bestimmungsgleichungen für die n_λ nichtlinear sind, ist diese Aufgabe nicht einfach. Man erhält jedoch bereits durch das Studium der Inversion d_μ einen ganz guten Einblick in einige wichtige Mechanismen, die die Größe der Photonenzahl bestimmen. Dazu betrachten wir Gl. (4.57), in der wir, wie bereits besprochen, das letzte Glied, das die spontane Emission beschreibt, weglassen. Wie wir aus Gl. (4.57) ersehen, bestimmt die Inversion d_μ der einzelnen Atome, ob die Verluste, die durch das Glied $-2\kappa_\lambda n_\lambda$ in (4.57) beschrieben werden, kompensiert werden können. Wesentlich bei diesen Betrachtungen ist, daß die Inversion d_μ selbst wieder von den Photonenzahlen abhängt, wie aus den Gl. (4.61) ersichtlich ist. Wir beschränken unsere Diskussion auf den stationären Fall, indem wir

$$\frac{dd_\mu}{dt} = 0 \tag{4.62}$$

setzen. Mit Hilfe von (4.61) erhalten wir daraus durch Auflösen nach d_μ

$$d_\mu = \frac{d_0}{1 + 2T \sum_\lambda n_\lambda W_{\lambda\mu}}. \tag{4.63}$$

Im folgenden interessieren wir uns für das Verhalten von Lasern, die nicht zu weit oberhalb der Schwelle betrieben werden. In einem solchen Fall dürfen wir die Photonenzahlen n_λ noch als klein ansehen, so daß wir den Nenner in (4.63) nach der Summe der Photonenzahlen entwickeln. Wie sich herausgestellt hat, genügt es, die Entwicklung auf die ersten beiden Glieder zu beschränken

$$d_\mu \approx d_0 \left(1 - 2T \sum_\lambda n_\lambda W_{\lambda\mu}\right). \tag{4.64}$$

Wir greifen als erstes den Spezialfall heraus, daß nur eine Photonenzahl von Null verschieden ist. In diesem Fall reduziert sich (4.64) auf

$$d_\mu \approx d_0(1 - 2TnW_{\lambda\mu}). \tag{4.65}$$

Den Modenindex λ haben wir bei der Photonenzahl weggelassen. Wie erinnerlich, unterscheidet der Index μ die einzelnen Atome.

Wir untersuchen, wie sich das Vorhandensein der Photonenzahl n auf die Inversion d_μ der einzelnen Atome auswirkt. Hierzu erinnern wir uns an die Definition von $W_{\lambda\mu}$, die in (4.55, 4.56) gegeben worden war. Demnach bestand $W_{\lambda\mu}$ im wesentlichen aus zwei Anteilen, einem nämlich, der sich auf das räumliche Verhalten der Mode bezieht, während der andere Faktor von der relativen Lage der Frequenz der betrachteten Mode und der zentralen Übergangsfrequenz des Atoms abhängt. Wir wollen den Einfluß dieser beiden Faktoren auf das Verhalten von d_μ getrennt untersuchen und betrachten als erstes den Fall, in dem wir es mit *laufenden Laserwellen* zu tun haben und in dem die *Ortsfunktion*, die in $W_{\lambda\mu}$ auftritt, *konstant* ist. Wir beschränken uns daher auf die Diskussion des Frequenzanteils von $W_{\lambda\mu}$, der die Form

$$W_{\lambda\mu} \propto \frac{2\gamma}{\gamma^2 + (\omega_\lambda - \bar{\omega}_\mu)^2} \tag{4.66}$$

hat.

Lochbrennen in eine inhomogen verbreiterte Linie

Unserer Diskussion legen wir eine inhomogen verbreiterte atomare Linie zugrunde. Bei einer solchen hängen die Übergangsfrequenzen $\bar{\omega}_\mu$ von dem Index μ ab. Wir untersuchen daher als erstes, wie sich (4.65) verhält, wenn wir $\bar{\omega}_\mu$ verändern. Der Einfachheit halber lassen wir dabei den Index μ weg und betrachten Fig. 4.11. In ihr ist die Inversion d, die wir nunmehr als eine Funktion von $\bar{\omega}$ auffassen, gegenüber $\bar{\omega}$ aufgetragen. Ist keine Lasertätigkeit vorhanden, d.h. $n = 0$, so erhalten wir die ungesättigte Inversion d_0, die als gestrichelte Linie eingezeichnet ist. Ist n von Null verschieden, so müssen wir von d_0 die bis auf Faktoren durch (4.66) dargestellte Lorentzkurve abziehen. Das Maximum dieser Kurve liegt bei einer atomaren Übergangsfrequenz $\bar{\omega}$, die mit der Frequenz der untersuchten Lasermode ω_λ zusammenfällt. Ferner ist die Halbwertsbreite dieser Kurve durch γ gegeben. Die Tiefe ist proportional zu n. Damit erhalten wir das in der Figur 4.11 dargestellte Bild, das einen Einschnitt in die Inversion wiedergibt. Physikalisch bedeutet dieses Ergebnis, daß durch die Lasertätigkeit die Inversion in der Nähe der Resonanzlinie $\bar{\omega} = \omega_\lambda$ abgebaut wird oder, wie man sagt, daß ein *Loch in die Linie* gebrannt wird.

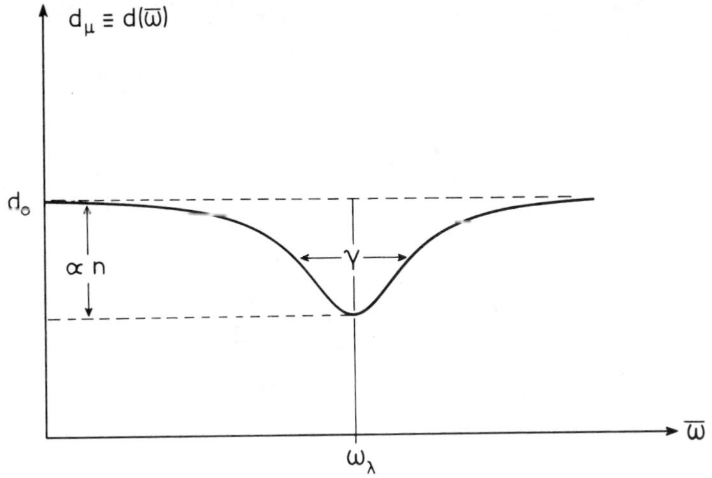

Fig. 4.11 Die ungesättigte Inversion d_0 sowie die gesättigte Inversion $d(\bar{\omega})$ in Abhängigkeit von der atomaren Übergangsfrequenz $\bar{\omega}$.

Wie wirkt sich dieses Lochbrennen auf die Gleichungen für die Lasermoden selbst aus? Wie wir aus Gl. (4.57) ersehen, tritt die Inversion d_μ unter einer Summe über die atomaren Indizes μ auf

$$\sum_\mu W_{\lambda\mu} d_\mu . \tag{4.67}$$

Da wir es beim Laser in der Regel mit sehr vielen Atomen zu tun haben (10^{14} oder mehr), können wir die Summe durch ein Integral ersetzen. Obgleich wir diese Summe bzw. das Integral hier nicht explizit auswerten wollen, ist es doch zweckmäßig, auf einige Schritte der Umformung der Summe in das Integral einzugehen. Hierbei müssen wir beachten, daß zu einem kleinen Bereich von Übergangsfrequenzen $\bar{\omega} \ldots \bar{\omega} + d\bar{\omega}$ eine ganze Zahl von Atomen gehören kann. Diese Zahl ist in der Regel in der Nähe der Zentralfrequenz $\bar{\omega}_0$ am größten und nimmt dann mit größer werdenden Frequenzdifferenzen nach außen hin ab. Allgemein werden wir daher annehmen müssen, daß die Zahl dZ der Moden, die im Frequenzintervall $d\bar{\omega}$ vorhanden ist, von $\bar{\omega}$ selbst abhängen wird. Wir schreiben daher

$$dZ = \rho(\bar{\omega})\, d\bar{\omega}. \tag{4.68}$$

In vielen praktisch interessanten Fällen, z.B. bei Festkörperlasern, darf man annehmen, daß $\rho(\bar{\omega})$ durch eine Gaußverteilung dargestellt ist (vgl. Fig. 4.12). Wollen wir die Summe über μ in (4.67) auswerten, so müssen

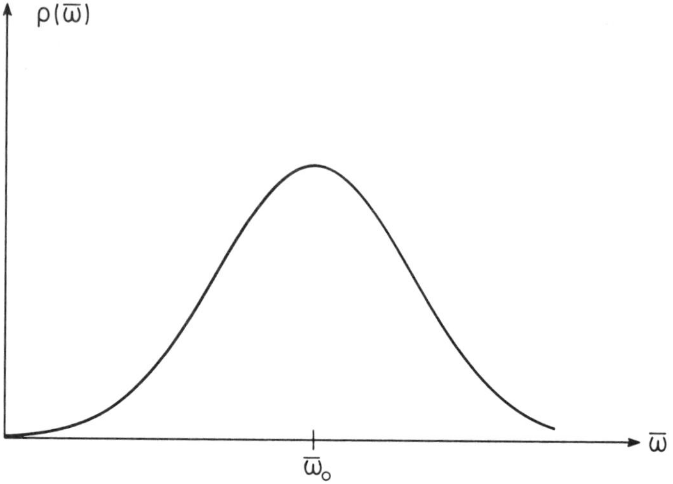

Fig. 4.12 Die Dichte der Atome ρ in Abhängigkeit von deren Übergangsfrequenz $\bar{\omega}$.

wir von den einzelnen atomaren Indizes μ zu der neuen Variablen $\bar{\omega}$ übergehen:

$$\sum_{\mu} W_{\lambda\mu} d_{\mu} \rightarrow \int W_{\lambda}(\bar{\omega})\, d(\bar{\omega})\, \rho(\bar{\omega})\, d\bar{\omega}, \tag{4.69}$$

wobei wir $W_{\lambda\mu}$ durch $W_{\lambda}(\bar{\omega})$ und d_{μ} durch $d(\bar{\omega})$ ersetzt haben, da ja die Variable μ durch $\bar{\omega}$ ersetzt werden soll. Wie aus (4.69) ersichtlich ist, werden wir dazu geführt, die Inversionsdichte $\tilde{d}$ zu betrachten, die durch

$$\tilde{d}(\bar{\omega}) = d(\bar{\omega})\, \rho(\bar{\omega}) \tag{4.70}$$

gegeben ist. Multiplizieren wir zu deren Darstellung die Kurven von Fig. 4.11 und 4.12, so erhalten wir die Inversionsdichte in Abhängigkeit von der atomaren Übergangsfrequenz $\bar{\omega}$ (Fig. 4.13). In diese ist natürlich wieder das Loch an der Stelle ω_{λ} gebrannt.

Wie wirkt sich dieses Lochbrennen auf den Gewinnfaktor, der durch (4.67) dargestellt wird, aus? In der Summe (4.67) bzw. dem Integral tritt ersichtlich nochmals der Faktor

$$W_{\lambda\mu} \equiv W(\bar{\omega}) = \text{const.} \frac{2\gamma}{\gamma^2 + (\omega_{\lambda} - \bar{\omega})^2}, \quad \bar{\omega} \equiv \bar{\omega}_{\mu}$$

(vgl. (4.66)) auf. Damit erhalten diejenigen Anteile der Summe (4.67) das entscheidende Gewicht, die aus der Umgebung von $\bar{\omega} = \omega_{\lambda}$ herrühren.

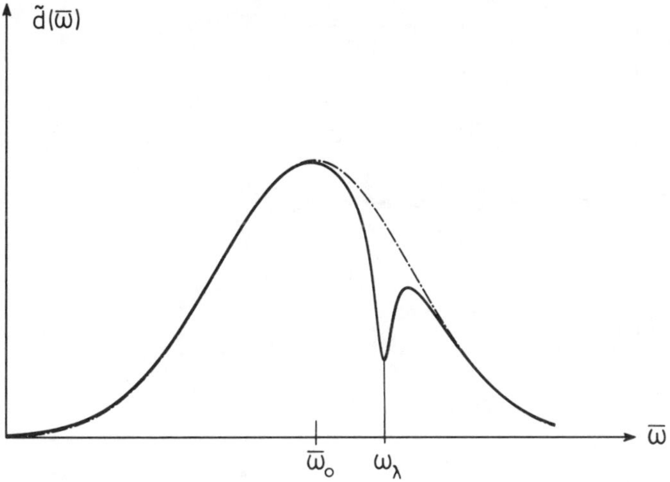

Fig. 4.13 Die Inversionsdichte $\tilde{d}(\bar{\omega})$ in Abhängigkeit von der atomaren Übergangsfrequenz $\bar{\omega}$. Das an der Stelle ω_λ (= Modenfrequenz) gebrannte Loch ist deutlich erkennbar.

Da die *Tiefe des Lochs* für alle Modenfrequenzen ω_λ gleich groß ist, wird der effektive Gewinn dann am größten, wenn die Lage des Lochs mit der atomaren Zentralfrequenz $\bar{\omega}_0$ zusammenfällt. Im stationären Betrieb ergibt sich die Tiefe des Lochs aus der Bedingung, daß

$$\frac{dn}{dt} = 0 \tag{4.71}$$

gilt, d.h. daß die Beziehung

$$2\kappa_\lambda = \sum_\mu W_{\lambda\mu} d_\mu \tag{4.72}$$

erfüllt ist.

Wir betrachten nun das Verhalten der Inversion bei dem Vorhandensein von zwei Lasermoden, d.h. wenn $n_\lambda \neq 0$ ist für $\lambda = 1$ und $\lambda = 2$. Um zu diskutieren, in welcher Weise die Inversion abgesenkt wird, können wir genauso wie eben bei einer Mode vorgehen, haben aber zu berücksichtigen, daß wir an zwei Stellen, nämlich bei $\bar{\omega} = \omega_1$ und $\bar{\omega} = \omega_2$ die jeweiligen Lorentzlinien von der ungesättigten Inversion d_0 abzuziehen haben. Damit erhalten wir die der früheren Figur 4.11 entsprechende Fig. 4.14. Die Fig. 4.12 können wir ungeändert übernehmen, so daß wir als Endresultat für die Inversionsdichte die Fig. 4.15 erhalten. Diese Figur behandelt den Fall, daß die Frequenzen ω_1 und ω_2 der beiden

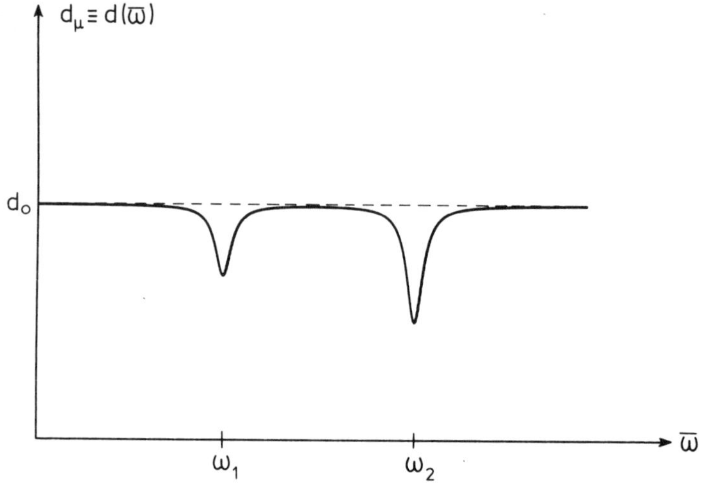

Fig. 4.14 Die ungesättigte Inversion d_0 und die gesättigte Inversion $d(\bar{\omega})$ in Abhängigkeit von $\bar{\omega}$. Die Moden mit den Frequenzen ω_1 und ω_2 haben zwei Löcher in die Inversion gebrannt. Sind die Photonenzahlen der beiden Moden voneinander verschieden, so ist auch die Tiefe der Löcher verschieden.

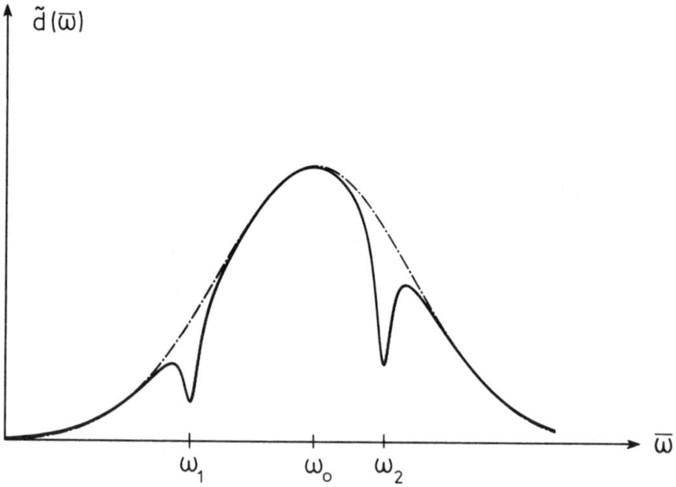

Fig. 4.15 Die zur Figur 4.14 gehörige Inversionsdichte, die sich aus 4.14 durch Multiplikation mit der Kurve 4.12 ergibt. Auch hier sind die beiden Löcher deutlich sichtbar.

Laserschwingungen einen Abstand voneinander haben, der groß gegenüber der homogenen Linienbreite γ ist. Wie wir bereits bei einer Mode bemerkten, wird durch den nochmals in der Summe (4.67) auftretenden Faktor $W_{\lambda\mu}$ die Umgebung $\bar{\omega} = \omega_1$ herausgepickt. Dies bedeutet, daß jetzt beim Vorhandensein von zwei Moden die beiden Moden sich in ihrem Gewinn gegenseitig nicht beeinflussen. Sehen wir die Lasermoden 1 und 2 einmal als zwei Kühe an, so bedeutet das, daß diese auf zwei ganz verschiedenen Wiesen grasen, d.h. von ganz verschiedenen Atomsorten ihre Energie beziehen. Ganz anders werden die Verhältnisse, wenn die Frequenzabstände der beiden Moden so klein werden, daß diese innerhalb der Linienbreite 2γ liegen. Dann müssen gewissermaßen die Kühe von der gleichen Wiese grasen und es entsteht die Frage, wie der sich dann eventuell entwickelnde Konkurrenzkampf ausgeht. Hierauf werden wir im nächsten Paragraphen genauer eingehen.

Wir wenden uns nunmehr dem Lochbrennen bei Gaslasern zu, da sich hier besonders interessante Effekte ergeben. Wir beschränken uns bei der Diskussion auf eine einzige Laserwelle. Für den Fall mehrerer Moden müssen wir auf die Fachliteratur verweisen. Da sich Gasatome bewegen, spielt bei diesen der Dopplereffekt eine Rolle, der bei der Lasertätigkeit von erheblicher Bedeutung ist. Gemäß dem Dopplereffekt verschiebt sich die atomare Übergangsfrequenz eines Atoms $\bar{\omega}_0$, das mit der Geschwindigkeit v vom Beobachter weg fliegt, gemäß der Formel

$$\bar{\omega} = \bar{\omega}_0(1 - v/c). \tag{4.73}$$

Entsprechend verschiebt sich bei einem in entgegengesetzter Richtung fliegenden Atom die Frequenz gemäß

$$\bar{\omega} = \bar{\omega}_0(1 + v/c). \tag{4.74}$$

Da die einzelnen Atome μ verschiedene Geschwindigkeiten v_μ haben, kommt somit wieder eine effektive Linienverbreiterung zustande. Formal können wir die Diskussion nunmehr durchführen wie vorher bei der inhomogen verbreiterten Linie von ruhenden Atomen, wenn wir $\bar{\omega}_\mu$ aus (4.73) und (4.74) dort wieder verwenden. Hierbei tritt aber ein wichtiger Unterschied zum Festkörperlaser auf, da es sich bei der Geschwindigkeit v um die Geschwindigkeitskomponente des einzelnen Atoms in der Richtung der Laserwelle handelt. Hat man es aber, wie üblich beim Gaslaser, mit stehenden Laserwellen zu tun, so bestehen diese aus zwei entgegengesetzt laufenden Wellen. Dies hat zur Folge, daß die Laserwelle insgesamt mit zwei entgegengesetzt laufenden Flugrichtungen von Atomen bestimmter Geschwindigkeit in Resonanz steht. Damit brennt also eine einzelne Laserwelle zwei Löcher in die atomare Inversion. Genauso wie früher müssen wir noch die Dichteverteilung der Frequenzen berücksichtigen. Gemäß (4.73) oder (4.74) ist diese Dichteverteilung

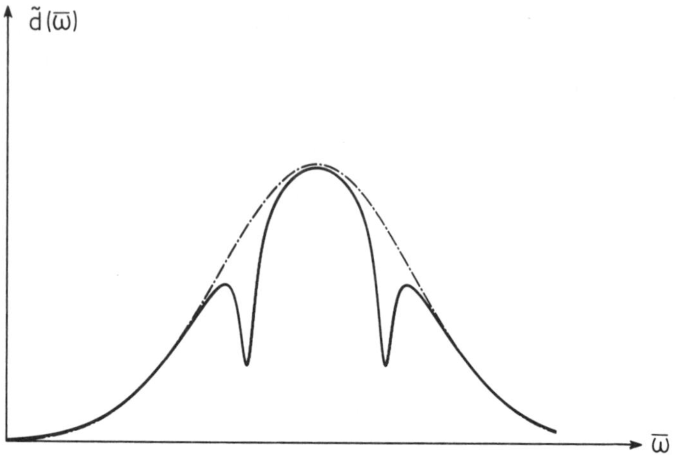

Fig. 4.16 Bei einem Gaslaser mit einer stehenden Laserwelle ergeben sich zwei symmetrisch liegende Löcher.

durch die Geschwindigkeitsverteilung v bestimmt. Diese ist aber eine Boltzmannverteilung. Wir erhalten somit das in Fig. 4.16 dargestellte Bild, wobei

$$|\omega_\lambda - \bar{\omega}_0| > 2\gamma \tag{4.75}$$

angenommen wurde. Durch Änderung des Spiegelabstands läßt sich die Laserfrequenz so abstimmen, daß diese mit $\bar{\omega}_0$ zusammenfällt. Dies hat zur Folge, daß die beiden Löcher zusammenfallen und einen besonders tiefen Einschnitt ergeben. Da aber die Laserwelle fast nur mit den Atomen in dem Bereich des Einschnitts in Wechselwirkung steht, hier aber die Inversion stark erniedrigt worden ist, ergibt sich folgendes Resultat. Stimmen wir die Laserlinien auf die atomare Linie ab, so wird der Gewinn gegenüber dem Fall, in dem (4.75) gilt (jedoch nicht für zu große Verstimmung), kleiner. Wir werden diesen Effekt quantitativ in einem späteren Abschnitt behandeln.

Räumliches Lochbrennen

Bisher hatten wir den Fall untersucht, in dem $W_{\lambda\mu}$ nicht vom Ort abhängt. Nunmehr wollen wir uns einem zweiten Fall zuwenden, nämlich dem stehender Wellen, aber einer homogen verbreiterten Linie. Bei einer homogen verbreiterten atomaren Linie hängt $\bar{\omega}_\mu$ nicht von μ ab. Die zentrale Lage aller atomaren Übergangsfrequenzen ist die gleiche. Im Fall stehender Wellen ist der uns nunmehr interessierende Anteil von $W_{\lambda\mu}$ durch

$$W_{\lambda\mu} \propto (\sin k_\lambda x_\mu)^2 \tag{4.76}$$

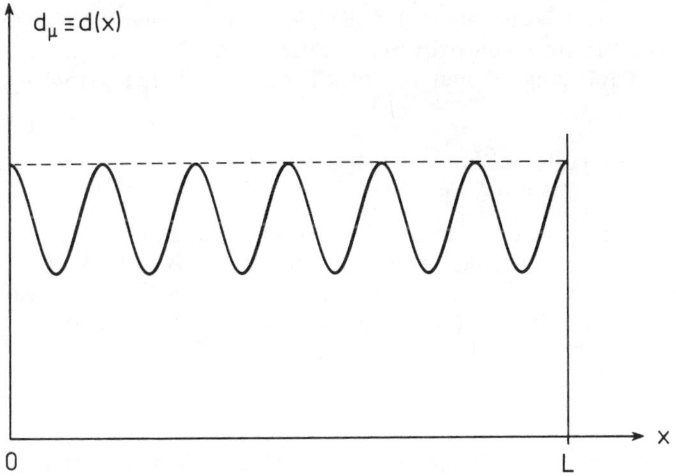

Fig. 4.17 Räumliches Lochbrennen. Die Inversion ist an den Stellen, wo sich die Bäuche der Lasermoden befinden, abgesenkt.

gegeben. Tragen wir gemäß (4.65) die Inversion d_μ als Funktion des Orts $x = x_\mu$ auf, so ergibt sich das in Fig. 4.17 dargestellte Bild. Ersichtlich sind periodisch in die ungesättigte Inversion Löcher gebrannt und zwar gerade an den Stellen, wo die stehende Welle des Laserlichts ihre Bäuche hat. Haben wir nicht nur wie im eben betrachteten Fall eine Mode, sondern z.B. zwei Moden vor uns, so brennen beide Moden gemäß der Überlagerung (4.64) ihre Löcher in die ungesättigte Inversion.

Wir werden im nächsten Abschnitt diskutieren, wie sich diese Effekte auf die Koexistenz und Konkurrenz verschiedener Lasermoden auswirken.

4.6 Der Viel-Moden-Laser: Der Wettbewerb zwischen Moden und Darwins „survival of the fittest"

Wir betrachten zunächst eine Laseranordnung, die nur laufende Wellen zuläßt. Dies kann, wie in Fig. 3.6 dargestellt ist, durch eine Dreiecks-Anordnung von Spiegeln erreicht werden, wobei neben dem Laser-material noch eine Zelle angebracht ist, die Licht nur in einer Richtung durchläßt. Ebene Wellen werden durch eine Lichtfeldverteilung (Moden) gemäß

$$u \propto \exp(ikx) \tag{4.77}$$

dargestellt, was natürlich

$$|u|^2 = \text{const.} \tag{4.78}$$

zur Folge hat. Dies bedeutet, daß die Wellen alle in gleicher Weise an der Emission der Atome partizipieren können, zumindest was das räumliche Verhalten anbelangt. Damit vereinfacht sich die Übergangsrate $W_{\lambda\mu}$ (mit $\bar{\omega}_\mu = \bar{\omega}$)

$$W_{\lambda\mu} = \frac{2\gamma}{\gamma^2 + (\bar{\omega} - \omega_\lambda)^2} \, |g|^2 \equiv W_\lambda. \tag{4.79}$$

Eine genaue Inspektion der Gleichungen (4.57) und (4.61) zeigt nun, daß wir in Gl. (4.57) bei den Summen über μ den Ausdruck W_λ vor die Summen ziehen können, d.h. die Photonen-Vernichtungs- und Erzeugungsrate wird jetzt nur noch durch die Gesamtinversion

$$\sum_\mu d_\mu = D \tag{4.80}$$

bestimmt. Um eine Gleichung für dieses D herzuleiten, summieren wir die Gleichungen (4.61) über μ auf. Damit brauchen wir nur noch die Gesamtheit der Atome, nicht mehr aber deren individuelle Besetzungszahlen zu berücksichtigen. Betrachten wir den stationären Zustand, so können wir die Zeitableitungen von n_λ und D gleich Null setzen und erhalten anstelle von (4.57) die Gleichungen

$$0 = -2\kappa_\lambda n_\lambda + n_\lambda W_\lambda D. \tag{4.81}$$

Da wir in ihr n_λ ausklammern können, bedeutet der Satz der Gleichungen (4.81), daß entweder die Photonenzahl $n_\lambda = 0$ ist, oder der dabeistehende Faktor, d.h.

$$W_\lambda D - 2\kappa_\lambda = 0 \tag{4.82}$$

gilt. Wir nehmen nun an, daß für eine Reihe bestimmter Moden $n_\lambda \neq 0$ ist. Für diese Moden, etwa für $\lambda = 1, 2\ldots$ muß daher (4.82) oder damit äquivalenterweise

$$D = \frac{2\kappa_\lambda}{W_\lambda} = \frac{2\kappa_1}{W_1} = \frac{2\kappa_2}{W_2} = \cdots \tag{4.83}$$

gelten. Da die Inversion D eindeutig festliegt, müssen die rechten Seiten alle einander gleich sein. Betrachten wir als Beispiel die folgende Situation: alle Schwingungen haben die gleiche Lebensdauer, aber sie liegen bei verschiedenen Frequenzen. Verschiedene Frequenzen haben zur Folge, daß die zugehörigen W_λ alle voneinander verschieden sind. Unter diesen Voraussetzungen können die rechten Seiten von (4.83) nicht einander gleich sein. Wir haben einen Widerspruch gefunden, der darauf beruht, daß wir für einen Satz von Moden annehmen, daß die zugehörigen Photonenzahlen n_λ von Null verschieden sind. Der

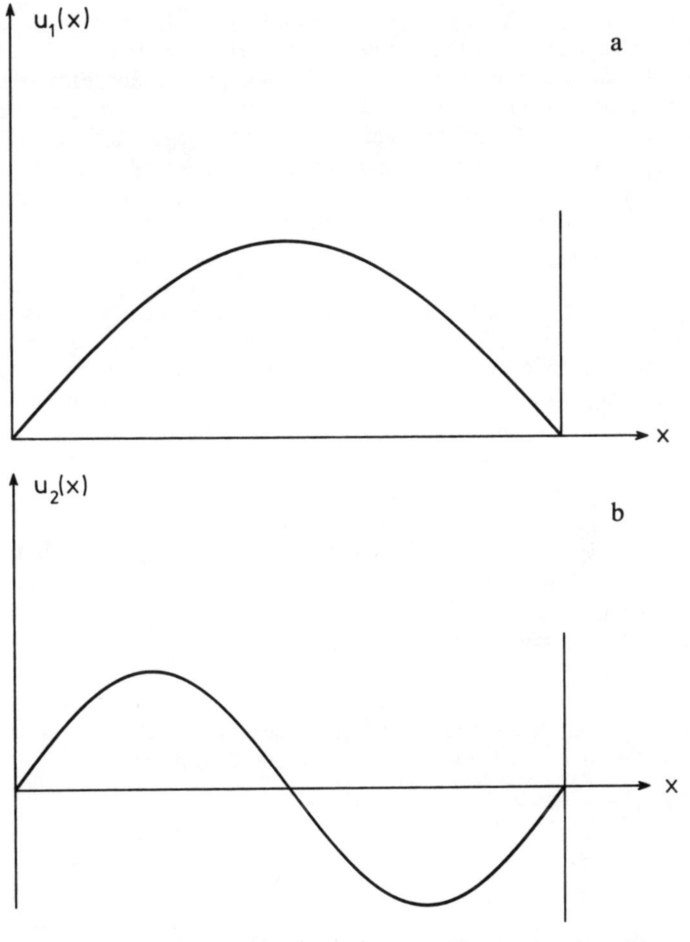

Fig. 4.18a und b Zur Illustration der Möglichkeit der Koexistenz von stehenden Wellen sind hier in den Teilabbildungen a und b die Grenzfälle der beiden längsten Wellenlängen herausgegriffen. Nach oben ist die Moden amplitude, nach rechts die Laserkoordinate in axialer Richtung aufgetragen.

Widerspruch löst sich erst dann, wenn höchstens ein einziges n_{λ_0} von Null verschieden ist, alle anderen n_λ's jedoch verschwinden. Man kann sich leicht klarmachen, daß nur dasjenige n_λ von Null verschieden ist, dessen Frequenz der atomaren Absorptionsfrequenz am nächsten liegt. Die Betrachtungen können natürlich auch sofort verallgemeinert werden, wenn zusätzlich noch eine Diskriminierung der Moden durch verschiedene Lebensdauern im Laserresonator existiert. Diese Betrachtungen führen zu dem wichtigen Resultat, daß in einem Laser bei Berücksichtigung der Frequenzverteilung der Moden und der Lebensdauern tatsächlich nur eine einzige Schwingungsform ausgesondert wird, mit anderen Worten, im Sinne der biologischen Selektion kann aus dem Wettbewerb der Moden nur eine einzige als Sieger hervorgehen, alle anderen sterben aus (Darwin's survival of the fittest). Betrachtet man die angeregten Atome als Futter, das ständig zugeführt wird, die Photonen dagegen als Tiere, so bedeutet das folgendes: Eine Tiersorte hat einen besseren Zugang zum Futter, wächst daher schneller, wodurch diese Tiersorte wieder mehr Futter fressen kann. Die anderen Tiere kommen dann mit dem Fressen nicht nach und gehen zugrunde. Wie aus diesem Beispiel erhellt wird, könnte man eine Koexistenz der Tiere erreichen, wenn man ihnen ermöglichen würde, von getrennten Futterplätzen zu leben, so daß das am schnellsten wachsende Tier den anderen das Futter nicht mehr wegfressen kann. Das ist im Laser tatsächlich im übertragenen Sinne möglich, wenn wir dafür sorgen, daß die Photonen von verschiedenen Atomen erzeugt werden. Dies tritt z.B. in den folgenden Fällen ein:

1) Die atomare Linie ist inhomogen verbreitert. Denken wir als Beispiel an den Spezialfall, daß es zwei Atomsorten mit verschiedenen optischen Übergangsfrequenzen (≡ Zentralfrequenzen) $\bar{\omega}_1$ und $\bar{\omega}_2$ gibt, wobei die zugehörigen Emissionslinien nicht oder kaum überlappen, so werden die Photonensorten, die zu den Moden mit den Frequenzen $\omega_1 = \bar{\omega}_1$ und $\omega_2 = \bar{\omega}_2$ gehören, getrennt unterstützt und können koexistieren. Den allgemeinen Fall kontinuierlich verteilter Zentralfrequenzen (inhomogene Linie) hatten wir bereits im vorigen Abschnitt besprochen.

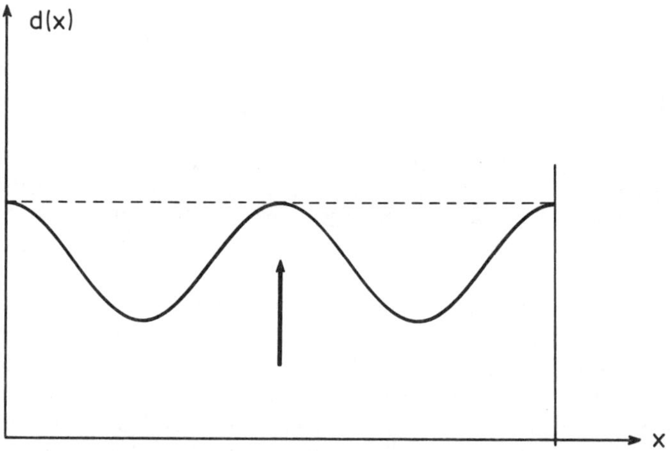

Fig. 4.19 In dieser Figur ist diejenige Inversion gegen x aufgetragen, die durch das Vorhandensein der Mode 2 allein zustandekommt.

2) Ähnliche Verhältnisse liegen vor, wenn die Moden stehende Wellen sind und z.B. die Linie homogen verbreitert ist. Wir erläutern dies am Beispiel von zwei Moden, deren räumliche Verteilungen in Fig. 4.18 wiedergegeben sind. Ist nur Mode 2 vorhanden, so erzeugt sie durch räumliches Lochbrennen eine Inversion, die in Fig. 4.19 dargestellt ist. Ersichtlich findet die Mode 1 dort, wo sie selbst ihren Bauch hat (Pfeil in Fig. 4.19) eine ungesättigte Inversion vor; von der nun sie selbst „leben" kann. Ersichtlich werden die beiden Moden, zumindest teilweise, von zwei verschiedenen Atomsorten (die eben an verschiedenen Stellen sitzen) unterstützt und können so koexistieren, zumindest wenn die ungesättigte Inversion d_0 genügend groß ist. Aufgrund der Figuren könnte es scheinen, als sei dieser Effekt nur bei sehr großen Wellenlängen wichtig. Tatsächlich kann man aber zeigen, daß dieser Effekt unabhängig von der Wellenlänge der Moden im Resonator ist. Auch können auf diese Weise sogar mehrere Moden koexistieren.

5. Die Grundgleichungen der halbklassischen Lasertheorie

5.1 Einleitung

In diesem Abschnitt beginnen wir mit dem zentralen Thema dieses Buches, der semiklassischen Lasertheorie. Im letzten Kapitel hatten wir die Lasertätigkeit mit Hilfe des Photonenbildes beschrieben, wobei wir die Lasergleichungen nur heuristisch begründen konnten. Es ist daher notwendig, diese Gleichungen näher zu begründen. Darüberhinaus wissen wir aus der klassischen Physik, daß wir zu einer vollständigen Beschreibung des Lichtfeldes nicht nur dessen Intensität, die in gewissem Sinne den Photonenzahlen entspricht, kennen müssen, sondern auch die Phase des Lichtfeldes. Da die Photonenzahlen keinerlei Aussagen über Phasen machen, sind die Bilanzgleichungen des vorigen Kapitels zumindest auch in dieser Hinsicht unvollständig. Diese Mängel lassen sich durch die sogenannte halbklassische (oder auch semiklassische) Theorie beheben. In dieser nun zu besprechenden Theorie wird das Lichtfeld als klassisches elektromagnetisches Feld behandelt. Grundlage hierfür sind die Maxwellschen Gleichungen. Da die Lasertätigkeit durch die Wechselwirkung zwischen dem Lichtfeld und den Atomen zustandekommt, müssen wir auch die Bewegung der Elektronen in Atomen adäquat behandeln. Hierbei zeigt es sich, daß man nicht völlig auf die Quantentheorie verzichten kann. Im folgenden werden wir in mehreren Schritten vorgehen. Als erstes leiten wir aus den Maxwellschen Gleichungen eine Wellengleichung für die elektrische Feldstärke her. Dabei zeigt sich, daß die Polarisation des Mediums als Quelle für den elektromagnetischen Schwingungsvorgang auftritt. Sodann werden wir untersuchen, wie diese Polarisation selbst durch das Feld wiederum erzeugt wird. Wir kommen damit zu Gleichungen, die die Kopplung zwischen Feld und Atomen angeben. Schließlich führen wir einige recht gut fundierte Näherungen ein und gelangen somit zu den Ausgangsgleichungen für die weitere halbklassische Lasertheorie, die in den Formeln (5.99) bis (5.101) des Abschnitts 5.8 wiedergegeben sind.

5.2 Herleitung der Wellengleichung für die elektrische Feldstärke

Ausgangspunkt unserer Überlegungen sind die beiden folgenden Maxwellschen Gleichungen, die wir, wie meist in der Lasertheorie, im *cgs*-System angeben.

$$\text{rot}\,\mathbf{E} = -\frac{1}{c}\dot{\mathbf{B}}, \tag{5.1}$$

$$\text{rot}\,\mathbf{H} = \frac{4\pi}{c}\mathbf{j} + \frac{1}{c}\dot{\mathbf{D}}. \tag{5.2}$$

Das erste Gesetz ist das Induktionsgesetz. Es beschreibt, wie durch eine zeitliche Änderung der magnetischen Induktion **B** Wirbel der elektrischen Feldstärke **E** entstehen.

Das Gesetz (5.2) beschreibt, wie eine Stromdichte **j** einen Wirbel des magnetischen Feldes **H** hervorruft (Oerstedsches Gesetz!). Der Wirbel des Magnetfeldes kann auch durch eine zeitliche Änderung der dielektrischen Verschiebung **D** hervorgerufen werden. Wie üblich brauchen wir noch Verknüpfungen zwischen **D** und **E** sowie zwischen **B** und **H**.

Wie in der Elektrodynamik gezeigt wird, hängt die dielektrische Verschiebung **D** von der elektrischen Feldstärke **E** über die Polarisation **P** des Mediums, in dem dielektrische Vorgänge sich abspielen, ab:

$$\mathbf{D} = \mathbf{E} + 4\pi\mathbf{P}. \tag{5.3}$$

Wir erinnern kurz an die anschauliche Bedeutung der Polarisation **P**. Dazu denken wir uns ein Material bestehend aus einzelnen Atomen vorgegeben. Bei Anlegen eines elektrischen Feldes können die Elektronen der einzelnen Atome gegenüber den Atomkernen verschoben werden. Da somit die Ladungsschwerpunkte auseinanderfallen, hat das angelegte elektrische Feld bei jedem einzelnen Atom einen Dipol erzeugt. Die Polarisation ist definiert als das gesamte Dipolmoment, herrührend von den einzelnen atomaren Dipolen, genommen pro Volumeneinheit. Es wird später eine wichtige Aufgabe der Theorie sein, die Dipolmomente der einzelnen Atome zu berechnen. Des weiteren wollen wir die Stromdichte **j** durch die elektrische Feldstärke **E** ausdrücken. Wir nehmen dazu an, daß das Material oder Teile von ihm eine Leitfähigkeit σ besitzen und legen das Ohmsche Gesetz zugrunde. Demnach können wir ansetzen

$$\mathbf{j} = \sigma\mathbf{E}. \tag{5.4}$$

Schließlich wollen wir unsere Betrachtungen auf nicht-magnetische Materialien beschränken. Im *cgs*-System bedeutet dies, daß wir die magnetische Induktion **B** und die magnetische Feldstärke **H** einander gleichsetzen dürfen

$$\mathbf{B} = \mathbf{H}. \tag{5.5}$$

Ferner wollen wir uns mit Wellenphänomenen befassen und voraussetzen, daß das elektrische Feld transversal ist, was gleichbedeutend mit der Annahme

$$\operatorname{div} \mathbf{E} = 0 \tag{5.6}$$

ist. Unser Ziel ist es, aus den genannten Gleichungen eine einzige herzuleiten, und zwar für die elektrische Feldstärke. Kennen wir diese, so läßt sich aus (5.1) z.B. die magnetische Induktion berechnen. Wir wollen uns im weiteren Verlauf dieses Buches nur mit der elektrischen Feldstärke **E** befassen, da diese bereits alle Informationen enthält, die wir zur Durchführung der Lasertheorie brauchen.

In einem ersten Schritt differenzieren wir die Gleichung (5.1) nach der Zeit und erhalten

$$\text{rot}\,\dot{\mathbf{H}} = \frac{4\pi}{c}\dot{\mathbf{j}} + \frac{1}{c}\ddot{\mathbf{D}}. \tag{5.7}$$

Wir ersetzen in (5.1) die magnetische Induktion **B** durch **H**. Sodann drücken wir $\dot{\mathbf{H}}$ gemäß Gleichung (5.1) durch rot **E** aus und erhalten somit für die linke Seite von Gl. (5.7)

$$-c\,\text{rot rot}\,\mathbf{E} = c\Delta\mathbf{E}. \tag{5.8}$$

Hierbei verwendeten wir noch die folgende Formel aus der Vektorrechnung

$$\text{rot rot}\,\mathbf{E} = \text{grad div}\,\mathbf{E} - \Delta\mathbf{E},$$

wobei die Relation (5.6) berücksichtigt wurde.

Δ ist darin, wie üblich, der Laplace Operator $\Delta = \partial^2/\partial x^2 + \partial^2/\partial y^2 + \partial^2/\partial z^2$. Ersetzen wir noch auf der rechten Seite von (5.7) **j** und **D** durch die Beziehungen (5.4) bzw. (5.3) und bringen alle Ausdrücke, die **E** enthalten, auf die linke Seite von (5.7), so ergibt sich die grundlegende Wellengleichung

$$\boxed{\Delta\mathbf{E} - \frac{1}{c^2}\ddot{\mathbf{E}} - \frac{4\pi\sigma}{c^2}\dot{\mathbf{E}} = \frac{4\pi}{c^2}\ddot{\mathbf{P}}.} \tag{5.9}$$

Setzen wir darin die Polarisation $\mathbf{P} = 0$, so handelt es sich um die sogenannte Telegraphengleichung, die bereits im letzten Jahrhundert hergeleitet wurde. In der Übungsaufgabe werden wir einige Lösungen der Telegraphengleichung diskutieren. In Gl. (5.9) kann die Polarisation **P** als ein Quellterm aufgefaßt werden, der die elektrische Welle erzeugt. Umgekehrt kann ein elektrisches Feld in einem Material eine Polarisation erzeugen. Wir müssen uns daher als nächstes mit der Frage befassen, wie wir diese Polarisation **P** berechnen können.

Aufgaben zu 5.2

Man löse die Telegraphengleichung (5.9) in einer Raumdimension unter den folgenden Bedingungen:

1) an den Stellen $x = 0$ und $x = L$ verschwinde E, oder

2) das Medium erstrecke sich von $x = 0$ bis $x = \infty$. Bei $x = 0$ ist $E = E_0 \cos \omega_0 t$ vorgegeben.

Wie lauten die allgemeinsten Lösungen?

Man diskutiere die Art der Dämpfung der Lösung in den Fällen 1) bzw. 2).

Hinweis: Im Falle 1) versuche man den Ansatz $E = f(t) \sin kx$ und bestimme k und $f(t)$. Man beachte, daß eine Linearkombination aus Lösungen der Telegraphengleichung wieder eine Lösung ergibt.

Im Falle 2) versuche man den Ansatz $E = e^{i\omega t} g(x)$ und bilde eine geeignete Linearkombination.

5.3 Die Materiegleichungen

Hierzu erinnern wir zunächst an die klassische Physik. Wir betrachten Atome, die wir durch einen Index μ unterscheiden und die an den Orten $\mathbf{x}_\mu$ lokalisiert sind. In einem einfachen Modell stellen wir uns ein Atom so vor, daß ein Elektron elastisch mit dem Atomkern verknüpft ist. Die Auslenkung gegenüber der Ruhelage am Atomkern bezeichnen wir mit $\boldsymbol{\xi}_\mu$. Damit ist ein Dipolmoment

$$\mathbf{p}_\mu = (-e)\, \boldsymbol{\xi}_\mu \tag{5.10}$$

verknüpft. In der klassischen Physik gehorcht die Auslenkung $\boldsymbol{\xi}_\mu$ des Elektrons mit der Ladung $-e$ und der Masse m der Bewegungsgleichung

$$m\ddot{\boldsymbol{\xi}}_\mu + f\boldsymbol{\xi}_\mu = (-e)\, \mathbf{E}(\mathbf{x}_\mu, t), \tag{5.11}$$

wobei f die Federkonstante ist. Die elektrische Feldstärke $\mathbf{E}$ ist hierbei am Ort des Atoms $\mathbf{x}_\mu$ genommen (Fig. 5.1). Setzen wir $\mathbf{E}$ in der Form einer harmonischen Schwingung an

$$\mathbf{E}(x, t) = \mathbf{E}_0(\mathbf{x})\, e^{i\omega t} + k.k., \tag{5.12}$$

so läßt sich die Gl. (5.11) sofort lösen

$$\boldsymbol{\xi}_\mu = \frac{(-e)}{m} \frac{1}{\omega_0^2 - \omega^2}\, \mathbf{E}(\mathbf{x}_\mu, t), \tag{5.13}$$

wobei wir die Abkürzung

$$\omega_0^2 = f/m \tag{5.14}$$

verwendet haben. Setzen wir dieses Resultat in (5.10) ein, so erkennen wir, daß das Dipolmoment $\mathbf{p}_\mu$ des Atoms μ mit der elektrischen Feldstärke durch einen konstanten Faktor α, die sogenannte Polarisierbarkeit des Atoms, verknüpft ist.

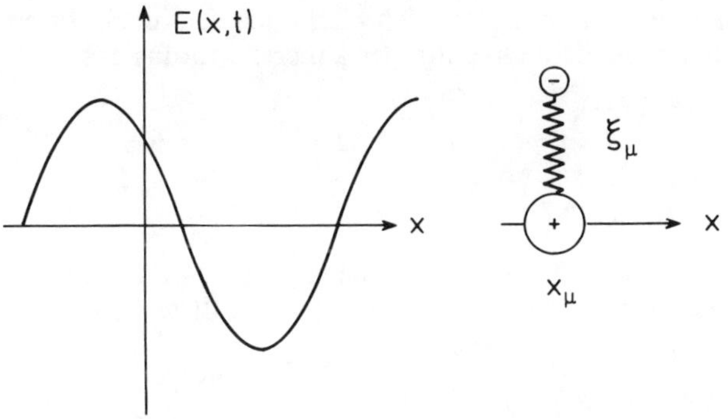

Fig. 5.1 Eine elektrische Welle $E(x, t)$ (linke Bildhälfte) trifft auf einen atomaren Dipol am Ort x_μ und mit der Auslenkung ξ_μ.

$$\mathbf{p}_\mu = \alpha \mathbf{E}(\mathbf{x}_\mu, t). \tag{5.15}$$

Wie wir aus (5.13) entnehmen können, ist die Polarisierbarkeit explizit durch

$$\alpha = \frac{e^2}{m} \frac{1}{\omega_0^2 - \omega^2} \tag{5.16}$$

gegeben. Da die Polarisation des Mediums sich aus der Summe der Dipolmomente pro Volumen ergibt, folgt aus (5.13), daß **P** proportional zu **E** ist. Da **P** in Gl. (5.9) mit der zweiten Ableitung auftritt, ist der Effekt der Polarisation der, daß sich die effektive Lichtgeschwindigkeit c im Medium ändert.

Was hier dargestellt wurde, ist nichts anderes als die übliche Dispersionstheorie. Diese ist, wie sich gezeigt hat, nicht in der Lage, irgendeine Lasertätigkeit darzustellen. Wir müssen hier vielmehr tatsächlich auf quantentheoretische Vorgänge genauer eingehen. Um es nochmals anders zu sagen, die klassische Dispersionstheorie muß durch eine adaquate Quantentheorie ersetzt werden. Dieser wenden wir uns nun zu.

Hierzu nehmen wir an, daß an dem Wechselwirkungsprozeß zwischen dem Atom und dem Lichtfeld nur zwei Elektronenniveaus beteiligt sind, so wie wir dies bereits im ersten Band untersuchten. Die Elektronenkoordinate bezeichnen wir mit $\boldsymbol{\xi}$. Bezüglich des Elektrons behandeln wir das Problem voll quantentheoretisch und gehen daher aus von der Schrödingergleichung

$$H\Psi = i\hbar\dot{\Psi}. \tag{5.17}$$

Der Hamiltonoperator H setzt sich hierin aus dem ungestörten Operator H_0 zusammen und dem Operator der äußeren Störung H^S

$$H^S = e\boldsymbol{\xi}\mathbf{E}(t), \tag{5.18}$$

also

$$H = H_0 + e\boldsymbol{\xi}\mathbf{E}(t). \tag{5.19}$$

H_0 beschreibt darin die ungestörte Bewegung des Elektrons im Feld des Atomkerns. Wir nehmen im folgenden an, daß wir das entsprechende quantenmechanische Problem

$$H_0 \varphi_j = W_j \varphi_j, \quad (j = 1, 2) \tag{5.20}$$

bereits gelöst haben, d.h. daß wir die Wellenfunktionen φ_j und die zugehörigen Energien W_j kennen. (Um Verwechslungen zwischen der Feldstärke $\mathbf{E}$ und der Energie auszuschließen, bezeichnen wir die letztere in diesem Kapitel mit W.) Eine Methode, um die Schrödingergleichung (5.17) zu behandeln, haben wir bereits im Band 1 kennengelernt. Hierzu setzen wir die gesuchte Wellenfunktion Ψ als Überlagerung von den ungestörten Wellenfunktionen φ_1 und φ_2 an. Wir nehmen also im folgenden an, daß die Wechselwirkung mit dem elektrischen Feld $\mathbf{E}$ nur für die beiden untersuchten Niveaus von Belang ist. Dies kann z.B. so gerechtfertigt werden, daß die Frequenz der elektrischen Feldstärke in Resonanz mit der Übergangsfrequenz des Elektrons zwischen seinen beiden Niveaus ist, so daß die elektrische Feldstärke gerade Übergänge zwischen den Niveaus 1 und 2 induziert. Zur Bestimmung der Koeffizienten c_1 und c_2 setzen wir, wie bekannt, den Ansatz

$$\Psi(\boldsymbol{\xi}, t) = c_1(t) \exp(-iW_1 t/\hbar)\, \varphi_1(\boldsymbol{\xi}) + c_2(t) \exp(-iW_2 t/\hbar)\, \varphi_2(\boldsymbol{\xi}) \tag{5.21}$$

in (5.17) ein und multiplizieren dann die entstandene Gleichung mit φ_1^* bzw. φ_2^*. Integrieren wir dann über die Elektronen-Koordinate $\boldsymbol{\xi}$, so ergeben sich die Gleichungen

$$\dot{c}_1 = \frac{1}{i\hbar}\, \mathbf{E}(t)\, \mathbf{H}_{12}^S c_2, \tag{5.22}$$

$$\dot{c}_2 = \frac{1}{i\hbar}\, \mathbf{E}(t)\, \mathbf{H}_{21}^S c_1. \tag{5.23}$$

Zu ihrer Vereinfachung haben wir die Matrixelemente wie folgt abgekürzt:

$$\mathbf{H}_{mn}^S = \int \varphi_m^*(\boldsymbol{\xi})\, e\boldsymbol{\xi}\varphi_n(\boldsymbol{\xi})\, d^3\xi \cdot \exp(i\omega_{mn} t). \tag{5.24}$$

In ihnen ist ω_{mn} gegeben durch

$$\omega_{mn} = \frac{1}{\hbar}(W_m - W_n). \tag{5.25}$$

Des weiteren haben wir angenommen, daß das Atom kein statisches Dipolmoment besitzt, was sich durch

$$\mathbf{H}_{11}^S = \mathbf{H}_{22}^S = 0 \tag{5.26}$$

ausdrückt. Kennen wir die Koeffizienten c_1 und c_2, was sich im Prinzip durch Lösung der Gleichungen (5.22) und (5.23) bewerkstelligen ließe, so können wir eine Reihe wichtiger Erwartungswerte ausrechnen, z.B. gerade das Dipolmoment des Atoms

$$\mathbf{p} = \int \Psi^*(\boldsymbol{\xi}, t)(-e)\,\boldsymbol{\xi}\Psi(\boldsymbol{\xi}, t)\,d^3\,\xi. \tag{5.27}$$

Um die Bezeichnungsweise zu vereinfachen, betrachten wir hier übrigens nur ein herausgegriffenes Atom, so daß wir den Index μ im Moment weglassen. Diesen Index μ hatten wir oben eingeführt, um die einzelnen Atome voneinander zu unterscheiden. Der Erwartungswert des Dipolmoments $\mathbf{p}$ tritt jetzt bei der Behandlung an die Stelle des Dipolmoments (5.10). Wenn wir also $\mathbf{p}$ berechnen können, so läßt sich daraus unmittelbar die Polarisation $\mathbf{P}$ des Mediums bestimmen, so daß unsere Aufgabe, den Quellterm der Wellengleichung auszurechnen, gelöst wäre.

Setzen wir Ψ gemäß (5.21) in (5.27) ein und benutzen die Relationen (5.26), so erhalten wir

$$-\mathbf{p} = c_1^* c_2 \exp(-i\bar{\omega}t)\,\mathbf{\Theta}_{12} + c_1 c_2^* \exp(i\bar{\omega}t)\,\mathbf{\Theta}_{21}, \tag{5.28}$$

wobei wir die Abkürzungen

$$\bar{\omega} = (W_2 - W_1)/\hbar \tag{5.29}$$

und

$$\mathbf{\Theta}_{jk} = \int \varphi_j^*\, e\boldsymbol{\xi}\varphi_k\, d^3\,\xi \tag{5.30}$$

verwendet haben. Hieraus wird nochmals deutlich, daß wir die Koeffizienten c_j kennen müssen, um das Dipolmoment $\mathbf{p}$ zu berechnen.

Es hat sich nun herausgestellt, daß es gar nicht so sinnvoll ist, zuerst die Gl. (5.22) und (5.23) zu lösen, um dann das Dipolmoment gemäß (5.28) zu bestimmen. Vielmehr hat sich hier ein Weg als brauchbar erwiesen, der sich schon in Band 1 bei der Herleitung der Blochschen Gleichungen für den Spin als nützlich erwiesen hat. Dort hatte sich nämlich gezeigt, daß man in einfacher Weise Gleichungen für die Erwartungswerte der Spinkomponenten direkt gewinnen kann. Dies ist auch unser jetziges Ziel. Wir wollen also Gleichungen für den Erwartungswert des Dipolmoments **p** herleiten. Wie wir sehen, ist das Dipolmoment **p** bekannt, wenn wir die Größen

$$c_1^* c_2 \exp(-i\bar{\omega}t) = \alpha(t) \tag{5.31}$$

kennen, da sich mit deren Hilfe das Dipolmoment als

$$-\mathbf{p} = \alpha(t)\, \mathbf{\Theta}_{12} + \alpha^*(t)\, \mathbf{\Theta}_{21} \tag{5.32}$$

schreiben läßt. Für spätere Zwecke führen wir noch die Abkürzungen

$$\mathbf{p}^{(+)} = -\alpha(t)\, \mathbf{\Theta}_{12}, \qquad \mathbf{p}^{(-)} = -\alpha^*(t)\, \mathbf{\Theta}_{21} \tag{5.33}$$

ein, womit sich das Dipolmoment des betrachteten Atoms auch in der Form

$$\mathbf{p} = \mathbf{p}^{(+)} + \mathbf{p}^{(-)} \tag{5.34}$$

wiedergeben läßt. Wir wollen nunmehr eine Gleichung für (5.31) ableiten. Der Leser ist dabei gut beraten, wenn er hier und im folgenden $\alpha(t)$ immer als ein Maß für das Dipolmoment des Atoms ansieht, also mit dem Buchstaben α stets den Begriff Dipolmoment verknüpft.

Differenzieren wir (5.31) nach der Zeit, so erhalten wir

$$\dot{\alpha} = -i\bar{\omega}\alpha + c_1^* \dot{c}_2 \exp(-i\bar{\omega}t) + \dot{c}_1^* c_2 \exp(-i\bar{\omega}t). \tag{5.35}$$

Die Zeitableitungen $\dot{c}_2$ und $\dot{c}_1^*$ wollen wir durch die rechten Seiten der Gleichungen (5.22) und (5.23) bzw. durch deren komplex konjugierte Ausdrücke ersetzen. Hierzu schreiben wir diese Gleichungen nochmals in etwas anderer Form:

$$\dot{c}_1 = \frac{1}{i\hbar}\, \mathbf{E}(t)\, \mathbf{\Theta}_{12} \exp(-i\bar{\omega}t)\, c_2, \tag{5.36}$$

$$\dot{c}_2 = \frac{1}{i\hbar}\, \mathbf{E}(t)\, \mathbf{\Theta}_{21} \exp(i\bar{\omega}t)\, c_1. \tag{5.37}$$

Wir erhalten dann für (5.35)

$$\dot{\alpha} = -i\bar{\omega}\alpha - \frac{1}{i\hbar}\, \mathbf{E}(t)\, \mathbf{\Theta}_{21}\, d, \tag{5.38}$$

wobei wir noch die Abkürzung

$$d = |c_2|^2 - |c_1|^2 \tag{5.39}$$

eingeführt haben. Wie wir wissen, gibt $|c_j|^2$ die Wahrscheinlichkeit dafür an, das Elektron im Zustand j anzutreffen. $|c_j|^2$ kann ebensogut als die Besetzungszahl des Zustands j aufgefaßt werden. (5.39) ist somit ein quantenmechanischer Ausdruck für die Besetzungszahldifferenz oder, mit anderen Worten, für die Inversion. Als solche werden wir d im folgenden immer bezeichnen.

Um das Weitere verständlich zu machen, erinnern wir nochmals an die Blochschen Gleichungen für den Spin. Das Elektron des Atoms ist nicht nur dem äußeren Lichtfeld, sondern auch anderen Störungen ausgesetzt, z.B. kann es in einem Gas ständig mit anderen Atomen zusammenstoßen. Es kann in einem Festkörper mit den Gitterschwingungen in Wechselwirkung treten usw. Wie wir von Band 1, Kap. 7 her wissen, führen derartige Effekte zu einer Dämpfung des Dipolmoments. Diese Dämpfung führen wir nun phänomenologisch in die Theorie ein, indem wir zur rechten Seite von (5.38) das Dämpfungsglied $-\gamma\alpha$ hinzufügen. Hierin hat die Dämpfungskonstante γ die gleiche Bedeutung, die in Band 1 das Inverse der transversalen Relaxationszeit T_2 hatte. Für das herausgegriffene Atom haben wir somit die Gleichung

$$\boxed{\dot{\alpha} = -i\bar{\omega}\alpha - \gamma\alpha - \frac{1}{i\hbar}\,\mathbf{E}(t)\,\mathbf{\Theta}_{21}\,d} \tag{5.40}$$

gefunden. Hierbei waren wir aber gezwungen, eine neue Unbekannte, nämlich die Inversion (5.39) einzuführen. Damit die Bewegungsgleichungen vollständig werden, müssen wir nun noch eine Gleichung für die Inversion herleiten. Dazu differenzieren wir (5.39) nach der Zeit:

$$\dot{d} = c_2^*\,\dot{c}_2 + \dot{c}_2^*\,c_2 - c_1^*\,\dot{c}_1 - \dot{c}_1^*\,c_1. \tag{5.41}$$

Ersetzen wir hierin auf der rechten Seite jeweils die Zeitableitungen von c_j gemäß den Beziehungen (5.36) und (5.37), so erhalten wir nach kurzen Umformungen

$$\dot{d} = \frac{2}{i\hbar}\,\mathbf{E}(t)\,(\mathbf{\Theta}_{21}\,\alpha^* - \alpha\mathbf{\Theta}_{12}). \tag{5.42}$$

Diese Gleichung beschreibt also, wie sich die Inversion aufgrund der Wechselwirkung des Elektrons mit dem elektrischen Feld ändert.

Gerade wenn wir Laserprozesse betrachten wollen, dürfen wir die Wechselwirkung des Atoms mit der übrigen Umgebung nicht vernachlässigen. So müssen wir ja dem Atom durch den Pumpprozeß ständig Energie zuführen. Andererseits kann das Elektron durch die Wechselwirkung mit der Umgebung auch von sich aus in den Grundzustand übergehen, ohne daß das elektrische Feld daran beteiligt ist. Z.B. können diese Prozesse durch strahlungslose Übergänge verursacht werden, aber wir müssen auch hierbei solche Übergänge berücksichtigen, bei denen Licht spontan emittiert wird, ohne am eigentlichen Laserprozeß teilzunehmen. Alle diese Prozesse für sich allein genommen würden dazu führen, daß die Inversion innerhalb einer Relaxationszeit T auf einen stationären Wert d_0 relaxiert. Diesen Effekt können wir dadurch beschreiben, daß wir das entsprechende Relaxationsglied zu (5.42) addieren und somit

$$\boxed{\dot{d} = \frac{2}{i\hbar}\,\mathbf{E}(t)\,(\Theta_{21}\,\alpha^* - \alpha\Theta_{12}) + \frac{d_0 - d}{T}} \tag{5.43}$$

erhalten. Das hier auftretende T entspricht übrigens der longitudinalen Relaxationszeit T_1 in der Blochschen Spin-Theorie.

Wir haben nun alle Ingredienzien beieinander, um die halbklassischen Lasergleichungen zu formulieren. Hierzu müssen wir nur daran denken, daß wir es nicht mit einem einzelnen Atom, sondern mit einer Gesamtzahl N von Atomen im Laser zu tun haben. Für jedes dieser einzelnen Atome haben wir soeben die Gleichungen für Dipolmoment α und Inversion d hergeleitet. Der Leser sei hier daran erinnert, daß $\alpha(t)$ eine dimensionslose Größe ist, die aber dem Dipolmoment proportional ist. Um die Physik im folgenden stets besonders deutlich hervortreten zu lassen, werden wir α stets als Dipolmoment bezeichnen.

Um die Gesamtheit der Atome zu behandeln, statten wir die Gleichungen (5.40) und (5.43) mit dem Atom-Index μ aus. Ferner berücksichtigen wir, daß die elektrische Feldstärke $\mathbf{E}$ sich mit dem Atom-Ort ändert, so daß $\mathbf{E}$ nun explizit vom Atom-Ort $\mathbf{x}_\mu$ abhängt. Damit erhalten wir die grundlegenden Materialgleichungen des Lasers

$$\dot{\alpha}_\mu = (-i\bar{\omega} - \gamma)\,\alpha_\mu - \frac{1}{i\hbar}\,\mathbf{E}(\mathbf{x}_\mu, t)\,\Theta_{21}\,d_\mu, \tag{5.44}$$

$$\dot{d}_\mu = \frac{d_0 - d_\mu}{T} + \frac{2}{i\hbar}\,\mathbf{E}(\mathbf{x}_\mu, t)\,(\Theta_{21}\,\alpha_\mu^* - \alpha_\mu\,\Theta_{21}). \tag{5.45}$$

Schließlich müssen wir noch eine Vorschrift angeben, wie die makroskopische Polarisation $\mathbf{P}$ mit den einzelnen Dipolmomenten zusammenhängt. Dazu bedienen wir uns eines mathematischen Kunstgriffs, indem wir die Polarisation in der Form

$$\mathbf{P}(\mathbf{x}, t) = \sum_\mu \delta(\mathbf{x} - \mathbf{x}_\mu)\,\mathbf{p}_\mu \tag{5.46}$$

schreiben. Hierin ist δ die Diracsche δ-Funktion, die – anschaulich gesprochen – am Punkte $\mathbf{x} = \mathbf{x}_\mu$ jeweils eine Spitze aufweist und sonst $= 0$ ist. Die Summe erstreckt sich über alle Atome des Materials μ. Verändern wir die Aufpunktskoordinate $\mathbf{x}$, so tasten wir gewissermaßen mit Hilfe der δ-Funktion das Material ab und jedesmal, wenn ein Atomort $\mathbf{x}_\mu$ getroffen wird, kommt das jeweilig zugehörige Dipolmoment $\mathbf{p}_\mu$ zur Geltung (vgl. hierzu auch Aufgabe 1). Die einzelnen Dipolmomente $\mathbf{p}_\mu$ sind dabei mit den α_μ durch die Relationen

$$\mathbf{p}_\mu = \mathbf{p}_\mu^{(+)} + \mathbf{p}_\mu^{(-)} = -(\alpha_\mu(t)\, \boldsymbol{\Theta}_{12} + \alpha_\mu^*(t)\, \boldsymbol{\Theta}_{21}), \tag{5.47}$$

die wir schon früher kennengelernt haben, verknüpft. Damit haben wir nunmehr ein geschlossenes System von Gleichungen gefunden. Diese bestehen aus den Gleichungen für die elektrische Feldstärke (5.9) und den Materialgleichungen (5.44) und (5.45). Die Verknüpfung erfolgte dabei insbesondere durch die Polarisation $\mathbf{P}$ gemäß (5.46), (5.47). Im folgenden wird es sich darum handeln, die genannten Gleichungen umzuformen, um sie für den jeweils physikalisch interessierenden Fall noch besser zu präparieren.

Aufgaben zu 5.3

Die Dirac'sche δ-Funktion, die wir in (5.46) einführten, ist mathematisch durch folgende Eigenschaften definiert:

1) für $x \neq x_0$ gilt: $\delta(x - x_0) = 0$

2) $\displaystyle\int_{x_0 - \varepsilon}^{x_0 + \varepsilon} \delta(x - x_0)\, dx = 1,$

wobei $\varepsilon > 0$, aber sonst beliebig sein kann. Ist $f(x)$ eine stetige Funktion, so gilt

$$\int_a^b f(x)\, \delta(x - x_0)\, dx = f(x_0) \quad \text{falls } a < x_0 < b \tag{*}$$

$$= 0 \quad \text{andernfalls.}$$

Die δ-Funktion läßt sich entsprechend auch in drei Dimensionen definieren:

1) für $\mathbf{x} \neq \mathbf{x}_0$ gilt: $\delta(\mathbf{x} - \mathbf{x}_0) = 0$

2) $\displaystyle\int_V \delta(\mathbf{x} - \mathbf{x}_0)\, d^3 x = 1,$

sofern $\mathbf{x}_0$ in V enthalten ist.

Aufgabe 1

Wie lautet das zu (*) analoge Resultat für

$$\int_V f(\mathbf{x})\, \delta(\mathbf{x} - \mathbf{x}_0)\, d^3 x?$$

Aufgabe 2

Man mittle (5.46) über ein Volumen ΔV, das den Punkt $\mathbf{x}_0$ enthält. ΔV sei so klein, daß $\mathbf{p}_\mu$ in ihm sich praktisch nicht ändert. Man schreibe $\mathbf{p}_\mu = \mathbf{p}(\mathbf{x}_0)$ und zeige:

$$\overline{\mathbf{P}}(\mathbf{x}_0, t) = \rho \mathbf{p}(\mathbf{x}_0),$$

wobei der Strich über $\mathbf{P}$ die Mittelung bedeutet. ρ ist die Dichte der Atome, d.h. $\rho = \Delta N/\Delta V$, wobei ΔN die Zahl der Atome im Volumen ΔV ist.

Hinweis: Man mittelt, indem man bildet:

$$\overline{\mathbf{P}} = \frac{1}{\Delta V} \int_{\Delta V} \mathbf{P}(\mathbf{x}, t)\, d^3 x.$$

5.4 Die semiklassischen Lasergleichungen für die makroskopischen Größen elektrische Feldstärke, Polarisation und Inversionsdichte

Durch einfache Umformungen lassen sich aus den Gleichungen (5.44) und (5.45) Gleichungen für die makroskopische Polarisation und die Inversionsdichte herleiten. Da wir diese in den folgenden Abschnitten aber nicht gleich brauchen werden, kann der eilige Leser diesen Abschnitt getrost übergehen.

Wir betrachten die Zerlegung (5.46) nochmals. Setzen wir in ihr die weitere Zerlegung (5.47) ein, so liegt es nahe, eine neue Größe

$$\mathbf{P}^{(+)}(\mathbf{x}, t) = -\sum_\mu \delta(\mathbf{x} - \mathbf{x}_\mu)\, \mathbf{\Theta}_{12}\, \alpha_\mu(t) \tag{5.48}$$

zu definieren. Die zu $\mathbf{P}^{(+)}$ konjugiert komplexe Größe bezeichnen wir mit $\mathbf{P}^{(-)}$

$$\mathbf{P}^{(+)*} = \mathbf{P}^{(-)}. \tag{5.49}$$

In einer zur Definition (5.48) analogen Weise definieren wir die Inversionsdichte, indem wir wieder mit Hilfe der Diracschen δ-Funktion über die einzelnen Dipolmomente d_μ aufsummieren.

$$D(\mathbf{x}, t) = \sum_\mu \delta(\mathbf{x} - \mathbf{x}_\mu)\, d_\mu. \tag{5.50}$$

Unser Ziel ist es, aus den Gleichungen (5.44), (5.45) Gleichungen für die makroskopischen Größen $\mathbf{P}$ und D zu gewinnen. Hierzu multiplizieren wir (5.44) mit $\delta(\mathbf{x}-\mathbf{x}_\mu)\,\boldsymbol{\Theta}_{12}$ auf beiden Seiten und summieren über μ. Das darin auftretende Glied $\delta(\mathbf{x}-\mathbf{x}_\mu)\,\mathbf{E}(\mathbf{x}_\mu, t)$ können wir durch

$$\delta(\mathbf{x}-\mathbf{x}_\mu)\,\mathbf{E}(\mathbf{x}_\mu, t) = \delta(\mathbf{x}-\mathbf{x}_\mu)\,\mathbf{E}(\mathbf{x}, t) \tag{5.51}$$

ersetzen (vgl. Aufgabe 2). Damit erhalten wir aber unmittelbar die Beziehung

$$\boxed{\frac{d}{dt}\,\mathbf{P}^{(+)}(\mathbf{x}, t) = (-i\bar{\omega}-\gamma)\,\mathbf{P}^{(+)}(\mathbf{x}, t) + \frac{1}{i\hbar}\,(\mathbf{E}(\mathbf{x},t)\boldsymbol{\Theta}_{21})\,\boldsymbol{\Theta}_{12}\,D(\mathbf{x},t).} \tag{5.52}$$

In ähnlicher Weise verfahren wir mit der Gleichung (5.45) und erhalten damit

$$\boxed{\frac{d}{dt}\,D(\mathbf{x}, t) = \frac{D_0 - D(\mathbf{x}, t)}{T} - \frac{2}{i\hbar}\,\mathbf{E}(\mathbf{x}, t)\cdot(\mathbf{P}^{(-)} - \mathbf{P}^{(+)}),} \tag{5.53}$$

wobei wir noch die Gesamtinversion D_0, die durch die inkohärenten Prozesse erzeugt wird, gemäß der Relation

$$\sum_\mu d_0 = N d_0 = D_0 \tag{5.54}$$

eingeführt haben. Die Gleichungen (5.52) und (5.53) stellen die makroskopischen Materialgleichungen dar.

Um zu den vollständigen Lasergleichungen zu kommen, müssen wir diese durch die Feldgleichung (5.9) ergänzen, die wir der Vollständigkeit halber nochmals angeben

$$\boxed{\Delta\mathbf{E} - \frac{1}{c^2}\,\ddot{\mathbf{E}} - \frac{4\pi\sigma}{c^2}\,\dot{\mathbf{E}} = \frac{4\pi}{c^2}\,(\ddot{\mathbf{P}}^{(+)} + \ddot{\mathbf{P}}^{(-)}).} \tag{5.55}$$

Die Gleichungen (5.52), (5.53), (5.55) stellen eine sehr elegante Formulierung der Gleichungen für die Wechselwirkung zwischen Licht und Materie dar, und wir werden später von ihnen Gebrauch machen. In diesen Gleichungen ist eine große Zahl physikalisch interessanter Prozesse verborgen, die die Wechselwirkung zwischen Licht und Materie beschreiben. Sie haben aber nicht nur Prozesse im Laserresonator zum Gegenstand, sondern können auch Wellenausbreitungs-Phänomene beschreiben. Als Vordringlichstes wollen wir aber die Prozesse im Laser selbst behandeln. Aus diesem Grund müssen wir der Tatsache Rechnung tragen, daß der Laser durch Spiegel begrenzt ist, und wir es somit mit stehenden elektrischen Wellen zu tun haben.

AUFGABE ZU 5.4

Man beweise (5.51).

Hinweis: Man integriere (5.51) über ein kleines Volumenelement auf beiden Seiten und verwende die in den Aufgaben zu 5.3 aufgeführten Eigenschaften der δ-Funktion.

5.5 Die Lasergleichungen im Resonator

Wie wir wissen, spielen sich die Laserprozesse zumindest im allgemeinen im sogenannten Resonator ab. Beim Laser ist dieser durch die an den Endflächen des Lasermaterials oder äußerlich montierten Spiegel definiert. Betrachten wir zunächst einmal das elektrische oder elektromagnetische Feld im Vakuum und einen eindimensionalen Fall (vgl. Fig. 5.2)! Nehmen wir an, daß die Spiegel unendlich gut leitend sind, so muß die Tangentialkomponente der Feldstärke auf den Spiegeln verschwinden. Diese Randbedingung erfüllt das elektrische Feld dadurch, daß es auf den Spiegeln Knoten hat. Die elektrische Feldstärke läßt sich in diesem Fall durch

$$\mathbf{E} = \mathbf{E}_0 \sin kx \tag{5.56}$$

darstellen. Ist der Spiegelabstand L, so ist k durch $m \cdot \pi/L$ gegeben.

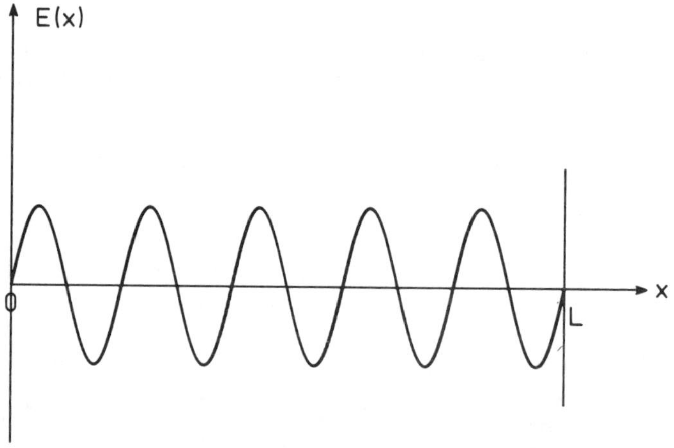

Fig. 5.2 Die elektrische Feldstärke $E(x)$ zwischen zwei Spiegeln im Abstand L.

Hierbei ist m eine beliebige ganze Zahl. D.h. in dem „Resonator" kann sich eine ganze Reihe verschiedener „Moden" ausbilden. Im folgenden wollen wir uns von der speziellen Form der stehenden Wellen (5.56) freimachen und den räumlichen Anteil der Wellen mit $\mathbf{u}_\lambda(\mathbf{x})$ bezeichnen. Im soeben betrachteten speziellen Fall hat also $\mathbf{u}_\lambda$ die Form

$$\mathbf{u}_\lambda(\mathbf{x}) = \mathbf{e}_\lambda \mathcal{N} \sin k_\lambda x, \tag{5.57}$$

worin $\mathbf{e}_\lambda$ ein Einheitsvektor in Richtung der Polarisation des Feldes ist, d.h. parallel zur elektrischen Feldstärke, $\mathcal{N}$ ein Normierungsfaktor ist und die räumliche Variation wie in (5.56) durch die Sinusfunktion beschrieben wird. Wir können aber auch annehmen, daß $\mathbf{u}_\lambda$ jetzt dreidimensionale Konfigurationen des elektrischen Feldes beschreibt, z.B. auch Wellen, die gewissermaßen schräg zur Laserachse laufen. Die elektrische Feldstärke, die zunächst eine allgemeine Funktion von Ort und Zeit sein kann, stellen wir als eine Überlagerung solcher stehenden Wellen $\mathbf{u}_\lambda(\mathbf{x})$ dar:

$$\mathbf{E}(\mathbf{x}, t) = \sum_\lambda E_\lambda(t)\, \mathbf{u}_\lambda(\mathbf{x}). \tag{5.58}$$

Hierin sind die Größen $E_\lambda(t)$ noch zeitabhängige Amplituden. Im folgenden nehmen wir an, daß die Funktionen $\mathbf{u}_\lambda$ der einzelnen Moden der Wellengleichung in der Form

$$\Delta \mathbf{u}_\lambda(\mathbf{x}) = -k_\lambda^2\, \mathbf{u}_\lambda(\mathbf{x}) = -\frac{\omega_\lambda^2}{c^2}\, \mathbf{u}_\lambda(\mathbf{x}) \tag{5.59}$$

genügen. Wie in der Resonator-Theorie gezeigt wird, genügen die Funktionen $\mathbf{u}_\lambda$ einer sogenannten Orthogonalitätsrelation

$$\int \mathbf{u}_\lambda(\mathbf{x})\, \mathbf{u}_{\lambda'}(\mathbf{x})\, d^3x = \delta_{\lambda\lambda'}. \tag{5.60}$$

Diese hat eine ganz ähnliche Struktur wie die Orthogonalitätsrelation der Quantenmechanik, so daß der Leser damit bereits gut vertraut ist. Da der Laserresonator an den Seiten offen ist, gelten allerdings die Relationen (5.60) nur genähert. Wir wollen aber auf diese in die Details gehende Fragestellung nicht eingehen. Unser Ziel ist es vielmehr, Gleichungen für die Feldamplituden $E_\lambda(t)$ herzuleiten. Ausgangspunkt hierfür ist wieder die Wellengleichung für die elektrische Feldstärke, die wir uns nochmals in Erinnerung zurückrufen

$$\Delta \mathbf{E} - \frac{1}{c^2}\ddot{\mathbf{E}} - \frac{4\pi\sigma}{c^2}\dot{\mathbf{E}} = \frac{4\pi}{c^2}\ddot{\mathbf{P}}. \tag{5.61}$$

Wir setzen hierin (5.58) ein und benutzen die Relation (5.59), so daß wir die räumlichen Ableitungen durch die Multiplikation mit $-\omega_\lambda^2/c^2$ ersetzen können. Sodann multiplizieren wir die entstandene Gleichung mit $\mathbf{u}_\lambda$ und integrieren über das Volumen des Resonators. Wegen der Orthogonalitätsrelation (5.60) erhalten wir

$$\boxed{\omega_\lambda^2 E_\lambda + \ddot{E}_\lambda + \sum_{\lambda'} 4\pi\sigma_{\lambda\lambda'} \dot{E}_{\lambda'} = -4\pi\ddot{P}_\lambda.} \tag{5.62}$$

Hierbei haben wir noch die Abkürzung

$$\sigma_{\lambda\lambda'} = \int \mathbf{u}_\lambda \, \sigma \mathbf{u}_{\lambda'} \, d^3x \tag{5.63}$$

eingeführt. Hierin war, wie erinnerlich, σ die elektrische Leitfähigkeit des Materials. Besitzt das Material eine homogene Leitfähigkeit, so können wir natürlich σ vor das Integral ziehen und wieder die Orthogonalitätsrelation (5.60) verwenden. Ist die Leitfähigkeit hingegen räumlich verschieden, z.B. räumlich in den Spiegeln konzentriert, so ist im Prinzip damit zu rechnen, daß auch solche $\sigma_{\lambda\lambda'}$ von Null verschieden sind, bei denen λ und λ' voneinander verschieden sind.

Da diese Fragestellung zu subtilen Diskussionen führt, wollen wir sie im folgenden nicht weiter verfolgen, sondern lediglich einmal an späterer Stelle auf derartige Effekte eingehen. Schließlich haben wir noch das auf der rechten Seite von (5.62) stehende P_λ zu erläutern. Dieses ist durch

$$P_\lambda = \int \mathbf{u}_\lambda(\mathbf{x}) \, \mathbf{P}(\mathbf{x}) \, d^3x \tag{5.64}$$

gegeben. Fassen wir die Zerlegung (5.58) nach den **u**'s als eine Fourierzerlegung auf, so ist P_λ nichts anderes als die Fourierkomponente der Polarisation **P**. Um den Zusammenhang von P_λ mit der mikroskopischen Darstellung der Polarisation, d.h. den einzelnen Dipolmomenten, zu gewinnen, erinnern wir uns daran, daß die Polarisation **P** mit den einzelnen Dipolmomenten $\mathbf{p}_\mu$ durch die Relation

$$\mathbf{P}(\mathbf{x}, t) = \sum_\mu \delta(\mathbf{x} - \mathbf{x}_\mu) \, \mathbf{p}_\mu \tag{5.65}$$

verknüpft ist. Wie wir wissen, bewirkt die Integration über eine δ-Funktion, daß die Integration den Funktionswert an der Stelle $\mathbf{x}_\mu$

herauspickt. Damit läßt sich (5.64) sofort auswerten und wir erhalten

$$P_\lambda = P_\lambda^{(+)} + P_\lambda^{(-)}, \qquad P_\lambda = \underbrace{-\sum_\mu \mathbf{u}_\lambda(\mathbf{x}_\mu)\, \boldsymbol{\Theta}_{12}\, \alpha_\mu(t)}_{P_\lambda^{(+)}} + \underbrace{k.k.}_{P_\lambda^{(-)}}. \tag{5.66}$$

Bisher haben wir die Umformung der Feldgleichung für die elektrische Feldstärke $\mathbf{E}$ in Gleichungen für die einzelnen Feldamplituden $E_\lambda(t)$ durchgeführt. Wir tun dies nunmehr auch für die Gleichungen der Materie. Dieses beinhaltet nur etwas Schreibarbeit. In den Gleichungen (5.44) und (5.45) haben wir nämlich lediglich auf den rechten Seiten $\mathbf{E}(\mathbf{x}_\mu, t)$ durch die entsprechende Entwicklung (5.58) zu ersetzen. Wir erhalten damit ohne weiteres

$$\dot{\alpha}_\mu = (-i\bar{\omega} - \gamma)\, \alpha_\mu - \frac{1}{i\hbar}\, d_\mu \sum_\lambda E_\lambda(t)\, \mathbf{u}_\lambda(\mathbf{x}_\mu)\, \boldsymbol{\Theta}_{21} \tag{5.67}$$

$$\dot{d}_\mu = \frac{d_0 - d_\mu}{T} + \frac{2}{i\hbar}\, (\boldsymbol{\Theta}_{21}\, \alpha_\mu^* - \alpha_\mu\, \boldsymbol{\Theta}_{21}) \sum_\lambda E_\lambda(t)\, \mathbf{u}_\lambda(\mathbf{x}_\mu). \tag{5.68}$$

Die Gleichungen (5.62), (5.67), (5.68) können einen guten Ausgangspunkt für die Behandlung der Laserprozesse liefern. Es hat sich aber gezeigt, daß man diese Gleichungen noch erheblich vereinfachen kann, indem man zwei im allgemeinen gut begründete Näherungen durchführt. Da diese Näherungen jedem, der sich mit der Lasertheorie befaßt, immer wieder begegnen werden, erläutern wir diese im nächsten Abschnitt genauer.

5.6 Zwei wichtige Näherungen: die „rotating wave approximation", die „slowly varying amplitude approximation"

Diese beiden Näherungen sind oben auf „Neuhochdeutsch" geschrieben worden, da sich bislang noch keine passenden deutschen Übersetzungen gefunden haben. Wir wollen im folgenden diesen Fachjargon beibehalten. Wir behandeln zunächst die rotating wave approximation.

Hierzu denken wir uns die Lichtmoden-Amplituden $E_\lambda(t)$ in den sogenannten positiven und negativen Frequenzanteil zerlegt

$$E_\lambda(t) = E_\lambda^{(+)}(t) + E_\lambda^{(-)}(t), \tag{5.69}$$

wobei die Anteile durch

$$E_\lambda^{(\pm)} \propto \exp(\mp i\omega_\lambda t) \tag{5.70}$$

definiert sind. Wir erinnern uns ferner daran, daß α_μ gemäß seiner Definition (5.31) einen schnell oszillierenden Anteil

$$\alpha_\mu \propto \exp(-i\bar{\omega}t) \tag{5.71}$$

enthält. Auf der rechten Seite von (5.68) treten nun z.B. Ausdrücke der Gestalt

$$\alpha_\mu E_\lambda \propto \exp(i(\omega_\lambda - \bar{\omega})\,t) \quad \text{und} \quad \exp(-i(\omega_\lambda + \bar{\omega})\,t) \tag{5.72}$$

auf. Wie sich im Laufe unserer späteren Betrachtungen herausstellen wird, sind für den Laserprozeß nur solche Modenfrequenzen ω_λ wichtig, die nahe bei der atomaren Übergangsfrequenz $\bar{\omega}$ liegen. Die beiden in (5.72) auftretenden Exponentialfunktionen unterscheiden sich dadurch, daß einmal in ihnen die Differenz aus ω_λ und $\bar{\omega}$, zum anderen deren Summe auftreten. Wie wir in Band I gesehen haben, liefert die Exponentialfunktion, die die Summe enthält, außerordentlich rasch oszillierende Beiträge, die sich in ihrer Wirkung praktisch aufheben. Dies bedeutet, daß wir das zweite in (5.72) auftretende Glied gegenüber dem ersten vernachlässigen dürfen. Damit geht die Gleichung (5.68) in

$$\dot{d}_\mu = \frac{d_0 - d_\mu}{T} + \frac{2}{i\hbar}\left\{\alpha_\mu^* \sum_\lambda E_\lambda^{(+)}(t)\,\mathbf{u}_\lambda(\mathbf{x}_\mu)\,\mathbf{\Theta}_{21} - \alpha_\mu \sum_\lambda E_\lambda^{(-)}(t) \times \mathbf{u}_\lambda(\mathbf{x}_\mu)\,\mathbf{\Theta}_{12}\right\} \tag{5.73}$$

über. Auch in (5.67) können wir eine derartige Umformung vornehmen. Dazu erinnern wir uns wieder daran, daß α_μ den sehr rasch oszillierenden Faktor (5.71) enthält. Denken wir uns diesen Faktor in (5.67) auf die rechte Seite gebracht, so trifft dieser auf die Größen E_λ, wodurch wieder Glieder der Form (5.72) zustandekommen. Dies erlaubt es, die rotating wave approximation auch in der Gleichung (5.67) anzuwenden, was zu

$$\dot{\alpha}_\mu = (-i\bar{\omega} - \gamma)\,\alpha_\mu - \frac{1}{i\hbar}\,d_\mu \sum_\lambda E_\lambda^{(+)}(t)\,\mathbf{u}_\lambda(\mathbf{x}_\mu)\,\mathbf{\Theta}_{21} \tag{5.74}$$

führt. Schließlich können wir noch in der Wellengleichung (5.62) die Größen E_λ und P_λ in ihre positiven und negativen Frequenzanteile (vgl. z.B. (5.69)) zerlegen. Damit ergibt sich als Feldgleichung

$$\boxed{\omega_\lambda^2 E_\lambda^{(\pm)} + \ddot{E}_\lambda^{(\pm)} + \sum_{\lambda'} 4\pi\sigma_{\lambda\lambda'}\dot{E}_{\lambda'}^{(\pm)} = -4\pi\ddot{P}_\lambda^{(\pm)}.} \tag{5.75}$$

Die Gleichungen (5.73)–(5.75) stellen wiederum einen geschlossenen Satz von Feld- und Materiegleichungen dar.

Unsere nächste Aufgabe wird es sein, die Gleichung (5.75) noch weiter zu vereinfachen. Dies erfolgt durch die sogenannte slowly varying amplitude approximation, oder auf Deutsch, durch die Näherung langsam veränderlicher Amplituden. Hierzu sehen wir uns z.B. den positiven Frequenzanteil $E_\lambda^{(+)}$ näher an

$$E_\lambda^{(+)} = A_\lambda(t) \exp(-i\omega_\lambda t). \tag{5.76}$$

Wie wir später in der Lasertheorie im einzelnen noch sehen werden,

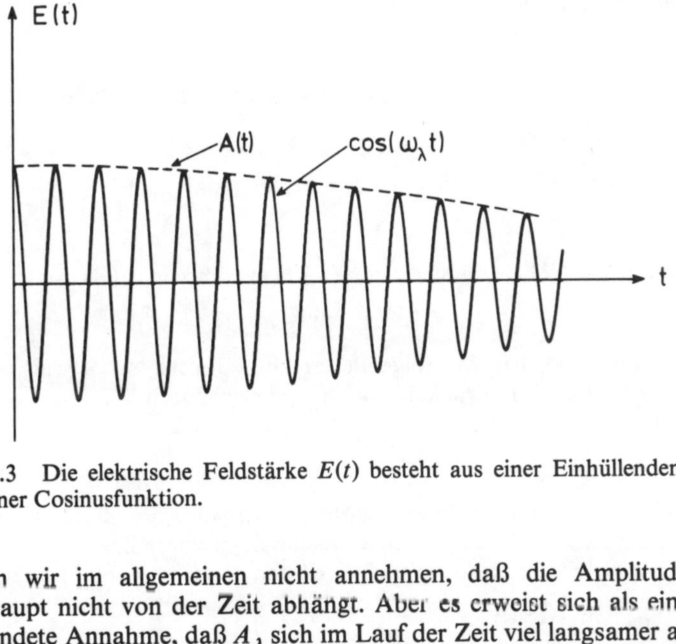

Fig. 5.3 Die elektrische Feldstärke $E(t)$ besteht aus einer Einhüllenden $A(t)$ und einer Cosinusfunktion.

dürfen wir im allgemeinen nicht annehmen, daß die Amplitude A_λ überhaupt nicht von der Zeit abhängt. Aber es erweist sich als eine gut begründete Annahme, daß A_λ sich im Lauf der Zeit viel langsamer als die dahinterstehende Exponentialfunktion ändert. Anschaulich ausgedrückt macht z.B. A_λ pro Zeiteinheit viel weniger Oszillationen als es in dem dahinterstehenden Faktor der Exponentialfunktion beschrieben wird. Deshalb dürfen wir annehmen, daß die Zeitableitung von A_λ viel kleiner als $\omega_\lambda A_\lambda$ ist.

$$\left|\frac{dA_\lambda}{dt}\right| \ll |\omega_\lambda A_\lambda|. \tag{5.77}$$

Dies machen wir uns in folgender Weise zunutze. Differenzieren wir nämlich (5.76) auf beiden Seiten nach der Zeit, so erhalten wir

$$\frac{d}{dt} E_\lambda^{(+)} = \left(-i\omega_\lambda A_\lambda + \frac{dA_\lambda}{dt}\right) \exp(-i\omega_\lambda t). \tag{5.78}$$

Wegen (5.77) dürfen wir aber (5.78) in guter Näherung durch

$$\boxed{\frac{d}{dt} E_\lambda^{(+)} \approx -i\omega_\lambda E_\lambda^{(+)}} \tag{5.79}$$

ersetzen. In ähnlicher Weise verfahren wir nun mit 2. Ableitungen und betrachten hierzu den Ausdruck

$$\omega_\lambda^2 E_\lambda^{(+)} + \ddot{E}_\lambda^{(+)}. \tag{5.80}$$

Wir verwenden wieder die Zerlegung (5.76) und erhalten dann für (5.80)

$$\exp(-i\omega_\lambda t)(\omega_\lambda^2 A_\lambda - \omega_\lambda^2 A_\lambda - 2i\omega_\lambda \dot{A}_\lambda + \ddot{A}_\lambda). \tag{5.81}$$

Ähnlich wie in (5.77) nehmen wir nunmehr an, daß auch

$$|\ddot{A}_\lambda| \ll |\omega_\lambda \dot{A}_\lambda| \tag{5.82}$$

gilt. Mit dieser Näherung bleibt von (5.81) als führendes Glied nur

$$\omega_\lambda^2 E_\lambda^{(+)} + \ddot{E}_\lambda^{(+)} \approx -2i\omega_\lambda \dot{A}_\lambda \exp(-i\omega_\lambda t) \tag{5.83}$$

übrig. Nun sind wir im folgenden nicht so sehr an A_λ als an E_λ interessiert. Deshalb drücken wir $\dot{A}_\lambda$ wieder durch E_λ aus, wodurch (5.83) in

$$-2i\omega_\lambda(\dot{E}_\lambda^{(+)} + i\omega_\lambda E^{(+)}) \tag{5.84}$$

übergeht. In ähnlicher Weise können wir mit der Polarisation P_λ verfahren. Ohne alle Argumente nochmals wiederholen zu brauchen, geben wir gleich das Resultat an. Wir dürfen nämlich genähert setzen

$$\ddot{P}_\lambda^{(\pm)} \approx -\bar{\omega}^2 P_\lambda^{(\pm)}. \tag{5.85}$$

Um unsere Betrachtungen nicht zu sehr zu überladen, nehmen wir für das Folgende nun

$$\sigma_{\lambda\lambda'} = \delta_{\lambda\lambda'} \sigma_\lambda \tag{5.86}$$

an, d.h. von $\sigma_{\lambda\lambda'}$ sollen nur diejenigen Beiträge von Null verschieden sein, für die der Modenindex $\lambda = \lambda'$ ist. Unter Verwendung der Näherungen (5.79), (5.84) und (5.85) geht die Ausgangsgleichung dieses Kapitels für die elektrische Feldstärke (5.62) schließlich in

$$-2i\omega_\lambda(\dot{E}_\lambda^{(+)} + i\omega_\lambda E_\lambda^{(+)}) - 4\pi\sigma_\lambda i\omega_\lambda E_\lambda^{(+)} = \bar{\omega}^2 4\pi P_\lambda^{(+)} \tag{5.87}$$

über. Wir dividieren diese Gleichung durch $-2i\omega_\lambda$, führen die Abkürzung

$$\kappa_\lambda = 2\pi\sigma_\lambda \tag{5.88}$$

ein und bringen alle Glieder bis auf $\dot{E}_\lambda^{(+)}$ auf die rechte Seite. Damit erhalten wir schließlich die recht einfache Form

$$\dot{E}_\lambda^{(+)} = (-i\omega_\lambda - \kappa_\lambda)\, E_\lambda^{(+)} + i\bar{\omega} 2\pi P_\lambda^{(+)}. \tag{5.89}$$

Hierbei haben wir noch angenommen, daß wir beim letzten Glied $\omega_\lambda \approx \bar{\omega}$ setzen dürfen.

Fassen wir die Resultate dieses Abschnitts zusammen. Wir haben zuerst die rotating wave approximation durchgeführt und sodann die Näherung der langsam veränderlichen Amplitude verwendet. Die sich somit ergebenden Gleichungen sind durch (5.73), (5.74) und (5.89) gegeben. Diese können nun ohne weiteres als Ausgangsgleichungen der Lasertheorie dienen und werden in dieser Form auch oft verwendet. Es hat sich aber herausgestellt, daß es gut ist, noch eine „Verschönerung" der Gleichungen vorzunehmen. Diese beruht darin, daß wir hier sogleich den späteren Zusammenhang mit der quantentheoretischen Behandlung vorbereiten. Bei dieser quantentheoretischen Behandlung wird es sich dann darum handeln, auch das Feld zu quantisieren. Überdies gestattet es unsere Formulierung, die Gleichungen für Materie und Feld in eine sehr elegante Form zu bringen, durch die die Behandlung der Gleichungen sehr durchsichtig werden wird.

5.7 Dimensionslose Größen für das Lichtfeld und Einführung einer Kopplungskonstanten

Im folgenden führen wir anstelle der Modenamplituden $E_\lambda^{(+)}$ bzw. $E_\lambda^{(-)}$ dimensionslose Variable b_λ bzw. b_λ^+ ein. Die Größen E_λ und b_λ unterscheiden sich hierbei nur um einen Faktor, und zwar gilt

$$E_\lambda^{(+)} = i\sqrt{2\pi\hbar\omega_\lambda}\, b_\lambda, \tag{5.90}$$

$$E_\lambda^{(-)} = -i\sqrt{2\pi\hbar\omega_\lambda}\, b_\lambda^*. \tag{5.91}$$

Wie sich zeigen läßt (vgl. Übungsaufgabe) ist im *cgs*-System die Energie, die mit der Amplitude E_λ des elektrischen Feldes verknüpft ist, proportional zu $|E_\lambda|^2$. Andererseits ist $\hbar\omega_\lambda$ bei einer quantentheoretischen Behandlung des Lichtfelds gerade die Energie eines Photons. Wir erkennen durchaus, daß der hier nun auftretende Faktor $|b_\lambda|^2$ die Bedeutung einer Photonenzahl hat und zwar ist das tatsächlich exakt der Fall. Wir werden auf diese Zusammenhänge später bei der quantentheoretischen Behandlung nochmals eingehen.

Inspizieren wir die Lasergleichungen genauer, z.B. (5.73), (5.74) und (5.89), so stellen wir fest, daß dort immer die Kombinationen $\mathbf{\Theta}_{21}\, \mathbf{u}_\lambda(\mathbf{x}_\mu)$

auftreten. Ferner tritt hierbei noch der Faktor $\sqrt{2\pi\omega_\lambda/\hbar}$ auf. Um die umfangreichen Schreibarbeiten zu sparen liegt es nahe, diese Kombination durch eine neue Abkürzung zu ersetzen

$$g_{\mu\lambda} = i\boldsymbol{\Theta}_{21}\,\mathbf{u}_\lambda(\mathbf{x}_\mu)\sqrt{2\pi\omega_\lambda/\hbar}. \tag{5.92}$$

Es ist nun eine einfache, aber etwas langweilige Aufgabe, die Lasergleichungen auf diese neuen Größen umzuschreiben. Wir geben sie daher im nächsten Abschnitt einfach an und erläutern nochmals den physikalischen Inhalt.

AUFGABE ZU 5.7

Man zeige, daß im *cgs*-System die Energie, die mit der Amplitude E_λ des elektrischen Feldes verknüpft ist, proportional zu $|E_\lambda|^2$ ist. Man berechne den dimensionslosen Proportionalitätsfaktor.

Hinweis: Man benutze Abschnitt 6.7 von Bd. I.

5.8 Die Grundgleichungen des Lasers

In diesem Abschnitt fassen wir die Grundgleichungen, die wir in den vorhergehenden Kapiteln hergeleitet haben, nochmals zusammen. Damit erhalten die Leser, die sich nicht für die detaillierte Herleitung interessiert haben, die Möglichkeit, unmittelbar von hier aus zu beginnen. Wir erläutern als erstes die in den Lasergleichungen auftretenden Größen. Dies ist zum einen die elektrische Feldstärke des Lichtfelds im Laser als Funktion von Ort und Zeit. Diese entwickeln wir nach den Resonatormoden $\mathbf{u}_\lambda(\mathbf{x})$. Der Index λ unterscheidet dabei die verschiedenen Moden. Die Resonatormoden seien im Volumen des Resonators normiert und aufeinander orthogonal. Der Resonator kann dabei, wie beim Laser üblich, auch offen sein und z.B. nur an den beiden gegenüberliegenden Endflächen senkrecht zur Laserachse Spiegel besitzen. Ein eindimensionales Beispiel für eine solche Resonatormode wäre die stehende Welle

$$\mathbf{u}_\lambda(x) = \frac{\mathbf{e}_\lambda}{\sqrt{2L}}\sin k_\lambda x, \tag{5.93}$$

wobei $\mathbf{e}_\lambda$ ein Einheitsvektor in Richtung der Polarisation des elektrischen Feldes ist, k_λ ist die Wellenzahl und ω_λ sei die zugehörige Lichtfrequenz im Resonator ohne Lasermaterial. Schließlich nehmen wir an, daß das mit der Mode λ verknüpfte Lichtfeld nur eine endliche Zeit im Resonator existieren kann und, genauer ausgedrückt, daß die Lichtfeldamplitude mit der Dämpfungskonstanten κ_λ im Laufe der Zeit exponentiell abklingt.

Die elektrische Feldstärke stellen wir also in der Form

$$\mathbf{E}(\mathbf{x}, t) = \sum_{\lambda} b_\lambda(t)\, \mathbf{u}_\lambda(\mathbf{x}) \cdot \mathcal{N}_\lambda + \text{konj. kompl.} \tag{5.94}$$

dar. Die $\mathcal{N}_\lambda$'s sind Normierungsfaktoren. $b_\lambda(t)$ ist die Amplitude der Mode λ des Feldes. Diese ist dimensionslos gemacht mit Hilfe des Faktors $\mathcal{N}_\lambda$

$$\mathcal{N}_\lambda = i\sqrt{2\pi\hbar\omega_\lambda}. \tag{5.95}$$

Die spezielle Wahl $\mathcal{N}_\lambda$ ist dabei so erfolgt, daß wir später einen direkten Zusammenhang mit der Quantentheorie des Lichtfelds bekommen können.

Der Leser wird gut daran tun, sich von nun an einzuprägen, daß $b_\lambda(t)$ bis auf einen Zahlenfaktor mit der elektrischen Feldstärke, die mit der Mode λ verknüpft ist, zusammenhängt.

Während das Lichtfeld das eine Teilsystem des Lasers darstellt, ist das andere durch die Materie gegeben. Wir denken uns das Lasermaterial aufgebaut aus einzelnen Atomen, die wir durch den Index μ unterscheiden. Mit jedem Atom μ ist ein Dipolmoment $\mathbf{p}_\mu$ verknüpft, das wir in der Form

$$-\mathbf{p}_\mu = \boldsymbol{\Theta}_{12}\, \alpha_\mu(t) + \boldsymbol{\Theta}^*_{12}\, \alpha^*_\mu(t) \tag{5.96}$$

darstellen. Darin ist $\boldsymbol{\Theta}_{12}$ das Dipolmatrixelement, das uns aus der Quantentheorie fest und zeitunabhängig vorgegeben ist (zur genauen Definition vgl. (5.30)). $\alpha_\mu(t)$ sind zeitabhängige Funktionen, die also den Zeitverlauf des Dipolmoments $\mathbf{p}_\mu$ bestimmen. Da sich $\mathbf{p}_\mu$ und α_μ nur um einen konstanten Vektor $\boldsymbol{\Theta}_{12}$ unterscheiden, können wir im folgenden $\alpha_\mu(t)$ als ein dimensionslos gedachtes Dipolmoment ansehen und werden auch als solches von ihm sprechen. Legen wir, wie in fast allen Kapiteln dieses Buches üblich, ein System aus Zwei-Niveau-Atomen zugrunde, so benötigen wir als weitere Atomvariable nur noch die Inversion d_μ. Die Differenz der Besetzungszahlen aus dem oberen und unteren Niveau des Atoms μ ist

$$d_\mu = N_{2,\mu} - N_{1,\mu}. \tag{5.97}$$

Soweit haben wir die einzelnen Systeme besprochen, nämlich Lichtmoden einerseits und Materiegrößen, Dipolmoment und Inversion, andererseits. Diese beiden Systeme sind miteinander durch die elektrische Wechselwirkung zwischen den jeweiligen Elektronen der Atome und dem elektrischen Feld verknüpft. Diese Wechselwirkung wird durch eine Kopplungskonstante g beschrieben, die von den Indizes μ und λ abhängt

$$g_{\mu\lambda} = i\boldsymbol{\Theta}_{21}\, \mathbf{u}_\lambda(\mathbf{x}_\mu) \sqrt{2\pi\omega_\lambda/\hbar}. \tag{5.98}$$

Ersichtlich enthält diese Kopplungskonstante das Matrixelement des Dipols $\boldsymbol{\Theta}_{21}$ sowie die räumliche Feldamplitude $\mathbf{u}_\lambda$ genommen am Atomort $\mathbf{x}_\mu$. Diese Annahme beinhaltet die sogenannte Dipolnäherung. Die folgenden Gleichungen sind, wie wir in den vorangegangenen Abschnitten gezeigt haben, durch zwei Näherungen aus den Grundgleichungen gewonnen worden, nämlich der rotating wave approximation und der Näherung langsam veränderlicher Amplituden. Die Gleichungen lauten wie folgt:

1) Feldgleichungen

$$\dot{b}_\lambda = (-i\omega_\lambda - \kappa_\lambda)\, b_\lambda - i \sum_\mu g^*_{\mu\lambda}\, \alpha_\mu . \tag{5.99}$$

Wir erläutern den physikalischen Inhalt. Die ersten beiden Glieder auf der rechten Seite beschreiben die Oszillation und Dämpfung der Lichtfeldamplitude im Resonator, wenn keine Wechselwirkung zwischen der Feldamplitude und den Laseratomen vorliegt. Das letzte Glied beschreibt, wie Dipolmomente als Antriebskraft für die Schwingung des Feldes auftreten. Die zweite Gruppe von Gleichungen bezieht sich auf die Atome:

2) Materiegleichungen

$$\dot{\alpha}_\mu = (-i\bar{\omega}_\mu - \gamma)\, \alpha_\mu + i \sum_\lambda g_{\mu\lambda}\, b_\lambda \cdot d_\mu , \tag{5.100}$$

$$\dot{d}_\mu = \frac{d_0 - d_\mu}{T} + 2i \sum_\lambda (g^*_{\mu\lambda}\, \alpha_\mu\, b^*_\lambda - g_{\mu\lambda}\, \alpha^*_\mu\, b_\lambda). \tag{5.101}$$

Wir diskutieren zuerst das erste Glied in (5.100). Dieses enthält zum einen die Übergangsfrequenz des Atoms μ, d.h. $\bar{\omega}_\mu$. Da in Festkörpern z.B. Atome an verschiedenen Stellen eingebaut sein können, können die Frequenzen der verschiedenen Atome durchaus noch voneinander verschieden sein. Wir berücksichtigen diese Tatsache durch den Index μ. Durch die Wechselwirkung des Atoms mit seiner Umgebung wird die freie Oszillation seines Dipolmoments gedämpft. Die zugehörige Dämpfungskonstante bezeichnen wir mit γ. Der erste Ausdruck auf der rechten Seite von (5.100) beschreibt also die Oszillation und Dämpfung des atomaren Dipolmoments, falls keine Wechselwirkung mit dem Lichtfeld vorliegt.

Die in (5.100) auftretende Summe über λ beschreibt die Wechselwirkung aller Moden λ mit dem betrachteten Atom μ. Besonders wichtig ist das Auftreten des Faktors d_μ. Dadurch werden die Lasergleichungen nichtlinear, da hier das Produkt zweier Größen b_λ und d_μ auftritt. Das erste Glied in den Gleichungen (5.101) beschreibt die Relaxation der Inversion, die durch das Pumpen und inkohärente Relaxationsprozesse verursacht wird. d_0 ist darin die sich dabei einstellende Gleichgewichtsinversion und T ist die entsprechende Relaxationszeit.

Die Summe über λ kommt wiederum durch die Wechselwirkung zwischen den Lichtmoden λ und dem Atom μ zustande. Wie sich zeigen läßt, ist dieses Glied proportional zu der dem Atom zugeführten oder von ihm abgeführten Energie pro Sekunde, und zwar aufgrund seiner kohärenten Wechselwirkung mit dem Lichtfeld.

Wie wir in den nächsten Kapiteln sehen werden, ist eine Fülle von verschiedenartigen Phänomenen in den Gleichungen (5.99) bis (5.101) enthalten.

In den nächsten Kapiteln werden wir uns mit einer Reihe von Phänomenen befassen, die durch diese Lasergleichungen beschrieben werden können.

6. Anwendungen der halbklassischen Lasertheorie I

6.1 Der Ein-Moden Laser. Stabilitätsuntersuchung

Die halbklassischen Lasergleichungen beschreiben, wie wir sehen werden, eine Fülle verschiedenartiger Phänomene im Laser.

Eine Lösung der Gleichungen erscheint sehr schwierig. Immerhin muß man sich vorstellen, daß in einem Laser z.B. 10^3 Lasermoden und eventuell 10^{18} Laseratome miteinander in Wechselwirkung treten. Zudem sind die Gleichungen wegen des Auftretens der Glieder $b_\lambda d_\mu$ und $b_\lambda^* \alpha_\mu$, $b_\lambda \alpha_\mu^*$ nichtlinear. Wir werden aber trotzdem sehen, daß wir in der Lage sind, die Lasergleichungen in ausgezeichneter Weise zu lösen, und dabei eine Reihe interessanter Effekte finden werden.

Um überhaupt einen Einblick zu erhalten, wie die Gleichungen das Geschehen im Laser beschreiben, betrachten wir zuerst als Spezialfall eine einzige Laserschwingung. Ferner nehmen wir exakte Resonanz an, d.h. die Frequenz ω_λ der betrachteten Lichtmode soll mit den atomaren Übergangsfrequenzen, die von μ unabhängig sein sollen, übereinstimmen, $\omega_\lambda = \bar{\omega}$. Diese Abstimmung läßt sich durch eine geeignete Einstellung des Spiegelabstands L erreichen. Die Kopplungskonstanten $g_{\mu\lambda}$ nehmen wir – im Sinne eines Modells – als konstant, d.h. unabhängig von dem Modenindex λ und dem Atomort $\mathbf{x}_\mu$ an:

$$g_{\mu\lambda} = g.$$

Ferner setzen wir g als reell voraus.

Da wir es nur mit einer Lichtmode zu tun haben, und nicht mehr zwischen verschiedenen unterscheiden müssen, lassen wir den Index λ überall weg. Die Lasergleichungen (5.99)–(5.101) reduzieren sich dann auf die Gleichungen

$$\dot{b} = (-i\omega - \kappa)\, b - ig \sum_\mu \alpha_\mu, \tag{6.1}$$

$$\dot{\alpha}_\mu = (-i\omega - \gamma)\, \alpha_\mu + igbd_\mu, \tag{6.2}$$

$$\dot{d}_\mu = \frac{1}{T}(d_0 - d_\mu) + (2i\alpha_\mu g b^* + k.k.). \tag{6.3}$$

Wir untersuchen zuerst den Fall einer so kleinen Pumpstärke d_0, daß die Laserbedingung noch nicht erfüllt ist. Wir haben es dann natürlich nicht mit einem Laser, sondern mit einer gewöhnlichen Lampe zu tun. Wie man sich sofort überzeugt, lauten die Lösungen der Gleichungen (6.1)–(6.3) $b=0$, $\alpha_\mu=0$, $d=d_0$. Dieses Resultat ist insofern erstaunlich, als sich hier die Lichtfeldamplitude, die ja proportional zu b ist, zu Null ergibt, während man doch erwarten sollte, daß eine Lampe Licht ausstrahlt. Diese Diskrepanz können wir in befriedigender Weise erst im Rahmen der quantentheoretischen Behandlung lösen. Die Ursache liegt darin, daß das in (6.1) auftretende b nur den kohärenten Anteil des Lichtfelds wiedergibt. Die Emission einer Lampe hingegen besteht nur aus Rauschen, d.h. aus dem inkohärenten Anteil des Lichtfelds.

Wir untersuchen nun was passiert, wenn wir die Pumpstärke d_0 erhöhen. Um zu prüfen, ob dabei die Lösungen $b=\alpha_\mu=0$ und $d_\mu=d_0$ stabil bleiben, nehmen wir kleine Auslenkungen δb, $\delta\alpha_\mu$ und δd_μ von b bzw. α_μ bzw. d_μ vor und linearisieren die Gleichungen bezüglich der kleinen Auslenkungen, d.h. wir vernachlässigen quadratische Glieder wie z.B. $\delta d_\mu\,\delta b$. Während die Gleichung (6.3) nach wie vor durch $d_\mu=d_0$ erfüllt ist, nehmen die Gleichungen (6.1) und (6.2) die Gestalt

$$\delta\dot{b}=(-i\omega-\kappa)\,\delta b-ig\sum_\mu\delta\alpha_\mu, \tag{6.4}$$

$$\delta\dot{\alpha}_\mu=(-i\omega-\gamma)\,\delta\alpha_\mu+ig\delta b d_0 \tag{6.5}$$

an. Da in der Gleichung (6.4) die Lichtfeldstärke durch die Summe aller Dipolmomente erzeugt wird, liegt es nahe, diese Summe als neue Variable einzuführen

$$\sum_\mu\alpha_\mu=S. \tag{6.6}$$

Entsprechend summieren wir die Gleichungen (6.5) über μ auf und erhalten wegen

$$\sum_\mu 1=N=\text{Zahl der Atome} \tag{6.7}$$

als neue Gleichungen

$$\delta\dot{b}=(-i\omega-\kappa)\,\delta b-ig\delta S \tag{6.8}$$

und

$$\delta\dot{S}=(-i\omega-\gamma)\,\delta S+igD_0\,\delta b. \tag{6.9}$$

$D_0=Nd_0$ ist die ungesättigte Inversion aller Atome.

Zur Lösung dieser gekoppelten linearen Gleichungen machen wir, wie üblich, einen Ansatz für gedämpfte Schwingungen:

$$\delta b = \delta b_0 e^{(-i\Omega + \Gamma)t},$$

$$\delta S = \delta S_0 e^{(-i\Omega + \Gamma)t}, \tag{6.10}$$

wobei δb_0 und δS_0 *zeitunabhängige* Konstanten sind. Ω ist eine noch zu bestimmende Frequenz, Γ ist die gesuchte Dämpfungskonstante. Setzen wir diesen Ansatz in (6.8) und (6.9) ein, so erhalten wir zwei homogene, lineare Gleichungen für δb_0 und δS_0. Damit die Gleichungen lösbar sind, muß bekanntlich die Determinante verschwinden. Dies liefert uns die sogenannte Säkulargleichung

$$(i\omega + \kappa - i\Omega + \Gamma)(i\omega + \gamma - i\Omega + \Gamma) - g^2 D_0 = 0. \tag{6.11}$$

Spalten wir diese in Real- und Imaginärteil auf, so erhalten wir für den Imaginärteil

$$\omega = \Omega$$

und für Γ zwei Lösungen Γ_+ und Γ_-

$$\Gamma_\pm = -\frac{(\kappa + \gamma)}{2} \pm \sqrt{\left(\frac{\kappa - \gamma}{2}\right)^2 + g^2 D_0}. \tag{6.12}$$

Solange sowohl Γ_+ als auch Γ_- negativ sind, klingt die durch (6.10) beschriebene Auslenkung wieder auf Null ab. Der durch $b = 0$ gekennzeichnete Zustand: keine (kohärente) Ausstrahlung ist stabil.

Erhöhen wir die Inversion D_0, die unter der Wurzel in (6.12) auftritt, so wird schließlich Γ_+ positiv. In diesem Fall wächst die Störung δb exponentiell an. Wie man sagt, wird das System aus Lichtschwingung und Atomen „instabil“. Nach elementarer Umrechnung ergibt sich aus $\Gamma_+ > 0$

$$D_0 > \frac{\kappa\gamma}{g^2}, \tag{6.13}$$

Dies ist eine Bedingung für die Inversion $D_0 = N d_0$ aller Atome, die, wie sich zeigen läßt, mit der *Laserbedingung*, die wir in den früheren Kapiteln kennengelernt haben, identisch ist.

Aus dieser Analyse scheint hervorzugehen, daß, wenn die Bedingung (6.13) erfüllt ist, die Amplitude δb der Lasermode exponentiell anwächst. Allerdings dauert dieses exponentielle Anwachsen nicht unendlich lange, es kommt vielmehr zu einem stationären Zustand. Es stellt sich ein

Gleichgewicht ein zwischen der Energiezufuhr durch das Pumpen und Energieabfuhr durch die Abstrahlung des Laserlichts.

Im nächsten Abschnitt untersuchen wir diesen stationären Zustand genauer.

AUFGABE ZU 6.1

Man leite die Instabilitätsbedingung (= Laserbedingung) für den Fall her, daß $g_{\mu\lambda}$ noch von μ abhängt.

6.2 Einmodenbetrieb. Amplitude, Frequenz und Phase des Laserlichts im stationären Fall

Ausgangspunkt unserer Betrachtungen sind wieder die Gleichungen (5.99)–(5.101), die wir auf eine Mode spezialisieren. Wir lassen daher bei ω und κ sowie b den Index λ weg. Um den Zusammenhang mit den früher eingeführten Bilanzgleichungen deutlich hervortreten zu lassen, belassen wir den Index λ an der Kopplungskonstanten g. In diesem Kapitel wollen wir zunächst zulassen, daß die Übergangsfrequenzen der Atome noch voneinander verschieden sind, d.h. daß die Linie inhomogen verbreitert ist. Die Lasergleichungen haben daher die Gestalt

$$db/dt = (-i\omega - \kappa)\, b - i \sum_{\mu} g^*_{\mu\lambda}\, \alpha_\mu, \tag{6.14}$$

$$d\alpha_\mu/dt = (-i\bar{\omega}_\mu - \gamma)\, \alpha_\mu + i g_{\mu\lambda}\, d_\mu\, b, \tag{6.15}$$

$$dd_\mu/dt = \frac{d_0 - d_\mu}{T} + 2i(g^*_{\mu\lambda}\, \alpha_\mu\, b^* - g_{\mu\lambda}\, \alpha^*_\mu\, b). \tag{6.16}$$

Da wir es nur mit einer Mode zu tun haben, ist der Index λ festgehalten und in den Gleichungen (6.15) und (6.16) ist die Summe über λ entfallen. Da wir vermuten, daß aufgrund der Gleichungen (6.14)–(6.16) eine stationäre Schwingung des Lichtfelds zustandekommt, machen wir für die Lichtfeldamplitude den Ansatz

$$b = B\, e^{-i\Omega t}, \tag{6.17}$$

wobei die Amplitude B und die Frequenz Ω noch zu bestimmen sind. Im stationären Betrieb werden wir erwarten, daß die Inversion sich auf einen konstanten Wert einstellt, sodaß wir hierfür die Annahme

$$d_\mu = \text{const.} \tag{6.18}$$

machen. Wie wir nunmehr aus der Gl. (6.15) entnehmen können, wird das Dipolmoment α_μ vom Lichtfeld in konstant oszillierender Weise angetrieben. Wir werden daher erwarten, daß auch die einzelnen Atome im Takt des Lichtfelds mitschwingen. Dies führt uns zu dem Ansatz

$$\alpha_\mu = A_\mu e^{-i\Omega t}. \tag{6.19}$$

In (6.19) ist A_μ eine noch zu bestimmende zeitunabhängige Amplitude. Setzen wir (6.17) und (6.19) in die Gl. (6.14)–(6.16) ein, so erhalten wir nach Durchkürzen mit $e^{-i\Omega t}$ die Gleichungen

$$B(i(\omega - \Omega) + \kappa) = -i \sum_\mu g_{\mu\lambda}^* A_\mu, \tag{6.20}$$

$$A_\mu(i(\bar{\omega}_\mu - \Omega) + \gamma) = +i g_{\mu\lambda} d_\mu B, \tag{6.21}$$

$$0 = \frac{d_0 - d_\mu}{T} + 2i(g_{\mu\lambda}^* A_\mu B^* - g_{\mu\lambda} A_\mu^* B). \tag{6.22}$$

Die Gl. (6.21) können wir unmittelbar nach A_μ auflösen und erhalten

$$A_\mu = \frac{i g_{\mu\lambda} d_\mu B}{(i(\bar{\omega}_\mu - \Omega) + \gamma)}. \tag{6.23}$$

Dieses so bestimmte A_μ setzen wir in (6.22) ein, womit sich die Gleichung

$$0 = \frac{d_0 - d_\mu}{T} - 2 d_\mu |B|^2 |g_{\mu\lambda}|^2 \frac{2\gamma}{(\bar{\omega}_\mu - \Omega)^2 + \gamma^2} \tag{6.24}$$

ergibt. Die letzten beiden Faktoren in (6.24) sind uns früher bei den Bilanzgleichungen schon begegnet. Dort hatten wir nämlich Glieder eingeführt, die die Kopplung zwischen Lichtfeld und Photon beschrieben. Diese Kopplungskonstanten hatten gerade die Form (4.55)

$$|g_{\mu\lambda}|^2 \frac{2\gamma}{(\bar{\omega}_\mu - \Omega)^2 + \gamma^2} = W_{\lambda\mu}. \tag{6.25}$$

Wir werden daher im folgenden diese schon bekannte Abkürzung verwenden. (6.24) ist eine Gleichung, die linear in der noch unbekannten Inversion d_μ ist. Wir können sie daher unmittelbar nach d_μ auflösen und erhalten

$$d_\mu = \frac{d_0}{1 + 2T W_{\lambda\mu} n}. \tag{6.26}$$

Hierbei haben wir noch eine weitere Abkürzung eingeführt. Wir werden nämlich sogleich sehen, daß wir auch die Größe $|B|^2$ bereits kennen. Sie ist nichts anderes als die Photonenzahl n, die wir bei den Bilanzgleichungen eingeführt hatten:

$$|B|^2 = n. \tag{6.27}$$

Gl. (6.26) beschreibt, wie die tatsächliche Inversion d_μ gegenüber der ungesättigten Inversion d_0 verringert wird, wenn eine endliche Photonenzahl n vom Laser erzeugt wird. Mit Hilfe von (6.26) haben wir also die Inversion durch die Photonenzahl ausgedrückt. Denken wir uns nunmehr (6.26) in (6.23) eingesetzt, so gelingt es uns auch, die Amplituden der Dipolmomente A_μ durch die Feldamplitude B allein auszudrücken. Das so berechnete A_μ setzen wir schließlich in (6.20) ein und erhalten damit die Gleichung

$$B(i(\omega - \Omega) + \kappa) = \sum_\mu |g_{\mu\lambda}|^2 B \frac{1}{(i(\bar{\omega}_\mu - \Omega) + \gamma)} \frac{d_0}{1 + 2TW_{\lambda\mu} n}. \tag{6.28}$$

Wir wollen im folgenden natürlich annehmen, daß die Laserbedingung erfüllt ist, so daß eine von Null verschiedene Laseramplitude B vorhanden ist. Damit können wir Gl. (6.28) durch B dividieren. Zur weiteren Diskussion der Gleichung zerlegen wir die linke und rechte Seite jeweils in Real- und Imaginärteil. Der Realteil ergibt sich zu

$$2\kappa = d_0 \sum_\mu \frac{W_{\lambda\mu}}{(1 + 2TW_{\lambda\mu} n)}, \tag{6.29}$$

wobei wir wieder die Abkürzung (6.25) verwenden konnten. Auf genau dieselbe Beziehung sind wir bereits bei der Behandlung der Bilanzgleichungen gestoßen. Wir überlassen es dem Leser als Übungsaufgabe, sich davon zu überzeugen. Falls die Photonenzahl n klein ist, können wir den Nenner von (6.29) nach dieser entwickeln und erhalten somit die Beziehung

$$2\kappa = d_0 \sum_\mu W_{\lambda\mu} - d_0 2Tn \sum_\mu W_{\lambda\mu}^2. \tag{6.30}$$

Dies kann aufgefaßt werden als eine Gleichung für die Photonenzahl n, die somit nunmehr berechnet werden kann. Da die Rechnung nichts Neues gegenüber dem Einmodenfall bei den Bilanzgleichungen ergibt, betrachten wir diesen Fall hier nicht länger.

Untersuchen wir nun denjenigen Anteil, der sich aus dem Imaginärteil der Gleichung (6.28) ergibt (nachdem wir diese durch B dividiert haben). Wir erhalten

$$\omega - \Omega = -\frac{d_0}{2\gamma} \sum_\mu (\bar{\omega}_\mu - \Omega) \frac{W_{\lambda\mu}}{1 + 2TW_{\lambda\mu} n}. \tag{6.31}$$

Haben wir aus (6.30) oder (6.29) die Photonenzahl n bestimmt, so können wir diese natürlich in (6.31) einsetzen. Damit wird (6.31) zu einer

Gleichung für die noch unbekannte Laserfrequenz Ω allein. Da in (6.31) die Photonenzahl n auftritt, werden wir erwarten, daß die Frequenz Ω des Laserlichts von der Photonenzahl n abhängen wird. Dies ist tatsächlich so, und zwar bei der *inhomogen verbreiterten Linie.* Haben wir es hingegen mit einer homogen verbreiterten Linie zu tun, bei der die Übergangsfrequenzen $\bar{\omega}_\mu = \bar{\omega}$ sind, so hängt die Frequenzverschiebung nicht mehr von der Photonenzahl ab. In diesem Fall können wir nämlich den Faktor $\bar{\omega} - \Omega$ in (6.31) vor die Summe ziehen. Die Summe auf der rechten Seite von (6.31) wird dann mit derjenigen, die in (6.29) auftritt, identisch. Wir erhalten dann sofort die Beziehung

$$\omega - \Omega = -\frac{\kappa}{\gamma}(\bar{\omega} - \Omega), \tag{6.32}$$

aus der sich die Schwingungsfrequenz Ω bestimmt

$$\Omega = \frac{\bar{\omega}\kappa + \omega\gamma}{\gamma + \kappa}. \tag{6.33}$$

Wie wir aus dieser Formel entnehmen, stimmt die Frequenz der Laserschwingung Ω im allgemeinen keineswegs mit der Frequenz der Lichtschwingung im „unbeladenen" Resonator überein. Beim unbeladenen Resonator denken wir uns die Wechselwirkung zwischen Licht und Laseratomen ausgeschaltet oder, physikalisch gesprochen, ist es ein Resonator ohne Laseratome. Die Frequenzverschiebung (6.33) läßt sich besonders anschaulich deuten, wenn wir uns daran erinnern, daß die Dämpfungskonstanten κ und γ bis auf einen Zahlenfaktor 2 die inversen Relaxationszeiten des Lichtfelds, t_1, bzw. des atomaren Dipolmoments, t_a, sind. Führen wir daher anstelle von κ und γ die entsprechenden Zeitkonstanten

$$2\gamma = \frac{1}{t_a}, \qquad 2\kappa = \frac{1}{t_1} \tag{6.34}$$

ein, so läßt sich Ω in der Form

$$\Omega = \frac{t_a\bar{\omega} + \omega t_1}{t_a + t_1} \tag{6.35}$$

schreiben. Je länger das betreffende Teilsystem Dipolmoment bzw. Feldmode lebt, umso größer ist der Gewichtsfaktor, mit dem die atomare Frequenz oder die Feldfrequenz bei der Bestimmung von Ω gewichtet wird.

Wie wir aus dem Vorangegangenen gesehen haben, wird es durch die halbklassischen Lasergleichungen möglich, die früher eingeführten

Bilanzgleichungen genauer zu begründen, darüberhinaus aber auch die Frequenz des Laserlichts zu bestimmen. Die Phase des Laserlichts bleibt hingegen nach wie vor unbestimmt. Auf diese Problemstellung werden wir später bei der quantentheoretischen Behandlung nochmals zurückkommen. Es ergibt sich natürlich die Frage, ob wir auch im Vielmodenfall die Bilanzgleichungen aus den halbklassischen Gleichungen zurückgewinnen können. Hierauf gehen wir in Abschnitt 7.4 nochmals genauer ein. Zunächst wollen wir aber noch beim Einmodenfall verweilen. Wir fragen uns nämlich, ob wir die nichtlinearen Gleichungen auch im nichtstationären Fall lösen können, d.h. wenn Übergangsprozesse auftreten.

AUFGABE ZU 6.2

Man zeige, daß die Beziehung (6.29) sich auch bei der Lösung der Bilanzgleichungen des Kapitels 4 im Einmodenfall ergibt.

6.3 Zeitliches Verhalten des Ein-Moden-Lasers

In diesem Abschnitt untersuchen wir das zeitliche Verhalten des Ein-Moden-Lasers. Da die Gleichungen nichtlinear sind, läßt sich dieses Problem nicht mehr geschlossen lösen. Auch ein Computer wäre wohl überfordert: bei z.B. 10^{14} Laseratomen und auch nur 1 Mode haben wir es immerhin mit $(2 \times 10^{14} + 1)$ gekoppelten nichtlinearen Differentialgleichungen zu tun. Trotzdem ist es möglich, bei nicht zu hohen Feldamplituden $|b_\lambda|$ das Problem in ausgezeichneter Näherung zu lösen. Dieses Verfahren erfaßt also insbesondere die physikalisch besonders interessante Laserschwelle.

Um die entscheidenden Schritte besonders deutlich werden zu lassen, führen wir dieses Verfahren für eine Mode vor. Überdies nehmen wir exakte Resonanz zwischen der Modenfrequenz $\omega_\lambda \equiv \omega$ und den Atom-Übergangsfrequenzen $\bar{\omega}_\mu$ an, d.h. $\omega = \bar{\omega}_\mu$. Ferner setzen wir die Kopplungskonstante $g_{\mu\lambda}$ als unabhängig von μ und λ voraus: $g_{\mu\lambda} = g$, wobei g reell ist. Im nächsten Abschnitt werden wir dann zeigen, wie sich dieses Verfahren auf den Vielmodenfall ausdehnen läßt. Wir werden dann auch die eben gemachten speziellen Annahmen der Resonanz sowie $g_{\mu\lambda} = g$ fallen lassen.

Ausgangspunkt dieses Abschnitts sind die Gleichungen (6.1)–(6.3). Diese Gleichungen besagen, daß gemäß (6.1) die Dipolmomente auf der rechten Seite ein Lichtfeld erzeugen, umgekehrt aber, gemäß (6.2) das Laserfeld Dipole zum Schwingen bringt. Durch das Zusammenwirken der Dipole und des Feldes wird dann, gemäß (6.3), die Inversion verändert. Offensichtlich bedingen sich diese drei Größen: Feld, atomare

Dipolmomente und atomare Inversion gegenseitig. In gewissem Sinne liegt hier ein „circulus vitiosus" vor. Um aus ihm herauszukommen, nehmen wir einmal an, wir würden das Laserfeld b bereits kennen. Dann legt dieses wegen der Materie-Gleichungen (6.2) und (6.3) die α_μ's und d_μ's fest. Im Prinzip wären wir also in der Lage, α_μ durch b auszudrücken. Wir werden sehen, daß dies in der Tat möglich ist, und wir α_μ in der Gestalt

$$\alpha_\mu = c_1 b + c_2 b|b|^2 + \cdots \tag{6.36}$$

erhalten, wobei c_1, c_2 noch gewisse konstante Koeffizienten sind. Bei nicht zu hohen Feldern dürfen wir die durch Punkte angedeuteten höheren Potenzen von b vernachlässigen.

Nehmen wir in (6.36) nur das *lineare* Glied $\propto b$ mit, so bedeutet dies: Das Dipolmoment der Atome, α_μ, ist proportional zur Feldamplitude b! D.h. wir sind wieder bei der üblichen Dispersionstheorie! Setzen wir die Dipolmomente (6.36) in die Feldgleichung (6.1) ein, so ergibt sich eine geschlossene Gleichung für b allein. Der Kreis hat sich in der Tat geschlossen, aber: wir können die neue Gleichung lösen.

Wir wenden uns nun den *nichtlinearen* Gleichungen zu, wo wir folgendes Iterationsverfahren anwenden. Wir nehmen zunächst an, daß das Feld vorgegeben sei in der Form

$$b = B\, e^{-i\Omega t}. \tag{6.37}$$

Im folgenden werden wir zulassen, daß auch $B = B(t)$ von der Zeit abhängt. Wir werden aber voraussetzen, daß seine Zeitveränderung viel langsamer ist als Prozesse, die durch die atomaren Relaxationskonstanten γ und $1/T$ beschrieben werden. Wie sich im einzelnen darlegen läßt, dürfen wir deshalb bei den einzelnen Iterationsschritten B als zeitlich konstant ansehen. Ferner nehmen wir an, daß sich durch die Pump- und Relaxationsprozesse eine Inversion

$$d_\mu = d_0 \tag{6.38}$$

eingestellt hat. Ein vorhandenes Feld erzeugt aber, wie durch Gl. (6.2) beschrieben wird, Dipolmomente α_μ der Atome. Da wir diese α_μ in einem ersten Schritt bestimmen, nennen wir sie $\alpha_\mu^{(1)}$. Dipolmomente und Feld gemeinsam verursachen nach Gl. (6.3) eine neue Inversion, die wir mit $d_\mu^{(1)}$ bezeichnen. Mit Hilfe dieser geänderten Inversion, die wir auf der rechten Seite von (6.2) einsetzen, erhalten wir nun ein verbessertes Dipolmoment $\alpha_\mu^{(2)}$. Wie wir sogleich sehen werden, ist es uns damit gelungen, die Dipolmomente α_μ durch die Feldamplitude b auszudrücken. Setzen wir die entsprechenden Ausdrücke in die Gl. (6.1) für b ein, so ergibt sich eine geschlossene Gleichung für b allein (Selbstkonsistenzbedingung). Die Atomvariablen sind völlig eliminiert und wir haben die Rückwirkung des Feldes auf sich bestimmt. Unser Verfahren läuft also nach folgendem Schema:

$$\text{Start:}\quad \left.\begin{matrix} \to\ b = B\,e^{-i\Omega t} \\ d_\mu^{(0)} = d_0 \end{matrix}\right\} \to \alpha_\mu^{(1)} \to d_\mu^{(1)} \to \alpha_\mu^{(2)} \to b \tag{6.39}$$

$$\xleftarrow{\text{Selbstkonsistenzbedingung}}$$

Bevor wir die einzelnen Schritte explizit durchführen, bemerken wir noch, daß sich im Falle $\bar{\omega} = \omega$ die Frequenz Ω im Ansatz (6.37) ebenfalls zu $\Omega = \omega$ ergibt. Um die einzelnen Formeln nicht zu überladen, nehmen wir dies nun von vornherein an. Wir setzen $b = B\,e^{-i\omega t}$ und $d_\mu = d_0$ in (6.2) ein. Die Lösung lautet

$$\alpha_\mu^{(1)}(t) = \frac{igd_0}{\gamma}\,b(t). \tag{6.40}$$

Wir berechnen nun eine verbesserte Inversion d_μ dadurch, daß wir $b = B\,e^{-i\omega t}$ und (6.40) in (6.3) einsetzen. Wir nehmen an, daß sich $d_\mu \equiv d_\mu^{(1)}$ nur wenig im Zeitraum der Relaxationszeit T ändert, d.h. daß wir $\dot{d}_\mu$ gegenüber $(d_0 - d_\mu)/T$ vernachlässigen dürfen. Daher können wir in (6.3)

$$\dot{d}_\mu \equiv \dot{d}_\mu^{(1)} = 0, \tag{6.41}$$

setzen und erhalten sofort

$$d_\mu^{(1)} = d_0 - \frac{4Tg^2}{\gamma}\,d_0|b|^2. \tag{6.42}$$

Nun können wir den ersten Schritt, nämlich die Berechnung von α_μ aus Gl. (6.2) wiederholen, indem wir statt d_0 das verbesserte $d_\mu^{(1)}$ verwenden. Dies liefert uns

$$\alpha_\mu(t) = \frac{ig}{\gamma}\,b(t)\left[d_0 - \frac{4Tg^2}{\gamma}\,d_0|b|^2\right]. \tag{6.43}$$

Wie uns (6.43) lehrt, bringt ein vorgegebenes Feld b die Dipole im gleichen Takt zum Schwingen. Nun ist beim Laser das Feld natürlich nicht vorgegeben, sondern entsteht durch den Laserprozeß selbst. Dies wird in unserem Formalismus dadurch wiedergegeben, daß wir (6.43) in (6.1) einsetzen müssen. Damit erhalten wir die grundlegende selbstkonsistente Lasergleichung

$$\dot{b} = (-i\omega - \kappa)\,b + \frac{g^2 D_0}{\gamma}\,b - \frac{4g^4\,TD_0}{\gamma^2}\,|b|^2\,b, \tag{6.44}$$

wobei $D_0 = Nd_0$ die ungesättigte Inversion ist. Diese Gleichung beschreibt, wie im Laser das Lichtfeld auf dem Umweg über die Atome mit sich selbst in Wechselwirkung tritt. Um den Inhalt der Gl. (6.44) zu deuten, benutzen wir nochmals die Zerlegung

$$b = B(t)\, e^{-i\omega t}, \tag{6.45}$$

d.h. wir spalten den rasch oszillierenden Anteil ab. Für B ergibt sich die Gleichung

$$\dot{B}(t) = \underbrace{\left(-\kappa + \frac{g^2 D_0}{\gamma}\right)}_{G} B(t) - \underbrace{\frac{4g^4 TD_0}{\gamma^2}}_{C} |B|^2 B(t). \tag{6.46}$$

Das erste Glied in der Klammer auf der rechten Seite rührt von den Verlusten des Lichts im Resonator her, der zweite positive Anteil stammt von der Inversion, und zwar von der ungesättigten Inversion. Der letzte Anteil kommt schließlich daher, daß sich durch den Laserprozeß die effektive Inversion verringert.

Aus dieser Gleichung läßt sich ablesen, daß das Verhalten des Lasersystems grundsätzlich verschieden ist, je nachdem, ob man sich unter- oder oberhalb der Laserschwelle (6.13) befindet. Dies läßt sich besonders anschaulich darstellen, wenn wir *rein formal* $B(t)$ mit der Koordinate $q(t)$ eines Teilchens identifizieren. Addieren wir zu (6.46) einen Beschleunigungsterm $m\ddot{q}$ und kürzen wir die rechte Seite von (6.46) durch $K(q)$ ab, so erhalten wir die Gl.

$$m\ddot{q} + \dot{q} = K(q). \tag{6.47}$$

Diese Gleichung ist die Bewegungsgleichung eines gedämpften Teilchens in dem Kraftfeld K. Lassen wir die Masse m gegen Null gehen, so können wir natürlich trotzdem die „mechanische" Deutung beibehalten, die uns zu folgenden Schlüssen führt. Das Kraftfeld $K(q)$ läßt sich durch Ableitung aus einem Potential V gewinnen

$$K(q) \equiv -\frac{\partial V(q)}{\partial q}, \tag{6.48}$$

wobei $V(q)$ durch

$$V(q) = -\frac{G}{2} q^2 + \frac{C}{4} q^4 \tag{6.49}$$

gegeben ist und G und C in (6.46) definiert wurden. Dieses Potential ist in Fig. 6.1 dargestellt. Falls wir uns unterhalb der Schwelle befinden, d.h.

$$D_0 < \frac{\kappa\gamma}{g^2}, \tag{6.50}$$

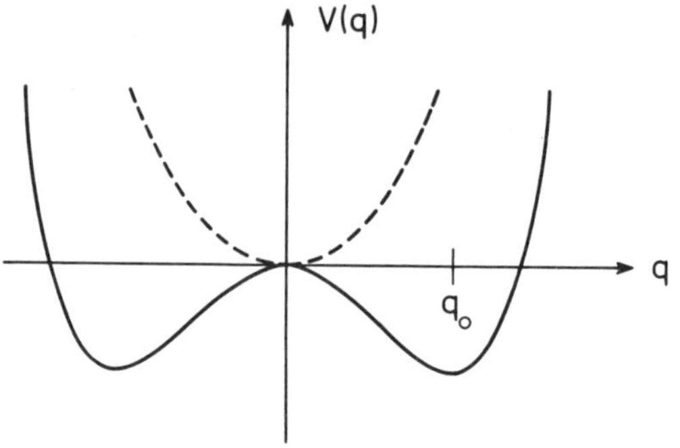

Fig. 6.1 Das Potentialfeld V gemäß (6.49) in Abhängigkeit von der Koordinate q des fiktiven Teilchens. Gestrichelte Kurve: unterhalb der Laserschwelle, ausgezogene Kurve: oberhalb der Laserschwelle. Oberhalb der Laserschwelle stellen sich zwei stabile Werte ein, von denen der eine, q_0, eingezeichnet ist.

wird das Potential durch die gestrichelte Kurve dargestellt. Die einzige Ruhelage ist durch $q = 0$ gegeben, d.h. die Lichtfeldamplitude $B \equiv q$ ist Null. Ist umgekehrt die Laserbedingung erfüllt, so gilt die ausgezogene Kurve. Offensichtlich ist die Amplitude $q = 0$ nicht mehr stabil und stattdessen gibt es zwei stabile Lagen (sofern wir q als *reelle* Größe ansehen. Ist q komplex, wie das bei B der Fall ist, so gibt es Ruhelagen bei beliebiger Phase von B (s.w.u.)). Oberhalb der Laserschwelle $D_0 > \gamma\kappa/g^2$ hat also die Amplitude des Laserlichts einen von Null verschiedenen Betrag. Diesen können wir leicht ausrechnen, indem wir in (6.47) $\ddot{q} = \dot{q} = 0$ setzen, durch q dividieren und damit den Ausdruck

$$q_0 \equiv |B_0| = \sqrt{G/C} \tag{6.51}$$

erhalten. Hierbei bleibt die Phase φ von

$$B_0 = |B_0| \exp(i\varphi)$$

unbestimmt. Sie ist in der Tat frei wählbar. Die Gl. (6.46) ist gültig, sofern sich die Feldstärke nicht zu stark von ihrem stationären Wert (6.51) entfernt und sofern wir den Laser noch nicht zu weit oberhalb der Schwelle betreiben.

Gl. (6.46), die die nichtlineare Relaxation der Laseramplitude beschreibt, läßt sich exakt lösen durch den Ansatz

$$B(t) = r(t) \exp(i\Phi(t)), \tag{6.52}$$

wobei r reell sein soll. Setzen wir dies in (6.46) ein, so erhalten wir die beiden Gleichungen

$$\dot{\Phi} = 0 \tag{6.53}$$

und

$$\dot{r} = Gr - Cr^3. \tag{6.54}$$

Aus (6.53) ergibt sich, daß die Phase Φ konstant, aber unbestimmt ist. Die exakte Lösung von (6.54) lautet

$$r = \left(\frac{Gh(t)}{1 + h(t)C} \right)^{1/2}. \tag{6.55}$$

Darin ist $h(t)$ gegeben durch

$$h(t) = \frac{r_0^2}{G - Cr_0^2} \exp(2G(t - t_0)); \tag{6.56}$$

r_0 ist die Feldamplitude zur Anfangszeit t_0.

Multiplizieren wir Gl. (6.54) mit r und setzen $r^2 = n$, so erhalten wir eine Ratengleichung

$$\dot{n} = 2Gn - 2Cn^2. \tag{6.57}$$

Diese stimmt mit der des Ein-Moden-Lasers von Abschnitt 4.1 überein.

6.4 Laserlicht-Chaos

Ausgangspunkt unserer Überlegungen sind die Gleichungen (6.1)–(6.3) für den Ein-Moden-Laser. Die zugehörigen stationären Lösungen hatten wir in Abschnitt 6.2 betrachtet. Man könnte nun glauben, daß bei immer stärkerer zugeführter Pumpleistung die Lasermode immer stabiler wird. Dies ist aber keineswegs der Fall. Oberhalb einer kritischen zweiten Pumpschwelle wird diese stationäre Lösung instabil. In diesem Abschnitt wollen wir uns mit der Frage befassen, wie die Lösungen jenseits dieser zweiten Schwelle aussehen. Dazu gehen wir in zwei Schritten vor; in einem ersten formen wir die Grundgleichungen (6.1)–(6.3) um, so daß diese eine recht einfache Form annehmen. In den nachfolgenden Übungen werden diese Gleichungen auf eine besonders elegante Form gebracht, aus der man sofort die stationären Lösungen ablesen kann. Damit lassen sich dann sehr leicht die Stabilitätsuntersuchungen durchführen, die zum Nachweis der Instabilität führen. Im folgenden nehmen wir an, daß die Frequenz des Lichts im Resonator ω mit der atomaren Übergangsfrequenz $\overline{\omega}$ übereinstimmt: $\omega = \overline{\omega}$. Um zu unseren grundlegenden Gleichungen zu gelangen, machen wir zuerst den Ansatz (6.17), (6.19), wobei wir $\Omega = \omega$ annehmen. Im Gegensatz zu dem damaligen Ansatz nehmen wir aber an, daß die Lichtfeldamplitude, die atomare Amplitude und die Inversion zeitabhängig sein dürfen

$$B=B(t), \qquad A_\mu=A_\mu(t), \qquad d_\mu=d_\mu(t). \tag{6.58}$$

Beachten wir die Regel

$$\frac{d}{dt}(Be^{-i\Omega t})=(\dot{B}-i\Omega B)e^{-i\Omega t} \tag{6.59}$$

und eine entsprechende für $A_\mu e^{-i\Omega t}$, so erhalten wir beim Einsetzen von (6.17), (6.19) in die Gleichungen (6.1)–(6.3) die neuen Gleichungen

$$\dot{B}=-\kappa B-ig\sum_\mu A_\mu, \tag{6.60}$$

$$\dot{A}_\mu=-\gamma A_\mu+igBd_\mu, \tag{6.61}$$

$$\dot{d}_\mu=\frac{1}{T}(d_0-d_\mu)+(2iA_\mu gB^*+k.k.). \tag{6.62}$$

Da in der Gleichung (6.60) nur die Summe über die atomaren Dipolmomente A_μ auftritt, liegt es nahe, diese Summe als neue Variable einzuführen

$$\sum_\mu A_\mu=iS. \tag{6.63}$$

Dabei haben wir noch auf der rechten Seite den Faktor i eingefügt, um die Gleichungen, die sich ergeben werden, reell zu machen. Analog zu (6.63) führen wir

$$\sum_\mu d_\mu=D \tag{6.64}$$

und

$$\sum_\mu d_0=D_0 \tag{6.65}$$

ein. Mit Hilfe von (6.63) läßt sich (6.60) in der Form

$$\dot{B}=-\kappa B+gS \tag{6.66}$$

schreiben. Summieren wir in (6.61) bzw. (6.62) über den atomaren Index μ auf, so ergeben sich sofort die Gleichungen

$$\dot{S}=-\gamma S+gBD \tag{6.67}$$

und

$$\dot{D}=\frac{1}{T}(D_0-D)-4gSB. \tag{6.68}$$

Dies sind zunächst die Ausgangsgleichungen für unsere weiteren Untersuchungen, wobei in den Übungen die stationären Lösungen und deren Stabilität untersucht werden. Nachdem feststeht, daß die zeitunabhängigen Lösungen von (6.66)–(6.68) instabil werden, erhebt sich die Frage nach der Natur der Lösungen jenseits des Instabilitätspunktes. Hierbei hilft uns eine Analogie mit der Flüssigkeitsdynamik auf die Sprünge, wozu wir einen ganz kurzen Abstecher in die Flüssigkeitsdynamik machen. 1963 untersuchte Edward Lorenz ein einfaches Modell der Flüssigkeitsdynamik, in der eine Flüssigkeitsschicht in einem Behälter von unten her erhitzt wird. Die sich einstellenden Strömungsformen können im Prinzip mit Hilfe der Navier-Stokes Gleichung und der Wärmeleitungs-Gleichung beschrieben werden, wobei die „turbulente" Lösung nicht nur äußerst schwierig, sondern auch bislang analytisch nicht gelungen ist. Lorenz machte daher einen Näherungsansatz für das Strömungs- und Temperaturfeld, bei dem er die partiellen Differentialgleichungen auf drei gekoppelte gewöhnliche, allerdings nichtlineare, Differentialgleichungen zurückführte.

In unserem Kontext ist die physikalische Bedeutung der in diesen Gleichungen auftretenden Variablen X, Y, Z, die noch von der Zeit abhängen dürfen, ohne Belang. Wir geben daher ohne weitere Erläuterungen diese sogenannten Lorenz-Gleichungen direkt an:

$$\dot{X} = \sigma Y - \sigma X, \tag{6.69}$$

$$\dot{Y} = -XZ + rX - Y, \tag{6.70}$$

$$\dot{Z} = XY - \beta Z. \tag{6.71}$$

Lorenz, wie übrigens auch die heutigen Wissenschaftler, konnte die Gleichungen (6.69)–(6.71) nur mit Hilfe eines Computers lösen. Eine typische Bahnkurve im X-, Y-, Z-Raum ist in Fig. 6.2 wiedergegeben. Hiernach läuft die Bahnkurve in einem Gebiet mehrfach um, springt in ein anderes Gebiet, läuft hier um, springt dann wieder in das erste Gebiet zurück und so weiter. Wie die Analyse auf dem Computer ergab, erfolgt dabei das Springen von einem Gebiet in das andere rein stochastisch, also nicht voraussagbar, obwohl es sich bei den Lorenz-Gleichungen um rein deterministische Gleichungen handelt. Dieses stochastische Hin- und Herspringen beruht auf der sogenannten Sensibilität gegenüber Anfangsbedingungen. Wenn zwei Trajektorien (Bahnkurven) auch nur geringfügig in einem Punkt voneinander abweichen, so können sie sich sehr rasch voneinander entfernen. Eine mechanische Analogie bietet sich hier an. Läßt man nämlich eine kleine Stahlkugel auf eine senkrecht stehende Rasierklinge fallen, so hängt die weitere Bahnkurve der Stahlkugel ganz empfindlich davon ab, ob sich vor dem Aufprall ihr Schwerpunkt ein klein wenig links oder rechts von der Kante der Rasierklinge befindet. Die von Lorenz berechneten Trajektorien verlaufen in einem bestimmten Raumgebiet, das sie nicht verlassen. Läßt man die Trajektorien außerhalb dieses Gebietes starten, so werden sie in dieses betreffende Raumgebiet hineingezogen, das man dementsprechend auch als Attraktor, im vorliegenden Falle als Lorenz-Attraktor, bezeichnet. Der Lorenz-Attraktor wird wegen des eigentümlichen Verhaltens der Trajektorien auch als *chaotischer* Attraktor oder auch als *seltsamer* Attraktor bezeichnet.

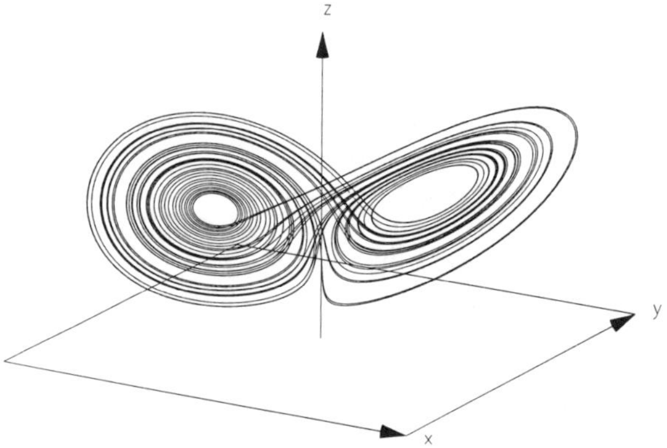

Fig. 6.2 Trajektorien des Lorenz-Attraktors.

Um die Beziehung zwischen den Lorenz-Gleichungen (6.69)–(6.71) und den Lasergleichungen (6.66)–(6.68) hervortreten zu lassen, führen wir die Variablen-Transformationen

$$X=\xi, \qquad Y=\eta, \qquad Z=r-\zeta \tag{6.72}$$

durch. Damit gehen die Gleichungen (6.69)–(6.71) in

$$\dot{\xi}=\sigma\eta-\sigma\xi, \tag{6.73}$$

$$\dot{\eta}=\xi\zeta-\eta, \tag{6.74}$$

$$\dot{\zeta}=\beta(r-\zeta)-\eta\zeta \tag{6.75}$$

über. Setzen wir B in Analogie zu ξ, S in Analogie zu η und D in Analogie zu ζ, so haben die Gleichungen (6.66)–(6.68) eine große Ähnlichkeit mit den Gleichungen (6.73)–(6.75), wobei allerdings die Zuordnung der Konstanten nicht evident ist. In (6.73)–(6.75) treten ja ganz andere Koeffizienten-Kombinationen als in (6.66)–(6.68) auf, und wir wissen allgemein von dynamischen Systemen, daß das Lösungsverhalten ganz empfindlich von den Koeffizienten abhängt. Überraschenderweise gelingt es aber durch geeignete Transformationen, die Gleichungen (6.66)–

(6.68) in die Gleichungen (6.73)–(6.75) überzuführen. Dies geschieht durch die folgenden Transformationen für die Koeffizienten und die Zeit t

$$\frac{1}{T} = \kappa\beta/\sigma, \qquad \gamma = \kappa/\sigma, \qquad t = \frac{\sigma}{\kappa} t' \tag{6.76}$$

und für die Variablen und den Pumpparameter

$$B = \frac{1}{2g}\frac{\kappa}{\sigma}\xi, \quad S = \frac{\kappa^2}{2g^2\sigma}\eta, \quad D = \frac{\kappa^2}{g^2\sigma}\zeta, \quad D_0 = \frac{\kappa^2}{g^2\sigma}r. \tag{6.77}$$

Übrigens fallen diese Transformationen nicht vom Himmel, sondern können systematischerweise gefunden werden, indem man den Ansatz

$$B = c_1\xi, \qquad S = c_2\eta, \qquad D = c_3\zeta, \qquad t = c_4 t' \tag{6.78}$$

macht und dann die Koeffizienten $c_1, \ldots c_4$ durch Vergleich der Variablen bestimmt, die in den Gleichungen auftreten, und dann die Koeffizienten (6.76) entsprechend wählt.

Wegen der Analogie zwischen den Lasergleichungen und den Lorenz-Gleichungen ergab sich die Möglichkeit, auch beim Laser chaotisches Verhalten vorherzusagen. Allerdings bestand zunächst die Schwierigkeit, daß die Schwelle für das Auftreten von Laserlicht-Chaos beim neunfachen der ersten Laserschwelle liegt, also enorm hoch ist und zunächst unerreichbar erschien. Diese Schwierigkeit konnte jedoch von Weiss durch Auffinden eines entsprechenden Lasersystems, NH_3, überwunden werden. Läßt man eine Verstimmung zwischen der atomaren und der Resonator-Frequenz zu, so gelangt man zu den sogenannten komplexen Lorenz-Gleichungen, die ein noch komplexeres Lösungsverhalten zeigen. Das Verhalten der Lorenz-Gleichungen ist inzwischen eingehend theoretisch untersucht worden und zeigt eine Fülle verschiedener Phänomene, die zum Teil auch in den Laserexperimenten gefunden werden konnten. Neben dem in Fig. 6.3 gezeigten Resultat von „Spiralchaos" gehört hierzu u. a. die Periodenverdopplung. Außer dem hier beschriebenen Laserlicht-Chaos kann Laserchaos auch durch sogenannte hybride Anordnungen erzeugt werden, bei denen der Laser z. B. elektronisch mit sich selbst rückgekoppelt wird, wobei auch noch Verzögerungen eingebaut werden können. Laserlicht-Chaos kann auch im Mehr-Moden-Betrieb auftreten. Besonders interessant ist auch die umgekehrte Möglichkeit, Laserlicht-Chaos durch eine äußere Rückkoppelung zu vermeiden, indem die Pumpintensität mit der ausgestrahlten Intensität rückgekoppelt wird, so daß bei erhöhter Ausstrahlungsintensität die Pumpintensität verringert wird. Hierbei kann ein Lasersystem bis zu erstaunlich hohen Pumpleistungen stabilisiert werden. Chaotisches Laserlicht erscheint interessant für eine Reihe von Anwendungen, abgesehen vom grundsätzlichen Interesse der Chaosforschung an diesem Laserphänomen.

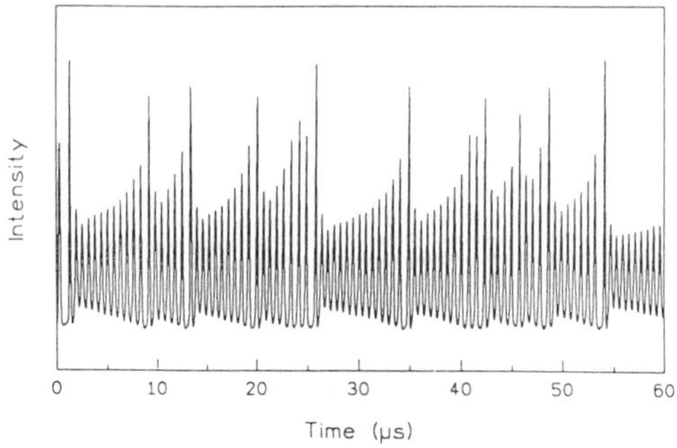

Fig. 6.3 Spiralchaos beim Laser; aufgetragen ist die Intensität des Laserlichtes gegenüber der Zeit (nach D. Y. Tang and C. O. Weiss, Phys. Rev. **A 49**, 1296 (1994)).

AUFGABEN ZU 6.4

Man zeige, daß die Gleichungen (6.66)–(6.68) durch die Transformationen

$$B = \frac{1}{2g}\sqrt{\gamma\Lambda/T}\,E', \quad S = \frac{\kappa}{2g^2}\sqrt{\gamma\Lambda/T}\,P', \quad D = \frac{\kappa\gamma}{g^2}D', \quad D_0 = \frac{\kappa\gamma}{g^2}(\Lambda+1)$$

auf die Form

$$\dot{E} = -\kappa E' + \kappa P'$$
$$\dot{P} = -\gamma P' + \gamma E' D'$$
$$\dot{D} = \frac{1}{T}(\Lambda + 1 - D' - \Lambda E' P')$$

gebracht werden können. Die Bezeichnungen E', P', D' sollen daran erinnern, daß es sich hierbei um Größen handelt, die proportional zur elektrischen Feldstärke, Polarisation bzw. Inversion sind. Λ spielt die Rolle des Pumpparameters. Man überzeuge sich davon, daß die zeitunabhängigen Lösungen der obigen Gleichungen durch

$E' = P' = D' = 1$ gegeben sind.

Was folgt daraus für die zeitunabhängigen Lösungen von (6.66)–(6.68)?

Man führe mit Hilfe des Ansatzes

$$E' = 1 + \epsilon(t), \qquad P' = 1 + \pi(t), \qquad D' = 1 + \delta(t)$$

eine lineare Stabilitätsanalyse durch und zeige, daß die stationäre Lösung oberhalb eines bestimmten Λs instabil wird (2. Laserschwelle zum Chaos). Dazu setze man E', P', D' in die Gleichungen für diese Variablen ein und linearisiere bezüglich $\epsilon(t)$, $\pi(t)$, $\delta(t)$. Sodann mache man den Ansatz $\epsilon(t)=\epsilon_0 e^{\lambda t}$, $\pi(t)=\pi_0 e^{\lambda t}$, $\delta(t)=\delta_0 e^{\lambda t}$. Durch Nullsetzen der Determinante ergibt sich eine Gleichung 3. Grades für λ. Zum Nachweis der Instabilität genügt es, $\lambda=\lambda'+i\Omega$, λ' reell und $=0$ zu setzen. Wie lauten dann Ω und Λ?

6.5 Vielmodenbetrieb von Festkörperlasern. Herleitung reduzierter Gleichungen für die Modenamplituden allein

Bereits in unserem früheren Kapitel 4 über die Bilanzgleichungen hatten wir gezeigt, daß in einem Laser auch mehrere Lasermoden gleichzeitig angeregt sein können. Wir wollen uns daher in diesem Kapitel mit der Frage befassen, welche Effekte sich beim Vielmodenbetrieb einstellen können.

Da die Lasergleichungen, die wir in Kap. 5 hergeleitet haben, nichtlinear sind, ist es im allgemeinen nicht möglich, sie geschlossen zu lösen. Wir werden aber in diesem Kapitel zwei Näherungsverfahren vorstellen, die es uns gestatten werden, doch einen guten Einblick in den Vielmodenbetrieb zu erhalten. In dem vorliegenden Abschnitt werden wir den gleichen Weg wie bei Behandlung des Einmodenlasers einschlagen und die Atomvariablen, d.h. die Dipolmomente und die Inversionen eliminieren. Wir erhalten dann Gleichungen für die Lichtmoden allein, die uns zu neuen Effekten führen werden, insbesondere zu der sogenannten Phasenkopplung. Zum andern ist es natürlich interessant zu sehen, ob wir aus den ursprünglichen Lasergleichungen von Kap. 5 die heuristisch eingeführten Bilanzgleichungen des Kapitels 4 gewinnen können. Das ist in der Tat möglich, falls man annehmen darf, daß zwischen den verschiedenen Moden keine Phasenkopplungen bestehen, wir also über die Phasen der einzelnen Moden mitteln dürfen. Beginnen wir aber nun mit der Herleitung von Gleichungen für die Lasermoden allein.

Falls wir uns auf einen Bereich des Pumpens beschränken, der nicht zu hoch über der Laserschwelle liegt, so können wir das in Abschnitt 6.3 behandelte Näherungsverfahren auch auf den Vielmodenfall anwenden. Hierzu gehen wir von den Grundgleichungen (5.99) bis (5.101) des Abschnitts 5.8 aus. Wir nehmen an, daß eine Reihe von Moden mit bestimmten Indizes, z.B. $\lambda_1 \ldots \lambda_n$, Lasertätigkeit ausüben. Für jede einzelne Modenamplitude machen wir den Ansatz

$$b_\lambda = B_\lambda e^{-i\Omega_\lambda t}. \tag{6.79}$$

Hierbei sind die Frequenzen Ω_λ noch unbestimmt. Wir werden sie später in selbstkonsistenter Weise festlegen. Ebenso sind die Amplituden B_λ vorläufig noch unbekannte Größen. Wir werden zulassen, daß die B_λ auch noch von der Zeit abhängen. Dabei setzen wir aber voraus, daß diese zeitlichen Veränderungen viel langsamer vor sich gehen als die Oszillation mit der Frequenz Ω_λ und als Abklingvorgänge mit den Konstanten γ und $1/T$. Dies gestattet uns, die Näherung der langsam veränderlichen Amplituden zu benutzen. Beim ersten Schritt unseres Lösungsverfahrens nehmen wir an, daß die Inversion d_μ durch Pump- und Relaxationsprozesse den Wert d_0 angenommen hat

$$d_\mu^{(0)} = d_0. \tag{6.80}$$

Wir setzen nun dies wie auch (6.79) in die Gleichung für die Dipolmomente (5.100) ein. Da nunmehr auf der rechten Seite von (5.100) eine Summe über Exponentialfunktionen der Gestalt (6.79) auftritt, machen wir zur Lösung der Gleichungen für α_μ ebenfalls einen Ansatz in Form einer Überlagerung von Exponentialfunktionen mit den gleichen Frequenzen

$$\alpha_\mu^{(1)} = \sum_\lambda A_{\mu\lambda} \exp(-i\Omega_\lambda t). \tag{6.81}$$

Mit diesem Ansatz erhalten wir sofort die Beziehung

$$-\sum_\lambda A_{\mu\lambda} i\Omega_\lambda \exp(-i\Omega_\lambda t) = \sum_\lambda (-i\bar{\omega}_\mu - \gamma) A_{\mu\lambda} \exp(-i\Omega_\lambda t) + i \sum_\lambda g_{\mu\lambda} B_\lambda \exp(-i\Omega_\lambda t) \cdot d_\mu^{(0)}. \tag{6.82}$$

Wir vergleichen nun auf beiden Seiten dieser Gleichung die Faktoren von jeweils der gleichen Exponentialfunktion $\exp(-i\Omega_\lambda t)$. Wir können dann $A_{\mu\lambda}$ explizit berechnen und es in (6.81) einsetzen. Es ergibt sich dann als expliziter Ausdruck für das Dipolmoment

$$\alpha_\mu^{(1)}(t) = d_0 \sum_\lambda g_{\mu\lambda}(-\Omega_\lambda + \bar{\omega}_\mu - i\gamma)^{-1} b_\lambda. \tag{6.83}$$

Im Rahmen dieses ersten Näherungsschrittes schwingen also die Dipolmomente der Atome im Takt der bereits als vorhanden gedachten Lasermoden. Da nun das Dipolmoment α_μ von Null verschieden ist und auch die Modenamplituden B_λ als von Null verschieden angenommen werden, tritt jetzt in der Gleichung (5.101) für die Inversion ein Zusatzterm auf. Damit können wir eine verbesserte Inversion $d_\mu^{(1)}$

berechnen. Zur Integration der entsprechenden Gleichungen machen wir wiederum einen Ansatz, der in $d_\mu^{(1)}$ gerade die auf der rechten Seite der Gleichung stehenden Exponentialfunktionen $\exp[(i\Omega_\lambda - i\Omega_{\lambda'})t]$ enthält. Wir erhalten dann

$$d_\mu^{(1)} = d_0 \left(1 - 2 \sum_{\lambda\lambda'} g_{\mu\lambda}^* g_{\mu\lambda'} b_\lambda^* b_{\lambda'} D_{\mu\lambda\lambda'} + \text{konj. kompl.} \right). \tag{6.84}$$

Die in (6.84) auftretenden Konstanten $D_{\mu\lambda\lambda'}$ stehen darin als Abkürzung für den Ausdruck

$$D_{\mu\lambda\lambda'} = -i(\bar{\omega}_\mu - \Omega_{\lambda'} - i\gamma)^{-1} \{1/T + i(\Omega_\lambda - \Omega_{\lambda'})\}^{-1}. \tag{6.85}$$

Diesen verbesserten Wert für die Inversion setzen wir nun nochmals gemeinsam mit unserem ursprünglichen Ansatz für die Feldmode in die Gleichungen für das Dipolmoment ein. Die Integration verläuft wieder mit einem Verfahren, wie wir es eben schon kennengelernt haben, so daß wir das Endresultat gleich angeben können

$$\begin{aligned} \alpha_\lambda^{(2)} = d_0 \sum_\lambda g_{\mu\lambda} b_\lambda(t) (\bar{\omega}_\mu - \Omega_\lambda - i\gamma)^{-1} \\ - i2d_0 \sum_{\lambda\lambda'\lambda''} g_{\mu\lambda} g_{\mu\lambda'}^* g_{\mu\lambda''} b_\lambda b_{\lambda'}^* b_{\lambda''} M_{\mu\lambda\lambda'\lambda''}. \end{aligned} \tag{6.86}$$

Die konstanten Koeffizienten $M_{\mu\lambda\lambda'\lambda''}$ sind dabei explizit durch den Ausdruck

$$\begin{aligned} M_{\mu\lambda\lambda'\lambda''} = \{1/T + i(\Omega_{\lambda'} - \Omega_{\lambda''})\}^{-1} \{\Omega_{\lambda'} - \Omega_\lambda - \Omega_{\lambda''} + \bar{\omega}_\mu - i\gamma\}^{-1} \\ \times \{(\bar{\omega}_\mu - \Omega_\lambda + i\gamma)^{-1} - (\bar{\omega}_\mu - \Omega_\lambda - i\gamma)^{-1}\} \end{aligned} \tag{6.87}$$

gegeben. Diese haben wir nur zur Vollständigkeit angegeben. Wir werden im folgenden aber nur wenig Gebrauch von dieser expliziten Form machen. Interessant hingegen ist die Form (6.86). Die erste Summe kennen wir bereits. Diese besagt, daß die Dipolmomente im Takt der ursprünglich vorhandenen Laserwellen $b_\lambda(t)$ schwingen. Das Zusatzglied in (6.86) rührt daher, daß sich die Inversion geändert hat, und zwar ist nunmehr im Gegensatz zum Einmodenbetrieb die Inversion selbst zeitabhängig geworden. Dabei pulsiert die Inversion im Takt der Frequenzdifferenz einzelner Lasermoden. Man bezeichnet diesen Effekt daher auch als *Inversionspulsation.*

Mit Hilfe des expliziten Resultats (6.86) können wir den letzten Schritt tun. Wir können nämlich nunmehr den expliziten Ausdruck für das Dipolmoment (6.86) in die Gleichung für die Lasermoden (5.99) einsetzen. Wir erhalten damit die endgültigen Gleichungen

$$\frac{db_\lambda}{dt} = (-i\omega_\lambda - \kappa_\lambda) b_\lambda - i \sum_{\mu\lambda'} (\bar{\omega}_\mu - \Omega_\lambda - i\gamma)^{-1} g^*_{\mu\lambda} g_{\mu\lambda'} b_{\lambda'} d_0$$

$$- 2d_0 \sum_{\mu\lambda_1\lambda_2\lambda_3} g^*_{\mu\lambda} g_{\mu\lambda_1} g^*_{\mu\lambda_2} g_{\mu\lambda_3} b_{\lambda_1} b^*_{\lambda_2} b_{\lambda_3} M_{\mu\lambda_1\lambda_2\lambda_3}. \qquad (6.88)$$

Spezialisieren wir diese Gleichungen auf den Fall einer einzelnen Mode, exakte Resonanz, d.h. $\bar{\omega}_\mu = \omega_\lambda = \Omega$, und $g_{\mu\lambda} = g$ (g reell), so erhalten wir die Gleichung (6.44), die wir in Abschnitt 6.3 gefunden hatten, zurück.

Die Gleichungen (6.88) sind ein Resultat, das man als Physiker gern haben möchte, da uns ja primär nicht die Oszillationen der Elektronen der Laseratome, sondern nur die Lichtfelder des Lasers interessieren. Da die Feldgleichungen (6.88) auch nichtlineare Glieder enthalten, sind diese Gleichungen immer noch schwierig zu lösen. Immerhin kann man sich in einer Reihe von Fällen ein recht gutes Bild davon verschaffen, was die Gleichungen für die b_λ's beinhalten. Einen Schlüssel hierzu bietet die Diskussion der kubischen Glieder. Denken wir uns hierbei für die Feldamplituden b_λ den Ansatz $b_\lambda = B_\lambda \exp(-i\Omega_\lambda t)$ eingesetzt und nehmen wir für den Moment an, daß die Amplituden B_λ zeitunabhängig sind, so erkennen wir folgendes. Das kubische Glied kann gewissermaßen als Antriebskraft für das b_λ auf der linken Seite von Gl. (6.88) angesehen werden. Diese Antriebskraft schwingt nun mit verschiedenen Frequenzen, je nachdem welchen Summanden der Summe über λ_1, λ_2, λ_3 wir betrachten. Hierbei gibt es Kombinationen z.B. $\lambda_1 = \lambda_2$, $\lambda_3 = \lambda$ oder $\lambda_1 = \lambda$, $\lambda_2 = \lambda_3$, wo das kubische Glied gerade im Takt der Feldmode schwingt. In diesem Fall dürfen wir die B's als zeitunabhängig annehmen.

Wir werden später sehen, daß wir in diesem Fall im wesentlichen auf die Bilanzgleichungen zurückkommen. Andererseits treten natürlich auch Glieder auf, bei denen sich die Frequenz der Antriebskraft von der ursprünglich angenommenen Frequenz der Lasermode λ unterscheidet. Hierbei tritt ein neues Phänomen auf, bei dem Frequenz-bzw. Phasenbeziehungen eine wesentliche Rolle spielen.

In den nächsten Abschnitten behandeln wir relativ einfache, aber schon recht instruktive Beispiele von Effekten, die durch Phasenkopplungen bzw. Frequenzkopplungen zustandekommen. Wir betrachten diese Fälle besonders deshalb, weil sie deutlich zeigen, daß es im Laser auch auf Phasenrelationen ankommen kann, die ja bei den Bilanzgleichungen völlig vernachlässigt worden sind.

6.6 Einfache Beispiele zum Vielmodenfall

Im vorangegangenen Abschnitt ist es uns gelungen, das ursprüngliche Problem erheblich zu vereinfachen. Während sich nämlich unsere Ausgangsgleichungen sowohl auf die Lasermoden als auch die vielen Atomvariablen bezogen, konnten wir schließlich Gleichungen gewinnen, die sich nur noch auf die Moden beziehen. Trotzdem sind die sich nunmehr ergebenden Gleichungen immer noch sehr kompliziert. Sie sind aber auch in der Lage, eine große Zahl von Phänomenen wiederzugeben. Wir wollen nunmehr versuchen, eine weitere Bresche durch das Dickicht dieser komplizierten nichtlinearen Gleichungen zu schlagen, indem wir einige besonders interessante Spezialfälle herausgreifen. Diese werden uns einerseits Aufschluß über die Struktur dieser Gleichungen und die Wechselwirkung, die diese beschreiben, geben. Ferner können wir eine Reihe von physikalisch interessanten Effekten behandeln.

Der einfachste Fall ist natürlich wieder der einer einzigen Mode. In diesem Fall können wir den Index λ von b_λ weglassen. Ferner entfallen alle Summen über λ's. Für die Inversion (6.84) erhalten wir sofort den Ausdruck

$$d_\mu^{(1)} = d_0 \left(1 - 2T|g_{\mu\lambda}|^2 \frac{2\gamma}{(\Omega_\lambda - \bar{\omega}_\mu)^2 + \gamma^2} n\right). \tag{6.89}$$

Wenn wir uns an die Definition von $W_{\lambda\mu}$ Gl. (4.54) erinnern, so erkennen wir, daß (6.89) mit dem früher im Rahmen der Bilanzgleichungen hergeleiteten Ausdruck (4.64), Abschnitt 4.5, übereinstimmt. Dieser Ausdruck gibt also, wie dort, das Lochbrennen wieder. Entsprechend erhalten wir aus der Gl. (6.88) eine Gleichung der Gestalt

$$\frac{db}{dt} = (-i\omega - \kappa + G_0 + i\delta\omega_1)\, b - (s + i\delta\omega_2)\, |b|^2\, b, \tag{6.90}$$

wobei die Konstanten G_0, $\delta\omega_1$, s und $\delta\omega_2$ reell sind. Eine Gleichung dieser Gestalt ist uns im Rahmen des Iterationsverfahrens von Abschnitt 6.3 (vgl. (6.44)) bereits begegnet. Interessant sind die Zusatzglieder $\delta\omega_1$ und $\delta\omega_2$, die z.B. im Falle einer inhomogen verbreiterten Linie auftreten, und die eine Frequenzverschiebung der Lasermode beschreiben. Auf derartige Glieder sind wir bereits in Abschnitt 6.2 gestoßen. Zwischen dem damaligen Resultat (6.31) und dem jetzigen besteht folgender Unterschied: In 6.2 mußten wir uns auf den *stationären Fall* beschränken, konnten aber beliebig große Amplituden $|b|$ behandeln. In diesem Abschnitt können wir auch nichtstationäre Lösungen auffinden, müssen uns aber auf nicht zu große $|b|$ beschränken.

Der nächst kompliziertere Fall von 2 Moden wird schon wesentlich interessanter. Für die Inversion ergibt sich der folgende Ausdruck

$$d_\mu^{(1)} = \left\{ d_0 \left(1 - 2T|g_{\mu 1}|^2 \frac{2\gamma}{(\Omega_1 - \bar{\omega}_\mu)^2 + \gamma^2} n_1 - 2T|g_{\mu 2}|^2 \frac{2\gamma}{(\Omega_2 - \bar{\omega}_\mu)^2 + \gamma^2} n_2 \right) \right\}$$

$$+ \Bigg[-2d_0 g_{\mu 1}^* g_{\mu 2} D_{\mu 12} \underbrace{b_1^* b_2}_{\propto \exp(i(\Omega_1 - \Omega_2)t)} - 2d_0 g_{\mu 2}^* g_{\mu 1} D_{\mu 21} \underbrace{b_2^* b_1}_{\propto \exp(i(\Omega_2 - \Omega_1)t)} \Bigg]$$

$$+ [\text{konj. komplex}]. \tag{6.91}$$

Obwohl dieser etwas lang ist, ist er leicht zu übersehen. Der in der geschweiften Klammer stehende Ausdruck ist uns bereits bei den Bilanzgleichungen begegnet (vgl. (4.63)). Er stellt wieder Lochbrennen dar. Neu hingegen ist der in eckigen Klammern stehende Ausdruck, der nicht mehr von den einzelnen Photonenzahlen abhängt, sondern von den Amplituden der einzelnen Lasermoden z.B. in der Form $b_1^* b_2$.

Wie sich zeigen läßt, schwingen auch in einem solchen Fall die einzelnen Lasermoden im wesentlichen harmonisch, d.h.

$$b_j \sim e^{-i\Omega_j t}. \tag{6.92}$$

Wie bereits in Gl. (6.91) angegeben, ergibt sich damit eine zeitabhängige Modulation der Inversion. Man bezeichnet diesen Effekt als Inversions-Pulsationen. Ein derartiger Effekt konnte in den Bilanzgleichungen nicht auftreten, da in diesen ja keinerlei Phasenbeziehungen berücksichtigt werden. Es entsteht daher die Frage, in welchem Fall diese Pulsationsbeiträge vernachlässigbar sind. Dazu geben wir zuerst die explizite Form von $D_{\mu 21}$ und $D_{\mu 11}$ an.

$$D_{\mu 21} = -\frac{i}{(-\Omega_1 + \bar{\omega}_\mu - i\gamma)} \left\{ \frac{1}{T} + i(\Omega_2 - \Omega_1) \right\}^{-1}, \tag{6.93}$$

$$D_{\mu 11} = -\frac{i}{(-\Omega_1 + \bar{\omega}_\mu - i\gamma)} T, \tag{6.94}$$

wobei die D's in (6.85) definiert worden sind. Wir erhalten die folgenden Relationen

$$\left|\frac{D_{\mu 21}}{D_{\mu 11}}\right| = \frac{1}{(1 + T^2(\Omega_2 - \Omega_1)^2)^{1/2}} \ll 1, \tag{6.95}$$

falls

$$|T(\Omega_2 - \Omega_1)| \gg 1, \qquad \text{d.h. } |\Omega_2 - \Omega_1| \gg \frac{1}{T}, \tag{6.96}$$

d.h. die Pulsationen sind vernachlässigbar, wenn der Frequenzabstand der Lasermoden groß gegenüber dem Inversen der (longitudinalen) Relaxationszeit T der Inversion ist. Im andern Fall können diese Größen von gleicher Größenordnung wie die in den Bilanzgleichungen auftretenden Glieder werden, so daß dann Pulsationsvorgänge eine wesentliche Rolle spielen können. Die Gleichungen für die Modenamplituden selbst werden nun schon ziemlich lang. Um die einzelnen Beiträge überblicken zu können, kürzen wir die jeweiligen Faktoren der Modenamplituden b_λ ab. Von den Gleichungen geben wir als Beispiel diejenige für die Mode 1 an und diskutieren dann gleich anschließend die einzelnen Beiträge.

$$\begin{aligned} \frac{db_1}{dt} &= \left\{-i\omega_1 - \kappa + i\sum_\mu |g_{\mu 1}|^2(-\Omega_1 + \bar{\omega}_\mu + i\gamma)^{-1}\right\} b_1 \\ &\quad + (C_{11} n_1 + C_{12} n_2)\, b_1 + \underline{(Fn_1 + F'\, n_2)\, b_2} \\ &\quad + \utilde{(Hb_1^* b_2 b_2 + H'\, b_2^* b_1 b_1)}. \end{aligned} \tag{6.97}$$

Die Konstanten C_{ik}, F, F', H, H' fassen Terme zusammen, die sich unschwer durch Vergleich mit (6.91) bestimmen lassen. Die erste Zeile ist uns vom Ein-Moden-Laser bekannt, ebenso das 1. Glied in der 2. Zeile, das den Faktor C_{11} enthält. Die anderen Beiträge enthalten Ausdrücke, die die Modenkopplung zum Ausdruck bringen. Diese Modenkopplung kommt aber auf verschiedene Weise zustande. Da ist zum einen das Glied mit C_{12}. Dieses entspricht einem Ausdruck, den wir schon von den Bilanzgleichungen her kennen. Es besagt, daß die Inversion nicht nur durch die Mode 1, sondern auch durch die Mode 2 abgebaut wird (Lochbrennen). Von besonderem Interesse sind die unterstrichenen und unterschlängelten Ausdrücke. Für die unterstrichenen Ausdrücke gilt

$$\underline{\qquad\qquad} \propto \exp(-i\Omega_2 t), \tag{6.98}$$

d.h. die Mode 2 versucht, auf dem Umweg über die Inversionspulsationen die Mode 1 zu modulieren. Weitere Modulationseffekte werden durch die unterschlängelten Glieder dargestellt, bei denen die Frequenzabhängigkeiten

$$\sim\sim\sim \propto \exp(-i(2\Omega_2 - \Omega_1)\,t), \tag{6.99}$$

$$\exp(-i(2\Omega_1 - \Omega_2)\,t) \tag{6.100}$$

auftreten. Wir sehen also, daß auf dem Umweg über die Atome eine Wechselwirkung zwischen den einzelnen Moden zustandekommt, wobei für die einzelnen Grundmoden b_1 und b_2 auch *neue Frequenzkombinationen* zusätzlich, gewissermaßen als *Seitenbänder*, möglich werden.

Wie wir in den nachfolgenden Kapiteln sehen werden, spielen derartige Kopplungseffekte, bei denen es also auf die jeweiligen Phasenbeziehungen ankommt, eine wichtige Rolle in mehreren Beziehungen. Es kann zur sogenannten Phasen- oder Frequenzkopplung kommen, und es kann im Falle, daß viele Moden eine feste Phasenbeziehung annehmen, zu ultrakurzen Impulsen kommen. Diese werden wir, wie gesagt, in den nächsten Abschnitten untersuchen.

AUFGABE ZU 6.6

Man stelle mit Hilfe von (6.88) für den Einmodenfall die Konstanten G_0, $\delta\omega_1$ und $\delta\omega_2$ explizit auf.

Man vergleiche den Ausdruck von $\delta\omega_1 + |b|^2\,\delta\omega_2$ mit dem von Gl. (6.31) unter der Annahme, daß $2TW_{\mu\lambda}\,n \ll 1$.

6.7 Frequenzkopplung zwischen drei Moden

Der hier zu besprechende Fall ist ein besonders schönes Beispiel dafür, wie durch die halbklassischen Lasergleichungen Effekte beschrieben werden können, die mit Hilfe der Bilanzgleichungen nicht zu erfassen sind. Wir denken uns einen Laser, bei dem die Moden 1, 2 und 3 Lasertätigkeit ausüben. Diese drei Moden sollen zu aufeinanderfolgenden Resonatorfrequenzen ω_1, ω_2, ω_3 gehören. Im Resonator ohne Lasermaterial waren die zugehörigen Modenfrequenzen äquidistant. Wie wir aber wissen, kommt es im Laser zu Frequenzverschiebungen, von denen wir einige bereits kennengelernt haben. Die neuen verschobenen Frequenzen bezeichnen wir, wie immer, mit Ω_λ (Fig. 6.4). Bilden wir die Differenz aus Frequenzdifferenzen aufeinanderfolgender Moden, so erhalten wir den Ausdruck

$$(\Omega_2 - \Omega_1) - (\Omega_3 - \Omega_2). \tag{6.101}$$

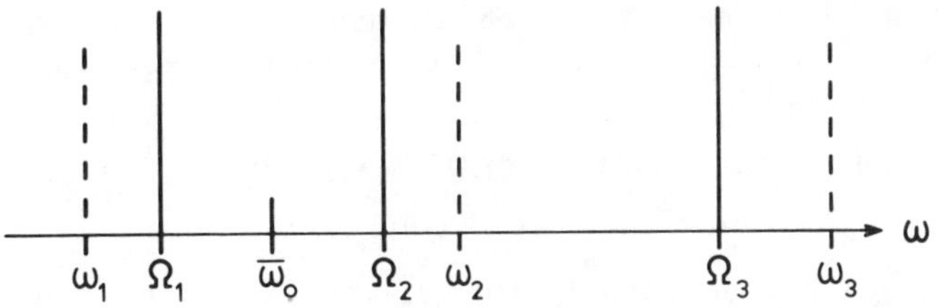

Fig. 6.4 Zum frequency locking. Schema der Modenfrequenzen. Die Abszisse ist die Kreisfrequenz. $\bar{\omega}_0$ ist die atomare Zentralfrequenz, ω_1, ω_2, ω_3 sind die Modenfrequenzen im leeren Resonator. Ω_1, Ω_2, Ω_3 sind die tatsächlichen Modenfrequenzen bei Lasertätigkeit, jedoch *noch ohne* die Kopplung, die frequency locking bewirkt.

Experimentell ergibt sich nun folgender Befund. Durch Änderung der Spiegelabstände lassen sich die Frequenzen etwas verschieben. Normalerweise schwingen die drei Lasermoden unabhängig mit ihren Frequenzen. Ändert man aber die Spiegelabstände, sodaß auch die Frequenzen sich ändern und wird der Ausdruck (6.101) klein (typisch 10^3 Hz für Gaslaser), so erfolgt ein plötzliches Springen der Frequenzen. Um diesen Effekt im einzelnen zu behandeln, schreiben wir die Amplituden der Moden in der Form

$$b_\lambda = r_\lambda e^{-i\Omega_\lambda t - i\varphi_\lambda}. \tag{6.102}$$

Hierbei sind die r_λ reelle Amplituden. Wir lassen nun zu, daß die reellen Phasen φ_λ selbst noch von der Zeit abhängen. Wir betrachten die kubischen Glieder in den Gleichungen (6.88) nochmals genauer. Wählen wir in ihnen $\lambda_1 = \lambda_2$, $\lambda = \lambda_3$, so schwingt die rechte Seite im gleichen Takt wie das b_λ auf der linken Seite. Das gleiche ergibt sich bei der Wahl $\lambda_1 = \lambda$, $\lambda_2 = \lambda_3$. Wir berücksichtigen aber nun auch solche Glieder, bei denen es zu einer Frequenzkombination kommt, die sich von der Frequenz der Mode b_λ unterscheidet. Betrachten wir die Gleichung für Mode 1, so erhalten wir derartige Frequenzkombinationen durch die Wahl

$$\begin{aligned} &\lambda_2 = \lambda = 2 \\ &\lambda_1 = 1, \qquad \lambda_3 = 3 \quad \text{oder umgekehrt.} \end{aligned} \tag{6.103}$$

Da der Ausdruck (6.101) klein sein sollte, bedeutet dies, daß die Relation

$$\Omega_\lambda \approx \Omega_{\lambda_2} + \Omega_{\lambda_3} - \Omega_{\lambda_1} \tag{6.104}$$

ungefähr erfüllt ist, aber nicht exakt. Um das Wesentliche herauszuarbeiten, nehmen wir im folgenden an, daß die reellen Feldamplituden r_λ selbst zeitunabhängig sind. Setzen wir damit die Ausdrücke (6.102) in die Vielmoden-Gleichungen (6.88) ein und kürzen jeweils durch die Exponentialfunktion von (6.102) durch, so erhalten wir Ausdrücke der folgenden Gestalt

$$\Omega_1 + \dot{\varphi}_1 = \tilde{\omega}_1 + \mathrm{Im}(C_1 \cdot \exp[i(\Omega_1 + \Omega_3 - 2\Omega_2)\,t]) \cdot \exp[-i(2\varphi_2 - \varphi_1 - \varphi_3)], \tag{6.105}$$

$$\Omega_3 + \dot{\varphi}_3 = \tilde{\omega}_3 + \mathrm{Im}(C_3 \cdot \exp[i(\Omega_1 + \Omega_3 - 2\Omega_2)\,t]) \cdot \exp[-i(2\varphi_2 - \varphi_1 - \varphi_3)], \tag{6.106}$$

$$\Omega_2 + \dot{\varphi}_2 = \tilde{\omega}_2 + \mathrm{Im}(C_2 \cdot \exp[-i(\Omega_1 + \Omega_3 - 2\Omega_2)\,t]) \cdot \exp[i(2\varphi_2 - \varphi_1 - \varphi_3)]. \tag{6.107}$$

Hierin sind die Größen $\tilde{\omega}_1$, $\tilde{\omega}_2$, $\tilde{\omega}_3$ diejenigen Frequenzen, die aufgrund der ursprünglichen Modenfrequenzen im leeren Resonator zuzüglich der verschiedenen Verschiebungseffekte zustandekommen. Natürlich können im allgemeinen Fall diese Frequenzverschiebungen von der Intensität der Lasermoden abhängen. Da wir uns die Intensität aber festgehalten denken, brauchen wir uns um die Abhängigkeit der $\tilde{\omega}_\lambda$ von den reellen Amplituden r nicht zu kümmern.

Ebenso nehmen wir an, daß die vor den Exponentialfunktionen in (6.105)–(6.107) stehenden Koeffizienten zeitunabhängige Konstanten sind

$$C_j = C_j(r_1, r_2, r_3). \tag{6.108}$$

Dies ist dann gerechtfertigt, wenn wir von zeitlichen Änderungen der r_λ absehen können.

Wir versuchen nun, aus den Gleichungen (6.105)–(6.107) eine Gleichung für die Größe

$$\Psi \equiv (2\Omega_2 - \Omega_1 - \Omega_3)\,t + (2\varphi_2 - \varphi_1 - \varphi_3) \tag{6.109}$$

zu gewinnen. Dazu multiplizieren wir die Gleichung (6.107) mit 2 und ziehen von ihr die Gleichungen (6.105) und (6.106) ab. Wir erhalten dann eine einzige Gleichung für Ψ allein, die von folgender Struktur ist

$$\dot{\Psi} = \xi + \alpha \sin \Psi + \beta \cos \Psi. \tag{6.110}$$

ξ ist darin eine Abkürzung

$$\xi = 2\tilde{\omega}_2 - \tilde{\omega}_1 - \tilde{\omega}_3, \tag{6.111}$$

α und β sind noch Konstanten, die sich aus den Real- und Imaginärteilen der C's zusammensetzen. Die Gl. (6.110) ist eine Differentialgleichung 1. Ordnung in der Zeit, die durch die sogenannte Separation der Variablen gelöst werden kann. Wir erhalten dann Ψ als Funktion von t in der impliziten Form

$$t = \int_{\Psi_0}^{\Psi} \frac{d\Psi'}{\xi + \alpha \sin \Psi' + \beta \cos \Psi'}, \tag{6.112}$$

wobei Ψ_0 der Anfangswert von Ψ zur Zeit $t = 0$ ist.

Ziel unserer Diskussion wird es sein, das Zeitverhalten von $\Psi(t)$ näher zu diskutieren. Die Zeitabhängigkeit von $\Psi(t)$ hängt nun kritisch davon ab, ob

$$(\alpha^2 + \beta^2) < \xi^2 \tag{6.113}$$

oder

$$(\alpha^2 + \beta^2) > \xi^2 \tag{6.114}$$

gilt. Im ersten Fall hat der Integrand von (6.112) keine Singularität. Wir können den Integranden in eine Potenzreihe von Sinus und Cosinus entwickeln. Wir erkennen dann, daß das Integral sich verhält wie const. Ψ + Pulsationen. Sehen wir von diesen Pulsationen und kleinen Korrekturen ab, so ergibt sich sofort $\Psi = \xi t$ + const., wobei ξ durch

$$\xi = 2\tilde{\omega}_2 - \tilde{\omega}_1 - \tilde{\omega}_3 \equiv 2\Omega_2 - \Omega_1 - \Omega_3 \tag{6.115}$$

gegeben ist. Dies ist genau das Verhalten, das wir von der normalen Drei-Moden-Lasertätigkeit erwarten. Betrachten wir andererseits den Fall (6.114), so divergiert das Integral. Das bedeutet, daß die Zeit t auf der linken Seite von (6.112) nach unendlich strebt, während Ψ einem endlichen Wert zustrebt, nämlich dem Wert

$$\Psi = -\varphi - \arcsin(\xi(\alpha^2 + \beta^2)^{-1/2}); \tag{6.116}$$

$$\tan \varphi = \beta/\alpha.$$

In diesem Fall hängt also Ψ gar nicht mehr von der Zeit ab. Wie wir aus (6.109) entnehmen können, ist dies nur dadurch möglich, daß für die Modenfrequenzen gilt

$$\Omega_2 - \Omega_1 = \Omega_3 - \Omega_2. \tag{6.117}$$

Die Frequenzdifferenz $\Omega_2 - \Omega_1$ ist also jetzt mit der Frequenzdifferenz $\Omega_3 - \Omega_2$ fest gekoppelt.

Der Übergang vom ungekoppelten in den gekoppelten Zustand wird experimentell dadurch nachgewiesen, daß man die Überlagerungsfrequenzen $\Omega_2 - \Omega_1$ und $\Omega_3 - \Omega_2$ mißt. Man sucht dabei zunächst einen Spiegelabstand auf, bei dem die Überlagerungsfrequenzen voneinander verschieden sind (ungekoppelter Zustand). Hier ist die Bedingung (6.113) erfüllt. Verschiebt man nun durch Abstimmung des Resonators die mittlere Frequenz näher an die atomare Resonanz, $\bar{\omega}$, so nimmt der Abstand ξ der Überlagerungsfrequenzen ab. Wenn $|\xi|^2$ den Wert $\alpha^2 + \beta^2$

erreicht, erfolgt ein rascher Übergang in den frequenzgekoppelten Zustand und statt der zwei verschiedenen Überlagerungsfrequenzen $\Omega_2 - \Omega_1$ und $\Omega_3 - \Omega_2$ erscheint nur noch eine einzige.

6.8 Das Lasergyroskop

Ein schönes Beispiel für die Anwendungsmöglichkeiten des Lasers bildet das Lasergyroskop. Hierbei wird zugleich wieder deutlich, wie technische Anwendungen an ein tiefgehendes Verständnis physikalischer Grundphänomene geknüpft sind.

Mit Hilfe des Lasergyroskops ist es möglich, Drehbewegungen gegenüber dem Inertialsystem des Weltalls festzustellen, so daß das Lasergyroskop in der Lage ist, Kreiselkompasse zu ersetzen. Im Prinzip besteht das Lasergyroskop aus einem Ringlaser, wie er uns in Fig. 3.6 bereits begegnete. Dreht sich die gesamte Anordnung gegenüber dem Inertialsystem des Weltalls, so geschieht gemäß der allgemeinen Relativitätstheorie folgendes. Beobachter, in unserem Fall die Photonen, die in Drehrichtung umlaufen, legen einen Weg zurück, der verschieden ist von dem, den Beobachter (Photonen) in entgegengesetzter Richtung zurücklegen. Diese Längenänderung ist gemäß der allgemeinen Relativitätstheorie proportional zu der Fläche A, die von dem Weg umschlossen wird, und der Rotationsgeschwindigkeit Ω im Inertialraum. Im Falle von Photonen, die mit Lichtgeschwindigkeit fliegen, ist die Längenänderung ΔL durch $4A\Omega/c$ gegeben (c = Lichtgeschwindigkeit). 1913 wurde dieser Effekt von Sagnac experimentell nachgewiesen. Hierbei konnte er bei einer Umlaufsfrequenz von 2 Hz Längenänderungen von 100–200 Å nachweisen. Um sehr kleine Längenänderungen, wie sie bei kleinen Rotationsgeschwindigkeiten zu erwarten sind, zu messen, bietet sich der Laser an. Hierbei wird ausgenutzt, daß die Laserfrequenz im wesentlichen durch die Länge des Ringresonators bestimmt ist. Eine scheinbare Längenänderung des Resonators führt somit zu einer Frequenzverschiebung. Durch Messung dieser Frequenzverschiebung wird es also möglich, die Drehgeschwindigkeit des Gyroskops zu messen. Eine experimentelle Anordnung des Lasergyroskops ist in Fig. 6.5 wiedergegeben.

Da die Linienbreite von Lasern sehr klein ist, ist eine sehr hohe Empfindlichkeit des Gyroskops zu erwarten.
Allerdings tritt bei kleinen Umlaufgeschwindigkeiten eine Schwierigkeit auf, die auf folgendem beruht. Da die Spiegel auch Licht in die Richtung des einfallenden Strahls reflektieren können, findet eine Kopplung der entgegengesetzt laufenden Wellen statt und wir haben gerade das Phänomen der Frequenzkopplung (frequency locking). Diese Moden-

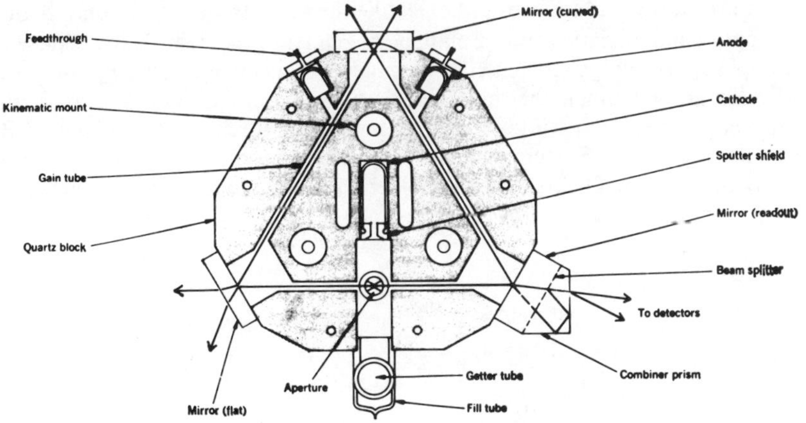

Fig. 6.5 Schematischer Aufbau des Lasergyroskops. (Nach J. Killpatrick, *IEEE Spectrum*, Okt. 1967, S. 44.)

kopplung wird auch hier wieder durch eine Gleichung der Form

$$\dot{\Psi} = a + b \sin \Psi \tag{6.118}$$

beschrieben, worin Ψ die relative Phase der entgegengesetzt umlau-

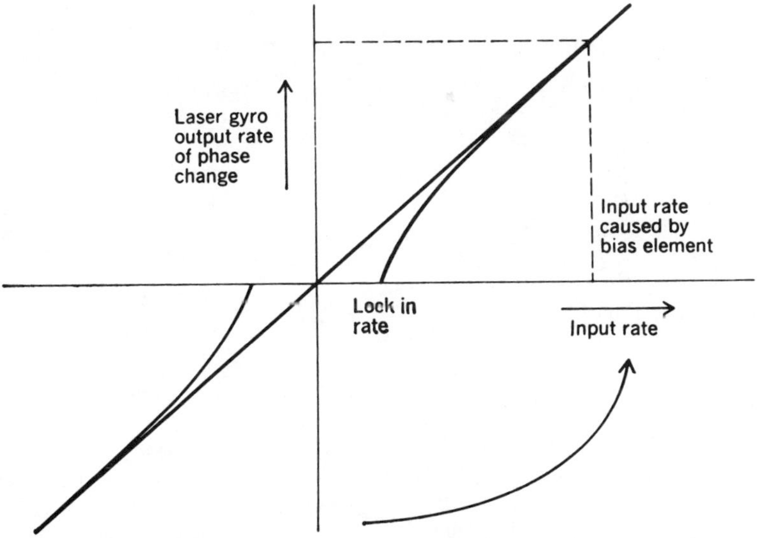

Fig. 6.6 Frequency locking beim Lasergyroskop. (Nach J. Killpatrick, *IEEE Spectrum*, Okt. 1967, S. 44.)

fenden Moden, a im wesentlichen die Umlaufsfrequenz Ω und b der Rückstreukoeffizient sind. Solange $a \gg b$ ist, geschieht keine Phasenkopplung. Im umgekehrten Fall hingegen geschieht Phasenkopplung und die Rotation kann nicht mehr nachgewiesen werden (vgl. Fig. 6.6). Es gibt eine Reihe von Möglichkeiten, um diesen Effekt zu beseitigen. Z.B. indem man dem System eine Zitterbewegung überlagert. Doch würde eine eingehende Diskussion dieser schon mehr technischen Fragen den Rahmen dieses Buches überschreiten.

7. Anwendungen der halbklassischen Lasertheorie II

7.1 Frequenzkopplung, Modenkopplung, ultrakurze Impulse

In Abschnitt 6.6 hatten wir gesehen, daß zwischen Lasermoden feste Phasenbeziehungen auftreten können. Wir wollen nun untersuchen, was im Falle *vieler Moden* derartige Phasenkopplungen bewirken. Dabei wollen wir den Mechanismus, wie eine Phasenkopplung zustandekommt, zunächst einmal außer acht lassen. Hierzu müssen wir den Leser daran erinnern, wie die einzelnen Moden eingeführt worden sind. Bei der Herleitung der halbklassischen Lasergleichungen hatten wir die elektrische Feldstärke **E** in die Amplituden einzelner stehender Wellen zerlegt. Nehmen wir, wie immer, nur eine Polarisationsrichtung an, so können wir **E** als skalare Größe betrachten. Die Zerlegung von E nach Moden lautet damit

$$E(t) = \sum_{\lambda} E_{\lambda}(t), \tag{7.1}$$

wobei genauer E_{λ} auch vom Ort abhängig anzunehmen ist:

$$E_{\lambda}(\mathbf{x}, t), \quad \text{z.B. } E_{\lambda} \propto \sin k_{\lambda} x. \tag{7.2}$$

Uns interessiert im Moment aber weniger die Ortsabhängigkeit als die komplexe Amplitude von E_{λ}. Der Einfachheit halber wollen wir annehmen, daß alle Amplituden den gleichen Betrag haben, so daß wir schreiben können

$$E_{\lambda} \propto \exp(i\varphi_{\lambda}). \tag{7.3}$$

Wir betrachten nun zwei typische Fälle, nämlich

1) Die Phasen φ_{λ} sind statistisch verteilt. Das hat zur Folge, daß

$$\overline{E_{\lambda} E_{\lambda'}} = 0 \quad (\lambda \neq \lambda') \tag{7.4}$$

gilt (vgl. hierzu auch die Übungsaufgabe).

Wir untersuchen nun die Intensität, die sich durch Mittelung über die Phasen ergibt

$$I = \overline{|E(t)|^2}. \tag{7.5}$$

Dabei stellen wir uns vor, daß z.B. die Phasen im Laufe der Zeit statistisch schwanken und wir über einen bestimmten Zeitraum die Intensität mitteln. Setzen wir (7.1) in (7.5) ein, so erhalten wir

$$\sum_{\lambda, \lambda'} \overline{E_{\lambda}^{*} E_{\lambda'}}, \tag{7.6}$$

was sich gemäß (7.4) auf

$$\sum_\lambda I_\lambda(t) \tag{7.7}$$

reduziert, wobei wir die Abkürzung

$$I_\lambda = |E_\lambda|^2 \tag{7.8}$$

benutzt haben. Erstreckt sich die Summe (7.1) über insgesamt N Moden, die alle die gleiche Intensität

$$|E_\lambda|^2 = |E_0|^2 \tag{7.9}$$

haben, so erhalten wir als Endresultat

$$I_{unkorreliert} = N|E_0|^2. \tag{7.10}$$

Die gesamte Intensität ist also gleich dem N-fachen der Intensität der einzelnen Moden. Wir wenden uns nun dem zweiten Fall zu

2) Feste Phasen und Frequenzen. Wir nehmen nunmehr an, daß die Frequenzen der aufeinanderfolgenden Moden den gleichen Abstand voneinander haben, so daß wir schreiben $\varphi_\lambda = \omega_\lambda t$, mit

$$\omega_\lambda = \omega + \lambda\omega', \quad \lambda = 0, \pm 1, \pm 2, \dots \tag{7.11}$$

(vgl. auch Fig. 7.1). Nehmen wir wieder an, daß der Ortsfaktor konstant ist, so geht unter der Annahme (7.11) und der weiteren Annahme, daß die Phasen der Moden alle gleich sind, (7.1) über in

$$E_{PL}(t) = \sum_\lambda E_0\, e^{i(\omega + \lambda\omega')t}. \tag{7.12}$$

Der Index „PL" bedeutet „phase locked".

Der Einfachheit halber betrachten wir N ungerade und lassen die Summe in (7.12) wie folgt laufen

$$\lambda = -\frac{N-1}{2}, \quad \dots \quad \lambda = \frac{N-1}{2}. \tag{7.13}$$

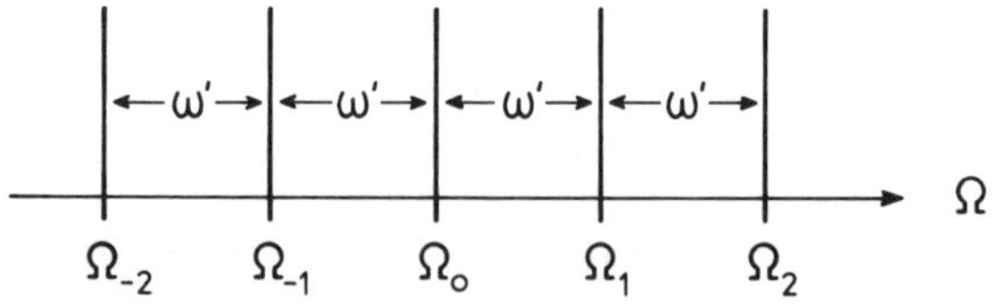

Fig. 7.1 Schema der Modenfrequenzen mit gleichem Abstand.

Die Summe über λ läßt sich elementar aufsummieren und wir erhalten

$$E_{PL}(t) = E_0 \, e^{i\omega t} \frac{\sin \frac{N}{2} \omega' t}{\sin \frac{\omega' t}{2}}. \tag{7.14}$$

Führen wir diese Untersuchung von vornherein für laufende Wellen durch, so haben wir (7.12) durch den Ansatz

$$E_{PL}(t) = \sum_{\lambda} E_0 \, e^{i\omega_\lambda t - ik_\lambda x}, \quad k_\lambda = \omega_\lambda / c, \tag{7.15}$$

zu ersetzen und erhalten als Endresultat

$$E_{PL} = E_0 \, e^{i\omega(t - x/c)} \frac{\sin \frac{N}{2} \omega'(t - x/c)}{\sin \frac{\omega'}{2} (t - x/c)}. \tag{7.16}$$

Für die folgende Diskussion von (7.16) wählen wir der Einfachheit halber $x = 0$. Der Quotient aus den beiden Sinusfunktionen erreicht sein Maximum jeweils bei den Zeiten

$$t = m \cdot \frac{2\pi}{\omega'}, \quad m\text{: ganze Zahl.} \tag{7.17}$$

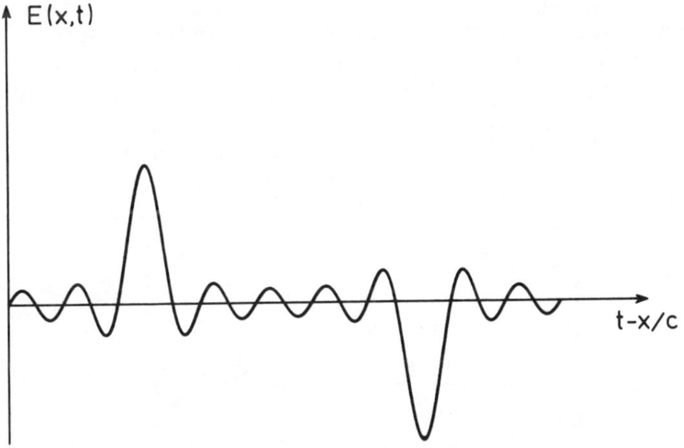

Fig. 7.2 Das elektrische Feld E gemäß (7.16), wobei der Faktor $\exp[i\omega(t - x/c)]$ weggelassen wurde.

Die hierzu gehörige Spitzenintensität ergibt sich zu

$$I_{PL} = |E_0|^2 \cdot N^2 = N \cdot I_{unkorreliert}, \tag{7.18}$$

d.h. die Spitzenintensität ist nun proportional zum Quadrat der Moden. Damit haben wir das erste wichtige Resultat gefunden. Falls eine Modenkopplung möglich ist, kann die ausgestrahlte Intensität um ein Vielfaches gesteigert werden, und zwar umsomehr, je größer die Zahl der miteinander gekoppelten Moden ist. Fig. 7.2 stellt den Verlauf des Quotienten der beiden Sinusfunktionen in (7.16) dar. (Die davor stehende Exponentialfunktion bedeutet nur eine rasche Modulation, die uns im Moment aber nicht interessiert.) Aus dieser Figur ersehen wir, daß auf einen sehr intensiven Impuls noch sehr kleine nachfolgen. Die Breite des großen Impulses ist, wie man aus (7.16) herleiten kann, durch

$$\tau = \frac{2\pi}{\omega' N} \tag{7.19}$$

gegeben. $N\omega'$ ist derjenige Frequenzbereich, über den sich die einzelnen Modenfrequenzen (vgl. (7.11)–(7.13)) erstrecken. Er gibt also die Bandbreite $\Delta\omega$ an

$$N\omega' = \Delta\omega. \tag{7.20}$$

Aus (7.19) ersehen wir, daß die erreichbare Pulsbreite der Bandbreite $\Delta\omega$ umgekehrt proportional ist. Unsere Resultate können wir wie folgt zusammenfassen. Lassen sich Moden phasenkoppeln, so lassen sich bei genügend großer Zahl gekoppelter Moden hohe Spitzenintensitäten und kleine Pulsbreiten erreichen.

Wir wenden uns nun der Frage zu, wie eine derartige Modenkopplung erreicht werden kann. Wir müssen uns also Mechanismen überlegen, bei denen die Frequenz ω und Phase φ einer Lasermode E_0 mit der Frequenz ω_1 und Phase φ_1 einer zweiten Lasermode gekoppelt werden kann. Gemäß Fig. 7.3 müssen wir also insbesondere den Frequenzabstand ω' überbrücken. Dies können wir dadurch erreichen, daß wir die Grundwelle E_0 mit einer Frequenz ω' modulieren, so daß Seitenbänder

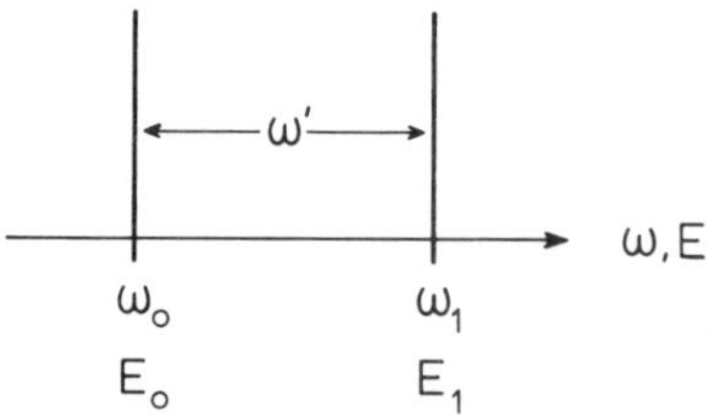

Fig. 7.3 Zur Kopplung einer Lasermode E_0 mit einer anderen Mode E_1.

entstehen, z.B. insbesondere mit der Frequenz $\omega_1 = \omega + \omega'$. Es steht dann zu erwarten, daß derartig erzeugte Seitenbänder in Resonanz mit der Mode E_1 treten und auf diese Weise das Feld E_1 beeinflussen.

Eine derartige Modulation von E_0 wird durch eine Modulation der Spiegelverluste möglich. Setzen wir dazu für die Verlustrate

$$\kappa = \kappa_0 + \kappa_1 \sin \omega' t. \tag{7.21}$$

Wie wir wissen, treten in den Lasergleichungen Glieder der Gestalt

$$E \cdot \kappa \tag{7.22}$$

auf. Greifen wir aus E den Modenanteil mit E_0 heraus und aus (7.21) den frequenzabhängigen Teil, so erhalten wir das Schema

$$E_0(t) \cdot \kappa_1 \sin \omega' t$$

$$\downarrow \qquad \downarrow$$

$$\omega \qquad \omega'$$

$$\omega_1' = \omega + \omega'. \tag{7.23}$$

Damit wird ein neues Feld mit der Frequenz ω_1' erzeugt. Liegt gerade bei dieser Frequenz ω_1' eine Resonatormode, so kann diese nunmehr zu einer erzwungenen Schwingung in Phase mit E_0 angeregt werden. In entsprechender Weise kann E_1 eine weitere Mode E_2 in Phase anregen usw. Wir werden zum Abschluß dieses Abschnitts eine konkrete Modellrechnung vorlegen, wenden uns aber zunächst einer weiteren Möglichkeit zu, Frequenzkopplung zu erzielen.

Diese ergibt sich durch einen sättigbaren Absorber (vgl. Fig. 7.4). Hier wird zwischen zwei äußeren Spiegeln neben dem Lasermaterial noch ein sogenannter sättigbarer Absorber eingebracht. Die Wirkungsweise eines derartigen Absorbers können wir uns wie folgt vorstellen. Wir betrachten dazu ein Ensemble von Zwei-Niveau-Atomen (vgl. Fig. 7.5). Strahlen wir

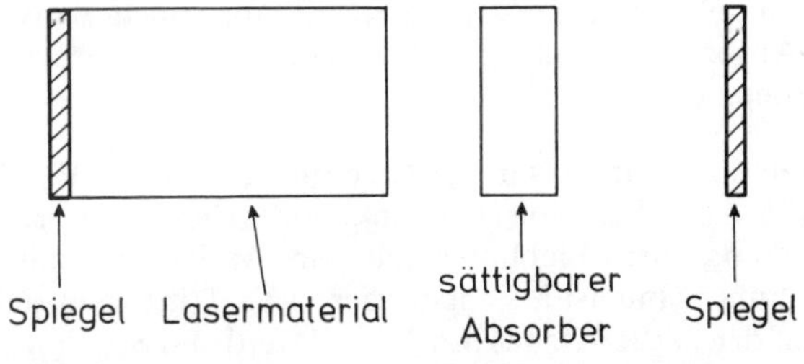

Fig. 7.4 Schematischer Aufbau eines Lasers mit sättigbarem Absorber zur Erzeugung ultrakurzer Impulse.

Fig. 7.5 Zur Erklärung der Wirkungsweise eines sättigbaren Absorbers. Die von links kommende Welle trifft auf Atome mit zwei Niveaus (durch waagerechte Striche symbolisiert) und bringt einige von ihnen in den angeregten Zustand.

mit einem Lichtfeld auf dieses System ein, so können zwei verschiedene Fälle eintreten, je nachdem, ob die eingestrahlte Intensität schwach oder stark ist. Ist die Intensität nur schwach, so werden jeweils nur einige Atome aus dem Grundzustand in den angeregten Zustand durch Absorption gebracht und rekombinieren von dort wieder zum Grundzustand. Auf diese Weise stehen immer viele Atome im Grundzustand zur Verfügung. Denken wir uns diesen Vorgang kontinuierlich, so finden die jeweils auftreffenden Lichtwellenzüge immer genügend Atome im Grundzustand, die das Lichtfeld absorbieren können. Anders ist es hingegen im Falle einer starken Lichtintensität. In diesem Falle gehen so viele Atome in den angeregten Zustand über, daß zur Absorption nicht mehr genügend zur Verfügung stehen. Überdies kann nun auch induzierte Emission einsetzen, wodurch das Lichtfeld sogar noch verstärkt wird. Wie wir aus diesen Betrachtungen entnehmen können, ändert sich das Absorptionsverhalten des atomaren Systems des sättigbaren Absorbers, wenn wir von schwachen zu hohen Lichtintensitäten übergehen.

Das genaue Verhalten der Verlustrate $\kappa(I)$, $I = |E|^2$, läßt sich aus der Lasertheorie eines Zwei-Niveau-Systems leicht entnehmen. Wir brauchen nämlich nur zu untersuchen, wie sich die Besetzungszahldifferenz bei eingestrahlter Lichtintensität I verhält. Es ergibt sich

$$\kappa(I) = \frac{\kappa_0}{1 + \beta I}. \tag{7.24}$$

Damit ergibt sich das in Fig. 7.6 dargestellte Bild, nach dem die Verlustrate jenseits einer Feldstärke $\beta^{-1/2}$ abnehmen wird. Derartige sättigbare Absorber können durch organische Farbstofflösungen realisiert werden.

Wir betrachten nunmehr, was in der Laseranordnung von Fig. 7.4 infolge des sättigbaren Absorbers vor sich geht. Wir stellen uns vor, daß durch eine Schwankung der Lichtintensität ein Wellenzug mit räumlich verschieden hoher Intensität entstanden ist. Trifft nun ein solcher Wellenzug auf den sättigbaren Absorber, so werden die Teile von ihm, die keine genügend hohe Intensität haben, absorbiert, die anderen Teile jedoch, mit genügend hoher Intensität, durchgelassen. Es werden also

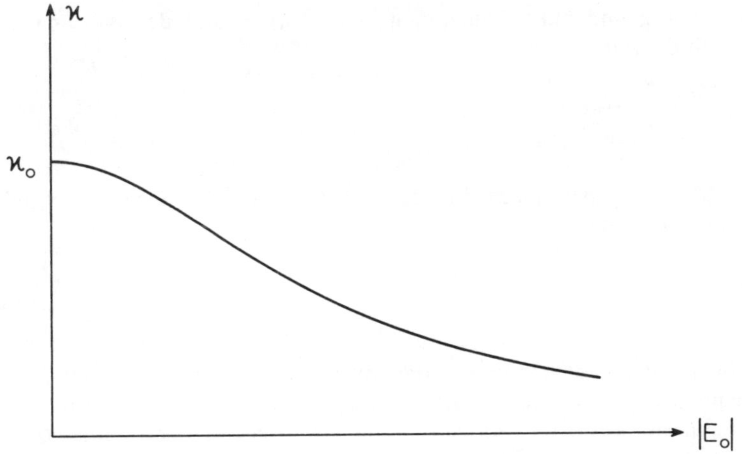

Fig. 7.6 Die Verlustrate κ in Abhängigkeit vom Betrag der Feldstärke (gemäß (7.24)).

dauernd die Ausläufer des Lichtpulses abgeschnitten (Fig. 7.7). Dieser wird dadurch höher und kürzer. Um zu erkennen, wie dieses Bild mit der Verlustmodulation in Zusammenhang gebracht werden kann, betrachten wir das Hin- und Herlaufen eines derartigen Impulses im Laser. Bezeichnen wir mit c' die effektive Lichtgeschwindigkeit in der gesamten

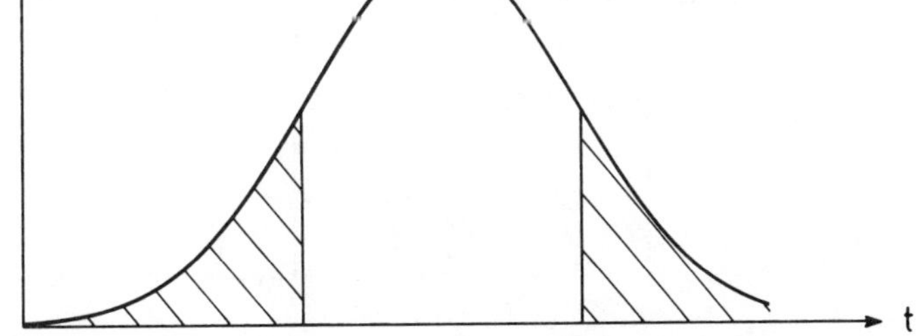

Fig. 7.7 Veranschaulichung der Wirkungsweise eines sättigbaren Absorbers. Die Pulsschwänze mit zu geringer Intensität werden abgeschnitten.

Anordnung und mit L den Spiegelabstand, so läuft der Puls mit einer Repetitionszeit

$$t_1 = \frac{2L}{c'}. \tag{7.25}$$

Als Modulationsfrequenz für das jeweilige Abschneiden des Impulses ergibt sich damit

$$\omega_M = \frac{2\pi}{t_1}. \tag{7.26}$$

Denken wir uns den Impuls in die einzelnen stationären Lasermoden mit Frequenzen ω_λ zerlegt, so führt die Wechselwirkung der Moden im sättigbaren Absorber zur Schaffung von Seitenbändern, die von der Grundwelle mit der Frequenz ω_λ gerade um Vielfache von (7.26) verschieden sind. Andererseits ist der Frequenzabstand von axialen Moden im Laser gerade durch (7.26) mit (7.25) gegeben, wenn man sich an die Bedingung erinnert, daß halbzahlige Vielfache der Laserwellenlänge zwischen die beiden Spiegel passen müssen. Die Seitenbänder stehen also in Resonanz mit Nachbarmoden, so daß eine sehr effektive Phasenkopplung und Frequenzkopplung möglich wird. (Der Resonanz wirken allerdings die verschiedenen Frequenzverschiebungen, die durch die Lasertätigkeit entstehen, entgegen.)

Ein drittes Beispiel für Modenkopplung ist uns in einem Spezialfall bereits in Abschnitt 6.6 begegnet. Hier kommt die Modenkopplung durch die nichtlineare Polarisation zustande. Diese Polarisationsanteile treten als nichtlineare Glieder in den Gleichungen (6.66) auf und haben allgemein die Gestalt

$$P \propto E_i E_j E_k^*. \tag{7.27}$$

Wir überzeugen uns an einem Beispiel nochmals davon, wie die Modenkopplung zustandekommt (vgl. Fig. 7.8). Stellen wir uns den

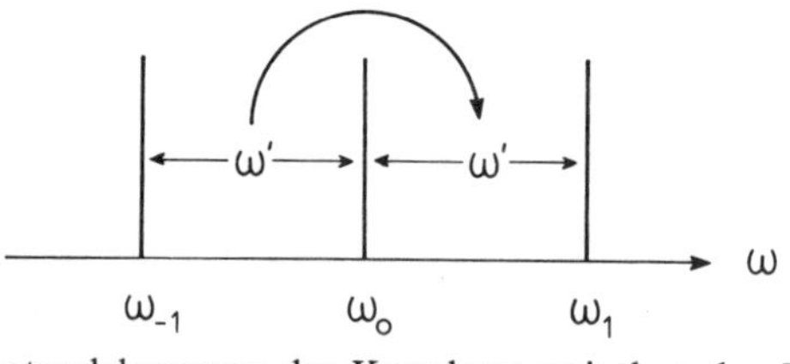

Fig. 7.8 Zum Zustandekommen der Kopplung zwischen den Moden ω_{-1}, ω_0 und ω_1.

Ausdruck (7.27) als Antriebsglied vor, das eine Mode anfachen soll, so ergibt sich im vorliegenden Beispiel folgende Beziehung

$$\begin{array}{l} E_0(t) \times E^*_{-1}(t)\, E_o(t) \\ \quad\downarrow \\ \omega_1 \approx \quad \omega \quad + \underbrace{(\omega_{-1} - \omega)}_{\omega'} \end{array} . \tag{7.28}$$

In praktischen Fällen werden natürlich nicht nur drei Moden, wie im vorliegenden Fall, in Wechselwirkung treten, sondern ein ganzer Satz von Moden. Dies führt zur Möglichkeit des selbstpulsierenden Lasers, bei dem bei genügend hohem Pumpen von selbst eine Phasenkopplung einsetzt.

Die drei von uns betrachteten Fälle, äußere Verlustmodulation, sättigbarer Absorber und Gewinnmodulation über nichtlineare Polarisation, lassen sich in einheitlicher Form wiedergeben. Dazu stellen wir uns zwei Moden vor mit den Amplituden b_0 und b_1, wobei die Mode b_0 die Grundmode sein soll, die dann mit Mode 1 ankoppelt und dadurch die Mode 1 anfacht. Die Gleichung für Mode 1 schreiben wir in der Form

$$\dot{b}_1 = (-i\omega_1 - \kappa_0)\, b_1 + G_1 b_1 + Z. \tag{7.29}$$

Hierin ist ω_1 die Frequenz dieser Mode und κ_0 deren Verlust (oder Verlustmodulation). G_1 beschreibt den gesättigten Gewinn. Das Zusatzglied Z beschreibt die Modenkopplung und hängt von dem jeweils betrachteten Mechanismus ab, und zwar haben wir dann folgende Ausdrücke

$$Z = -\kappa_1 \sin \omega' t b_0, \tag{7.30}$$

$$Z = \alpha(b^*_{-1} b_0)\, b_0, \tag{7.31}$$

$$Z = \left(\frac{\kappa_0}{1 + \beta I} - \kappa_0 \right) b_1 \approx -\kappa_1 I b_1, \tag{7.32}$$

wobei die Intensität I die Gesamtintensität aller Moden in der Form

$$I = |\Sigma b_\lambda \mathcal{N}_\lambda \exp(ik_\lambda x)|^2 \tag{7.33}$$

ist.

Zum Abschluß dieses Abschnitts stellen wir eine einfache Modellrechnung vor, die uns aber schon einen sehr detaillierten Einblick in den Mechanismus der Verlustmodulation gibt.* In unserem vereinfachten

* Dieser Abschnitt kann bei einer ersten Lektüre des Buchs überschlagen werden.

Modell gehen wir von Gl. (7.29) aus, die wir aber nun für einen ganzen Satz aufeinanderfolgender Moden anschreiben. Hierbei legen wir konkret den Fall der äußeren Verlustmodulation (Gl. 7.30) zugrunde und nehmen von sin $\omega' t$ nur dasjenige Glied mit, das mit einem der beiden Nachbarn ankoppelt. Konkreter ausgedrückt legen wir unseren Betrachtungen die folgenden Gleichungen zugrunde

$$\dot{b}_\lambda = (-i\omega_\lambda - \kappa_0)\, b_\lambda + G_\lambda b_\lambda - a\, e^{-i\omega' t} b_{\lambda-1}, \quad \lambda = 1, 2, \ldots, \tag{7.34}$$

$$\dot{b}_0 = (-i\bar{\omega} - \kappa_0)\, b_0 + G_0 b_0, \tag{7.35}$$

$$\dot{b}_\lambda = (-i\omega_\lambda - \kappa_0)\, b_\lambda + G_\lambda b_\lambda - a\, e^{i\omega' t} b_{\lambda+1}, \quad \lambda = -1, -2, \ldots. \tag{7.36}$$

Die Ausdrücke für den gesättigten Gewinn G_λ nehmen wir in der Form

$$G_\lambda = G_{\lambda,0} - \sum_\lambda c_\lambda |b_\lambda|^2 \tag{7.37}$$

an, d.h. wir vernachlässigen Pulsationen. Wir nehmen implizit an, daß alle Frequenzverschiebungen, die von nichtlinearen Zusätzen stammen, bereits in ω_λ berücksichtigt sind. Zur Lösung von den Gleichungen (7.34)–(7.36) machen wir die Ansätze

$$b_0 = B_0\, e^{-i\bar{\omega} t}, \tag{7.38}$$

$$b_\lambda = B_\lambda\, e^{-i(\bar{\omega} + \lambda\omega')t}. \tag{7.39}$$

Unser Gleichungssystem ist deshalb besonders einfach, weil wir Rückwirkungseffekte der Moden b_λ, $\lambda \neq 0$, auf die Mode b_0 vernachlässigen. Deshalb können wir mit der Lösung der Gleichung (7.35) beginnen. Diese liefert uns die Beziehungen

$$G_0 = \kappa_0 \tag{7.40}$$

und unter Berücksichtigung von (7.37)

$$G_{00} - \Sigma c_\lambda |b_\lambda|^2 = \kappa_0. \tag{7.41}$$

Hierin ist G_{00} der ungesättigte Gewinn der Mode $\lambda = 0$, während die in (7.41) noch auftretende Summe über $|b_\lambda|^2$ Modenamplituden enthält, die wir erst noch bestimmen müssen. Durch Einsetzen von (7.39) und eventuell auch von (7.38) in (7.34) ergibt sich unmittelbar

$$B_\lambda(-i(\bar{\omega} + \lambda) + i\omega_\lambda + \kappa_0 - G_\lambda) = -aB_{\lambda-1}. \tag{7.42}$$

Dieses Gleichungssystem können wir sukzessive lösen, indem wir die Modenamplitude B_λ durch die vorhergehende Modenamplitude $B_{\lambda-1}$ (im Falle $\lambda > 0$) darstellen. Auf diese Weise können wir die B_λ sukzessive durch die vorhergehenden ausdrücken und schließlich das ganze Verfahren auf B_0 zurückspielen. Damit erhalten wir

$$B_\lambda = \alpha_\lambda B_0, \tag{7.43}$$

wobei die Koeffizienten α_λ explizit berechnet werden können. Im Falle

$$\omega_\lambda = \bar{\omega} + \lambda \tag{7.44}$$

erhalten wir für den einzelnen Schritt

$$B_\lambda = \frac{a}{G_\lambda - \kappa_0} B_{\lambda-1} \tag{7.45}$$

und insgesamt also

$$B_\lambda = \frac{a^\lambda}{(G_1 - \kappa_0)(G_2 - \kappa_0) \dots (G_\lambda - \kappa_0)} B_0. \tag{7.46}$$

Da der Koeffizient a im allgemeinen klein ist, dürfen wir

$$\left| \frac{a}{G_\lambda - \kappa_0} \right| < 1 \tag{7.47}$$

annehmen. Wir erhalten dann für die Moden B_λ das in Fig. 7.9 dargestellte Bild. Wie wir sehen, sind auch hier die Moden wieder fest miteinander gekoppelt, jedoch mit einer Amplitude, die mit wachsendem Frequenzabstand von der Zentralmode weg abnimmt. Unbekannt geblieben ist bei diesem Verfahren vorläufig noch die Modenamplitude B_0. Diese können wir aber nunmehr gewinnen, wenn wir (7.46) in (7.41) einsetzen. Dies führt dann zu der Bedingung

$$G_{00} - B_0^2 \Sigma c_\lambda \alpha_\lambda = \kappa_0. \tag{7.48}$$

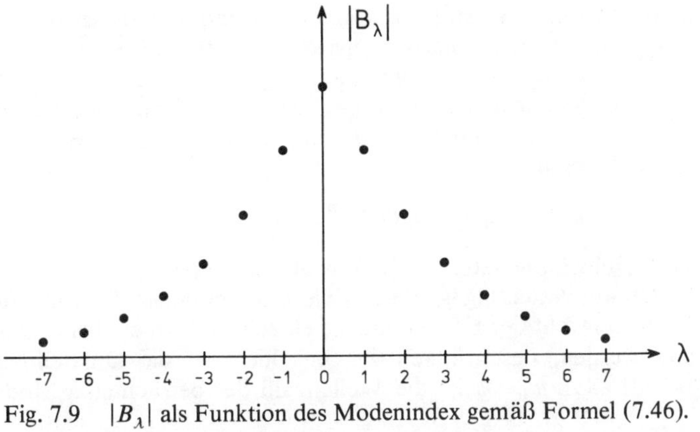

Fig. 7.9 $|B_\lambda|$ als Funktion des Modenindex gemäß Formel (7.46).

Dieses Modell kann leicht zu einem realistischen Modell ausgebaut werden, bei dem man die Rückwirkung der Modenkopplung auf B_0 berücksichtigt. Da die Rechnungen etwas lang werden, müssen wir aber auf die Literatur verweisen.

AUFGABE ZU 7.1

Man beweise $\overline{E_\lambda^* E_{\lambda'}} = 0$ (7.4).

Hinweis: Man setze $E_\lambda = r_\lambda e^{i\varphi_\lambda}$ und definiere als Phasenmittel

$$\frac{1}{(2\pi)^2} \int\int_0^{2\pi} \ldots d\varphi_\lambda \, d\varphi_{\lambda'} \quad (\lambda \neq \lambda') \quad \text{sowie}$$

$$\frac{1}{2\pi} \int_0^{2\pi} \ldots d\varphi_\lambda \quad (\lambda = \lambda').$$

7.2 Gaslaser

Da eine Reihe Laser Gaslaser sind, wie z.B. der Helium–Neon-Laser, legen wir noch kurz die Grundzüge der Lasertheorie für derartige Laser dar. Der entscheidende Unterschied zwischen dem vorliegenden Fall und dem der Festkörperlaser besteht darin, daß die Gasatome sich bewegen. Das ist aber auch der einzige Unterschied, den wir in Rechnung stellen müssen. Ansonsten bleiben aber alle Herleitungen der Lasergrundgleichungen gültig. In diesen müssen wir aber nunmehr berücksichtigen, daß die Gasatome sich bewegen, d.h. wir müssen überall die Koordinate $\mathbf{x}_\mu$ eines Gasatoms durch $\mathbf{x}_\mu + \mathbf{v}_\mu t$ ersetzen:

$$\mathbf{x}_\mu \rightarrow \mathbf{x}_\mu + \mathbf{v}_\mu t. \tag{7.49}$$

Da die optischen Übergänge der Gasatome in verschiedenen Polarisationsrichtungen erfolgen können, führen wir ferner noch den Winkel $\vartheta_{\mu\lambda}$ ein, den die Polarisationsrichtung des optischen Übergangs des Atoms μ mit der Polarisationsrichtung der Mode λ bildet. Damit nehmen die Kopplungskonstanten $g_{\mu\lambda}$, die in den Ausgangsgleichungen (5.99)–(5.101) in Abschnitt 5.8 auftreten, für den Fall stehender Wellen die folgende Form an

$$g_{\mu\lambda} = g \sin\{\mathbf{k}_\lambda(\mathbf{x}_\mu + \mathbf{v}_\mu t)\} \cos \vartheta_{\mu\lambda}. \tag{7.50}$$

Über die Geschwindigkeiten $\mathbf{v}_\mu$ der Gasatome setzen wir voraus, daß sie einer Boltzmannverteilung genügen, wie das bei einem Gas im thermischen Gleichgewicht der Fall ist. Da die einzelnen Formeln beim Gaslaser sehr lang werden, beschränken wir uns hier auf die Darstellung des Ein-Moden-Falles. $k_\lambda = k$ ist die Wellenzahl der betrachteten Mode, die wir als stehende Welle längs der Laserachse ansetzen. Zur Lösung der Gleichungen (5.99)–(5.101), die wir auf den Ein-Moden-Fall spezialisieren, verfahren wir in völliger Analogie zu Abschnitt 6.3 bzw. 6.4 und nehmen an, daß b in der Form

$$b(t) = B(t)\, e^{-i\Omega t} \tag{7.51}$$

geschrieben werden kann. Dies gestattet es, die Atomvariablen zu eliminieren und eine Gleichung für die Modenamplitude b allein zu gewinnen. Diese Gleichung lautet

$$\dot{b} = (-i\omega - \kappa)\, b - i \sum_{\mu} g_{\mu\lambda_0}(t)\, \alpha_\mu(t). \tag{7.52}$$

Darin ist α_μ, d.h. das atomare Dipolmoment, explizit durch

$$\begin{aligned} &b \cdot \{\exp(-ikx_\mu - i\tilde{\omega}_\mu t)[c_+ + ng_+] \\ &\quad + \exp(+ikx_\mu + i\tilde{\omega}_\mu t)[c_- + ng_-]\} + \text{weitere Glieder} \end{aligned} \tag{7.53}$$

gegeben. Ferner haben wir die Abkürzungen

$$\tilde{\omega}_\mu = kv_\mu, \tag{7.54}$$

$$n = |b|^2 \tag{7.55}$$

benutzt. Die konstanten Koeffizienten $c_\pm$, $g_\pm$ sind relativ komplizierte Ausdrücke, die die ungesättigte Inversion d_0, die optische Kopplungskonstante g, $\cos\vartheta$, die Frequenz $\bar{\omega}_0$ des zentralen atomaren Übergangs, die Dämpfungskonstante γ der Atome, deren Relaxationszeit T, $\tilde{\omega}_\mu$ (vgl. 7.54) sowie, last but not least, die Modenfrequenz Ω enthalten.

Setzen wir (7.51) in (7.52) ein, so erhalten wir

$$[\kappa - i(\Omega - \omega)]\, b = -i \sum_{\mu} g_{\mu\lambda_0}\, \alpha_\mu(t). \tag{7.56}$$

Da α gemäß (7.53) b als Faktor enthält, können wir nunmehr (7.56) auf beiden Seiten durch b dividieren. Verwenden wir die explizite, hier nicht angegebene Form der Konstanten $c_\pm$ und $g_\pm$ und verwandeln die Summe über μ in ein Integral über die Dopplerfrequenzen (7.54), so erhalten wir

$$\begin{aligned} \kappa - i(\Omega - \omega) = \frac{\rho A d_0}{6} \int & \frac{\gamma - i(\tilde{\omega} + \bar{\omega}_0 - \Omega)}{(\Omega - \bar{\omega} - \bar{\omega}_0)^2 + \gamma^2} \\ & \times \left\{ 1 - \frac{3\gamma T \bar{n} A}{5[(\Omega - \bar{\omega}_0 - \tilde{\omega})^2 + \gamma^2]} \right. \\ & \left. - \frac{3\gamma T \bar{n} A}{5[(\Omega - \overline{\omega}_0 + \tilde{\omega})^2 + \gamma^2]} \right\} W(\tilde{\omega})\, d\tilde{\omega}. \end{aligned} \tag{7.57}$$

$W(\tilde{\omega})$ ist darin die Boltzmannverteilung.

Hierbei sind Populationspulsationen vernachlässigt worden, die durch die in (7.53) als „weitere Glieder" gekennzeichneten Ausdrücke hereingekommen wären. In (7.57) haben wir die folgende Abkürzung verwendet:

$$A = \frac{4\pi\bar{\omega}_0^2 |\boldsymbol{\Theta}_{12}|^2}{\hbar\omega}, \tag{7.58}$$

wobei $\boldsymbol{\Theta}_{12}$ das atomare Dipolmoment ist, ρ ist die Dichte der Atome.

Die in (7.57) auftretenden Integrale lassen sich explizit auswerten. Vergleichen wir sodann den Realteil der beiden Seiten von (7.57), so erhalten wir

$$\kappa = \frac{\sqrt{\pi}\rho A d_0 \exp(-\delta^2)}{6\Gamma} \left\{ 1 - \tfrac{3}{5} A n T \left[\frac{1}{2\gamma} + \frac{\gamma}{2(\gamma^2 + (\Omega - \bar{\omega}_0)^2)} \right] \right\}. \tag{7.59}$$

Außer den bereits vorhandenen Größen ρ, A, ungesättigte Inversion d_0, Relaxationszeit T der Inversion, homogene Linienbreite γ eines Atoms, optische Übergangsfrequenz ω_0 eines ruhenden Atoms, Lasermodenfrequenz Ω, Photonenzahl n, treten noch die Größen Γ und δ auf. Γ ist die Dopplerbreite im Frequenzmaßstab, während $\delta = (\Omega - \bar{\omega}_0)/\Gamma$ ist. δ ist also die Verschiebung der Modenfrequenz gegenüber der atomaren Zentralfrequenz, gemessen in Einheiten der Dopplerbreite Γ. Von all diesen Größen sind nur noch δ (d.h. Ω) und die Photonenzahl bei vorgegebener ungesättigter Inversion zu bestimmen. Um Ω zu bestimmen, müßte man auf die Imaginärteile der Gl. (7.57) zurückgreifen. Wir verweisen wegen dieser etwas schwierigen Frage auf die Fachliteratur und beschränken uns bei der Diskussion auf einen Aspekt von besonderem physikalischem Interesse. Hierzu setzen wir zunächst in (7.59) die Photonenzahl $n = 0$, wodurch der Schwellwert der ungesättigten Inversion, d_{thr}, fixiert wird.

$$d_{thr} = 6\Gamma\kappa \exp(\delta^2)/(\sqrt{\pi}\rho A). \tag{7.60}$$

(7.59) läßt sich sofort nach der Photonenzahl n auflösen. Wir erhalten damit

$$n = \frac{1}{1 + \dfrac{\gamma^2}{\gamma^2 + (\Omega - \bar{\omega}_0)^2}} \cdot \frac{10\gamma}{3AT} \left(1 - \frac{d_{thr}(\delta)}{d_0} \right). \tag{7.61}$$

Von besonderer Bedeutung ist in dieser Relation der erste Faktor. Dieser hängt von der Modenfrequenz Ω ab. Wie sich zeigen läßt, unterscheidet

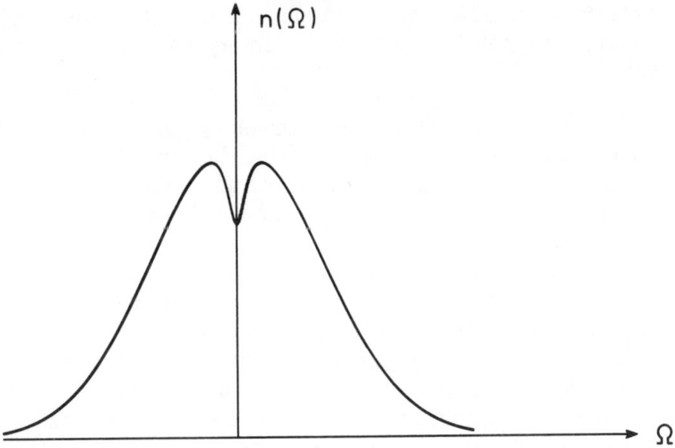

Fig. 7.10 Die Sättigungsdelle (Lamb dip). Dargestellt ist die ausgestrahlte Photonenzahl gegenüber der Frequenz der Lasermode. Fällt die Modenfrequenz Ω mit der Zentralfrequenz der Laseratome zusammen, so ergibt sich die in der Figur deutlich sichtbare Eindellung.

sich diese Modenfrequenz Ω von der Frequenz im leeren Resonator ω relativ geringfügig. Es handelt sich hier um das sogenannte Mode-pulling, das wir hier aber nicht diskutieren wollen. Tragen wir aber n unter Berücksichtigung gerade dieses ersten Faktors als Funktion der Verstimmung zwischen Ω und $\bar{\omega}_0$ auf, so ergibt sich die in Fig. 7.10 dargestellte Delle, d.h. wenn wir bei festbleibender Pumpleistung die Verstimmung zu Null machen, nimmt die Photonenzahl wieder ab. Die physikalische Ursache dieser Delle beruht letztlich wieder auf dem Lochbrennen, das wir schon in Abschnitt 4.5 diskutiert haben. Die stehende Laserwelle brennt in die Inversionsverteilung der mit verschiedener Geschwindigkeit fliegenden Atome zwei Löcher. Diese fallen aber im Falle verschwindender Verstimmung zusammen, so daß der Gewinn wieder verringert wird. Diese Delle, die unabhängig von Haken und Sauermann einerseits und Lamb andererseits gefunden wurde, spielt für die nichtlineare moderne Spektroskopie eine wichtige Rolle. Wir werden diese Doppler-freie Spektroskopie in Band 3 näher besprechen. Die Delle wird in der Literatur als Sättigungsdelle oder auch als Lamb-Delle (Lamb dip) bezeichnet.

7.3 Superstrahlung und Superfluoreszenz

In diesem Buch haben wir vornehmlich stationäre Prozesse besprochen, bei denen z.B. die Laserausstrahlung von der Zeit unabhängig oder zeitlich periodisch ist. In diesem Abschnitt wollen wir noch kurz auf zwei

Phänomene eingehen, bei denen sich aus einem Anfangszustand heraus die Ausstrahlung entwickelt und dann eventuell nach einigen Oszillationen abklingt.

Ein hierzu gehöriger Effekt ist die Superstrahlung (superradiance), die wir am Beispiel von Spins bereits im 1. Band kennengelernt haben. Wir erinnern hier nochmals kurz an das zugrundeliegende Spin-Experiment. Wir betrachten ein System von Protonen, oder allgemeiner von Atomen, die alle einen Spin der Größe $\hbar/2$ besitzen und die sich in einem konstanten magnetischen Feld befinden. Wie wir wissen, führen in einer klassischen Interpretation die einzelnen Spins eine Präzessionsbewegung um die Richtung des konstanten Magnetfeldes $\mathbf{H}_0$ aus. Unterwerfen wir nun die Spins einem zum konstanten Magnetfeld senkrecht stehenden Wechselfeld, dessen Frequenz gerade der Umlaufsfrequenz der Spins entspricht, so geschieht folgendes: Die Spins, die (je nach Vorzeichen des magnetischen Moments) in Richtung oder entgegengesetzt zu $\mathbf{H}_0$ stehen, klappen immer mehr um. Bei entsprechend dosierter Einwirkungsdauer des magnetischen Wechselfeldes kann man so erreichen, daß die Spins senkrecht zum homogenen Feld rotieren. Dieses rotierende magnetische Moment erzeugt eine elektromagnetische Strahlung, die sogenannte magnetische Dipolstrahlung. Hierbei wird die Energie, die in den Spins steckt, an das Feld abgegeben und es findet dementsprechend ein kurzer Ausstrahlungsimpuls statt, der als *Superstrahlung* oder im Englischen als super radiance bezeichnet wird. Zu diesem Effekt analog ist nun im optischen Bereich der folgende. Wir betrachten Elektronen, die im Prinzip zwei Zustände in einem Atom besetzen können. Wie wir in Bd. I darlegten, besteht eine enge formale Analogie zwischen dem Verhalten eines derartigen Zwei-Niveau-Systems und einem Spin. Strahlen wir mit einem Lichtfeld, das in Resonanz mit dem optischen Übergang ist, ein, so wird das elektronische Wellenpaket in Schwingungen versetzt. Es wird damit ein oszillierendes elektrisches Dipolmoment erzeugt, das bei einer entsprechend dosierten Impulsdauer des eingestrahlten Feldes maximal wird. Alle diese elektrischen Dipole schwingen anfänglich kohärent und können somit wiederum eine elektromagnetische Welle erzeugen. Infolge der entsprechenden Energieabgabe des elektrischen Systems an das elektromagnetische Feld klingt das Dipolmoment und damit auch die Ausstrahlung ab. Wir haben es hier mit *Superstrahlung im optischen Bereich* zu tun.

In vielen praktischen Fällen wird das atomare System aber keineswegs durch einen 90° Impuls angeregt, vielmehr bringt man praktisch alle Atome in den angeregten Zustand, was einem 180° Impuls entspricht. Hiermit entfällt aber gerade ein ganz wichtiger Gesichtspunkt, der bei der Superstrahlung maßgebend war. Hier wurde ja von vornherein das Spin- oder atomare System in einem Zustand mit maximalen magnetischen oder elektrischen Dipolmomenten erzeugt. Wie man nachweisen kann, ist das Dipolmoment eines angeregten Atoms hingegen gleich Null. Der Anregungszustand ist also ganz grundsätzlich von dem der Superstrahlung verschieden. Daher ist es zweckmäßig, für diesen jetzt zu besprechenden Effekt das Wort *Superfluoreszenz* zu verwenden. Hier beginnen die angeregten Atome erst durch spontane, später dann auch durch induzierte Emission Licht zu emittieren. Da die spontane Emission ein quantenmechanischer Effekt ist, muß man zumindest das erste Stadium dieses Prozesses quantenmechanisch beschreiben. Es stellt sich aber heraus, daß sehr bald durch zufällig entstandene, aber dann feste Phasenbeziehungen sich ein Gesamtzustand der Atome ausbildet, der sehr stark an die Anfangsbedingung erinnert, wie sie bei der Superstrahlung zugrundegelegt wird. Von diesem Augenblick an ist es möglich, das Problem als einen klassischen Ausstrahlungsakt zu behandeln. Die Ausführung der einzelnen Rechenschritte würde den Rahmen dieses Buches bei weitem sprengen. Immerhin sollten dem Leser die Grundideen hiernach klar sein.

7.4 Herleitung der Bilanzgleichungen aus den halbklassischen Lasergleichungen

Die Bilanzgleichungen des Kapitels 4 hatten wir rein heuristisch hergeleitet und auf die spätere Herleitung verwiesen. Diese soll hier erfolgen. Hierbei wird deutlich werden, welche Annahmen wir machen mußten, um die früheren Bilanzgleichungen zu erhalten. Mit dieser Herleitung wollen wir denjenigen Teil unseres Buches, der sich mit der halbklassischen Lasertheorie befaßt, beschließen. Da die Ausführungen mehr von mathematischem Interesse sind, kann der eilige Leser sie aber ohne weiteres auslassen.

Wir setzen voraus, daß die Lasergleichungen Laserschwingungen der Form

$$b_\lambda = B_\lambda \exp(-i\Omega_\lambda t) \tag{7.62}$$

zulassen. Hierbei dürfen die Amplituden B_λ auch noch Funktionen der Zeit sein, die aber langsam gegenüber den Änderungen der Exponentialfunktionen $\exp(-i\Omega_\lambda t)$ sind.

Setzen wir den Ausdruck (7.62) in die Lasergleichungen (5.100) für das atomare Dipolmoment ein und nehmen wir ferner an, daß die Inversion d_μ zeitlich konstant ist oder sich nur langsam im Lauf der Zeit ändert, so erhalten wir, ganz ähnlich wie in Abschnitt 6.4, den Ausdruck

$$\alpha_\mu = \sum_\lambda \frac{i g_{\mu\lambda} d_\mu b_\lambda}{i(\bar{\omega}_\mu - \Omega_\lambda) + \gamma}. \tag{7.63}$$

Diesen setzen wir nun aber gleich wieder in die Gleichung für die Feldmoden (5.99) ein und multiplizieren diese Gleichung mit b_λ^*. Wir addieren nun zu dieser Gleichung die dazu konjugiert komplexe Gleichung und führen, wie üblich, die Photonenzahl n_λ durch die Beziehung

$$n_\lambda = b_\lambda^* b_\lambda \tag{7.64}$$

ein. Die Summe der beiden Gleichungen läßt sich dann in der folgenden Form schreiben

$$\dot{n}_\lambda = -2\kappa_\lambda n_\lambda + \sum_\mu \sum_{\lambda'} \left[\frac{g_{\mu\lambda} g_{\mu\lambda'}^* d_\mu b_{\lambda'} b_\lambda^*}{-i(\Omega_{\lambda'} - \bar{\omega}_\mu) + \gamma} + k.k. \right]. \tag{7.65}$$

Wir betrachten die Ausdrücke $b_{\lambda'} b_\lambda^*$, die auf der rechten Seite von (7.65) auftreten, genauer. Wäre überall $\lambda' = \lambda$, so könnten wir wieder auf der rechten Seite die Photonenzahlen (7.64) verwenden, wie das bei den Bilanzgleichungen ja auch geschieht. Wir nehmen nun an, daß die Schwingungen λ nicht *phasengekoppelt* sind. Denken wir uns auf beiden Seiten von (7.65) eine Mittelung über Phasen ausgeführt und nehmen wir an, daß die Phasen nicht korreliert sind, so verschwinden bei dieser Mittelung auf der rechten Seite von (7.65) alle Ausdrücke, für die $\lambda' \neq \lambda$ ist. Damit entfällt aber die Summe über λ' und wir können (7.65) in der Form

$$\dot{n}_\lambda = -2\kappa_\lambda n_\lambda + \sum_\mu W_{\lambda\mu} d_\mu n_\lambda \tag{7.66}$$

schreiben. Hierbei haben wir bereits die Größe $W_{\lambda\mu}$ eingeführt, die wir explizit durch Vergleich zwischen (7.66) und (7.65) entnehmen können und die sich zu

$$W_{\lambda\mu} = \frac{2\gamma |g_{\mu\lambda}|^2}{(\Omega_\lambda - \bar{\omega}_\mu)^2 + \gamma^2} \tag{7.67}$$

ergibt. Dies ist aber genau die Übergangsrate, die wir in Kap. 4 heuristisch eingeführt hatten. Als einziger Unterschied tritt hier auf, daß die Modenfrequenz Ω_λ die *tatsächliche Frequenz* der Lasermoden ist und nicht mehr, wie wir früher annahmen, die Modenfrequenz im leeren Resonator.

Um Gleichungen für die Inversion zu bekommen, verfahren wir ganz ähnlich. Wir setzen nämlich jetzt den Ausdruck (7.63) in die Gleichungen (5.101) für die Inversion ein und denken uns hier wieder die Phasenmittelung ausgeführt. Dies liefert unmittelbar die Gleichungen

$$\dot{d}_\mu = \frac{d_0 - d_\mu}{T} - 2 \sum_\lambda W_{\lambda\mu} d_\mu n_\lambda, \tag{7.68}$$

die wir sofort als die früher phänomenologisch eingeführten Bilanzgleichungen erkennen. Wie aus diesen Betrachtungen hervorgeht, lassen sich die früheren Bilanzgleichungen dann herleiten, wenn wir von Phasenkopplungen zwischen den Lasermoden absehen dürfen und wenn die Änderungen von Inversion und Photonenzahl langsam gegenüber den Schwingungen erfolgen. Dies ist eine Annahme, die wegen der relativ hohen Frequenz des atomaren Übergangs praktisch immer erfüllt ist. Die Gleichungen gelten auch für große Photonenzahlen, d.h. weit oberhalb der Schwelle. Insofern gehen die jetzt hergeleiteten Gleichungen über die von den Abschnitten 6.3, 6.4 hinaus, wo wir auf einen Bereich nahe der Schwelle beschränkt waren. Andererseits aber beruhen sie auf der Annahme verschwindender Phasen- und Frequenzkopplung, sodaß sie wichtige Phänomene nicht erfassen können.

7.5 Höhere Instabilitäten

In diesem Abschnitt gehen wir näher auf den Begriff *höhere Instabilitäten* ein, da dieses Wort immer häufiger in der modernen Literatur auftritt. Wie wir in den Abschnitten 6.2 und 6.3 sahen, tritt oberhalb der ersten Laserschwelle der 1-Moden-Betrieb in Form einer kohärent schwingenden Laserlicht-Welle auf. In ähnlicher Weise können auch mehrere Lasermoden gleichzeitig kohärent schwingen, wobei die Wechselwirkung zwischen den Moden lediglich die Amplituden und Frequenzen beeinflußt, nicht aber zu neuartigen Schwingungseffekten Anlaß gibt. Unter höheren Instabilitäten versteht man nun all diejenigen Erscheinungen, die jenseits der eben besprochenen Phänomene liegen. Wie wir in Abschnitt 6.4 sahen, kann der 1-Moden-Laser bei einer genügend hohen Pumpleistung instabil werden, daher der Name Instabilitäten, und dann chaotisches Laserlicht aussenden. Hierbei können verschiedene Arten chaotischen Verhaltens auftreten.

Eine andere höhere Instabilität tritt auf, wenn es zu ultrakurzen Impulsen kommt. Ein Beispiel hierfür hatten wir in Abschnitt 7.1 kennengelernt. Dabei können, je nach verwendetem Lasersystem, etwa Festkörperlaser oder Gaslaser, verschiedene Kopplungsmechanismen zwischen den Moden Anlaß zu diesen Impulsen geben. Auch kann die Wechselwirkung verschiedener Moden zu Chaos führen.

Als letztes Beispiel sei noch die Aufspaltung von Modenfrequenzen in Farbstofflasern erwähnt, wo mit wachsender Pumpleistung sich zunächst eine Linie in zwei, dann in vier, usw. aufspaltet. Schließlich können unter dem Phänomen *höhere Instabilitäten* auch die räumlichen oder raumzeitlichen Effekte subsumiert werden, die wir noch in Abschnitt 10.6 besprechen werden. Auf dem Gebiet der höheren Instabilitäten sind wahrscheinlich noch faszinierende Entwicklungen zu erwarten, da man sich vorstellen kann, daß man durch geeignete Verteilungen des Pumplichtes oder räumlich inhomogen gestaltete Laser Modenkopplungen steuern kann, so daß man hier bestimmte logische Funktionen, die sehr schnell ablaufen und hoch integriert sein können, verwirklichen könnte.

8. Quantentheorie des Lasers. Kohärenz, Rauschen, Photonenstatistik

8.1. Warum Quantentheorie des Lasers?

Die halbklassische Theorie des Lasers, die wir in den vorangegangenen Kapiteln 5 bis 7 dargelegt haben, ermöglicht es, viele Eigenschaften des Laserlichts zu erklären oder sogar vorherzusagen. Nach diesen Untersuchungen ergibt sich, daß Lasertätigkeit oberhalb einer bestimmten Pumpschwelle einsetzt, während unterhalb dieser keinerlei Ausstrahlung stattfindet. Gerade diese letztere Aussage ist aber höchst unbefriedigend, da wir damit gar nicht die Ausstrahlung gewöhnlicher Lampen wiedergeben können. Eine Theorie des Lasers muß natürlich gerade in der Lage sein, auch den Umschlag von Lampenlicht in Laserlicht wiederzugeben. Es muß also noch ein ganz wichtiger Aspekt in der Lasertheorie außer acht gelassen worden sein. Um diesen Aspekt zu finden, betrachten wir die Emission von Licht gewöhnlicher Lichtquellen etwas genauer.

Wie wir wissen, wird hier das Licht spontan von angeregten Atomen ausgesandt. Diese spontane Emission kann aber nicht im Rahmen einer Theorie, die das Lichtfeld klassisch behandelt, wiedergegeben werden. Dieser Mangel war uns bereits im ersten Band „Elemente der Quantenoptik“ begegnet, als wir die Einstein-Koeffizienten für Absorption und Emission berechneten. Dort konnten wir zwar die entsprechenden Koeffizienten für Absorption und induzierte Emission gewinnen, nicht aber die für die spontane Emission. Wie sich gezeigt hat, kann die spontane Emission adäquat behandelt werden, wenn wir das Lichtfeld von vornherein quantisieren, so wie wir dies in Band I, Kap. 6 getan haben. Wie wir ferner dort gesehen hatten, ist mit der Dämpfung einer klassischen oder quantenmechanischen Größe stets auch eine Fluktuation verbunden. Zum Beispiel ist das Lichtfeld im Resonator durch die Durchlässigkeit der Spiegel gedämpft. Wir müssen also nach den dortigen Überlegungen auch Fluktuationen der Lichtfeldamplitude erwarten. Fluktuationen dieser Art sind in den halbklassischen Lasergleichungen nicht enthalten.

Wir ersehen daraus, daß eine vollständig quantenmechanische Beschreibung des Lasers nötig wird, wenn wir den Unterschied zwischen Laser und Lampe voll verstehen wollen. Wie sich zeigen wird, sind die Fluktuationen beim Laserlicht nicht zu vernachlässigen, sondern sind gerade für die detaillierten Kohärenzeigenschaften des Laserlichts ausschlaggebend.

Sehen wir die Eigenschaften des Laserlichts weniger vom Standpunkt der Optik, sondern der Elektrotechnik, so sprechen wir statt von Kohärenzeigenschaften von Rauscheigenschaften. Betrachten wir das Laserlicht schließlich im Bild der Photonen, so werden wir dazu geführt, die Photonenstatistik zu untersuchen.

Im nächsten Abschnitt werden wir die Grundgleichungen der Quantentheorie des Lasers teils herleiten, teils nur motivieren, wobei wir in möglichst enger Anlehnung an die halbklassische Lasertheorie vorgehen werden. In Abschnitt 8.3 wurden wir dann die Kohärenzeigenschaften des Laserlichts und des Lichts normaler Lampen miteinander vergleichen, um in 8.4 die Photonenstatistik zu behandeln.

Für Leser, denen die Quantentheorie ferner liegt, sei ein wichtiger Hinweis gegeben. Die nachfolgenden Gleichungen und deren Lösung können von Anfang an auch rein klassisch, d.h. nicht quantentheoretisch interpretiert werden, so daß auch ein nicht mit der Quantentheorie vertrauter Leser den einzelnen Schritten folgen kann. Dies wird dadurch möglich, daß sich die quantenmechanischen Lasergleichungen von den früheren halbklassischen Gleichungen nur durch jeweils ein Zusatzglied unterscheiden. Dieses Zusatzglied drückt explizit die Wirkung von Fluktuationen aus und diese Fluktuationskräfte können in guter Näherung als klassische Größen angesehen werden. In der Sprechweise von Bd. I handelt es sich im folgenden um sogenannte Langevin-Gleichungen. Später werden wir dann auch in einem einfachen Fall die Fokker-Planck-Gleichung des Laserlichts angeben und lösen.

8.2 Grundgleichungen der Quantentheorie des Lasers

Bei unseren folgenden Betrachtungen gehen wir von Ergebnissen aus, die wir in Band I, Kapitel 6 und 7, erzielt haben. Wie in Formel I.6.1 betrachten wir nur eine Mode im Resonator, die wir in einen Zeit- und Ortsanteil zerlegen

$$E_z(x, t) = p(t)\,\mathcal{N} \sin kx. \tag{8.1}$$

Hierin ist $p(t)$ durch

$$p(t) = \gamma b + \gamma^* b^+, \quad |\gamma| = 1 \tag{8.2}$$

gegeben, wobei γ eine komplexe Konstante vom Betrag 1 ist. Im folgenden wählen wir $\gamma = -i$. Indem wir noch die Normierungskonstante $\mathcal{N}$ explizit einführen und (8.1) etwas umschreiben, geben wir E_z in der Form

$$E_z(x, t) = (b^+ - b)\, i\sqrt{2\pi\hbar\omega}\, u(x) \tag{8.3}$$

an, wobei

$$u(x) = \sqrt{2/L}\,\sin kx \tag{8.4}$$

gilt, wobei wir wieder Gebrauch von der Schreibweise von Kap. 6, Band I, machen. Wie wir dort gesehen haben, werden die zunächst klassischen Amplituden b und b^+ bei einer Quantisierung des Lichtfelds zu Operatoren. Der Zusammenhang zwischen der klassischen Beschreibung und der quantenmechanischen Beschreibung wird besonders eng, wenn wir das Heisenberg-Bild benutzen, in dem die Operatoren b^+ und b als zeitabhängig angenommen werden. (Der mit der quantentheoretischen Formulierung nicht näher vertraute Leser wird von nun an die b^+ und b weiterhin als klassische Amplituden betrachten können. Er muß dann über das Wort „Operator" hinweglesen.)

Für ein frei schwingendes Lichtfeld, das also nicht durch Ladungen und Ströme erzeugt wird, genügen im Heisenberg-Bild b^+ und b den folgenden Gleichungen

$$\dot{b}^+ = i\omega b^+, \tag{8.5}$$

$$\dot{b} = -i\omega b. \tag{8.6}$$

Wie wir in Kap. 7 von Band I sahen, müssen wir im Falle von Dämpfung diese Gleichungen nicht nur durch ein Glied, das die Dämpfungskonstante κ enthält, ergänzen, sondern die quantenmechanische Konsistenz bleibt nur gewahrt, wenn wir gleichzeitig fluktuierende Kräfte einführen. Damit geht z.B. Gl. (8.6) in

$$\dot{b} = (-i\omega_0 - \kappa)\,b + F(t) \tag{8.7}$$

über. Für unsere folgenden Betrachtungen ist es weiterhin wichtig, daß wir uns noch einmal die Eigenschaften der fluktuierenden Kräfte in die Erinnerung zurückrufen. Dazu führen wir wieder Mittelwerte ein, die wir durch spitze Klammern bezeichnen. Diese Mittelwerte bedeuten in der Quantentheorie eine quantenstatistische Mittelung. Bei einer klassischen Deutung wären diese ein statistisches Mittel. Wir verzichten hier auf die nähere Definition dieser Mittelbildungen, da sie für das weitere Verständnis nicht nötig sind. Es genügt allein die Kenntnis gewisser Eigenschaften dieser Mittelwerte. Diese sind durch die folgenden Gleichungen gegeben (vgl. Bd. I, (7.41))

$$\langle F(t)\rangle = 0, \qquad \langle F^+(t)\rangle = 0, \tag{8.8}$$

$$\langle F^+(t)\,F^+(t')\rangle = 0, \qquad \langle F(t)\,F(t')\rangle = 0, \tag{8.9}$$

$$\langle F^+(t)\,F(t')\rangle = 2\kappa n_{th}\,\delta(t-t'), \tag{8.10}$$

$$\langle F(t)\,F^+(t')\rangle = 2\kappa(n_{th}+1)\,\delta(t-t'). \tag{8.11}$$

Darin ist n_{th} die bei der Temperatur T vorhandene Zahl der Photonen einer Lichtwelle der Frequenz ω_0.

Bis jetzt hatten wir die Quantisierung des Lichtfelds unter Einschluß von Dämpfung und Fluktuationen behandelt. Wie wir von den halbklassischen Lasergleichungen her wissen, müssen wir aber auch die Dynamik der Atome, genauer gesagt der Elektronen in den Atomen, berücksichtigen. Hierzu stellen wir uns wieder ein System aus Zwei-Niveau-Atomen vor und benutzen die in Bd. I dargelegte Analogie zwischen einem Zwei-Niveau-Atom und einem Spin 1/2. Um diese Analogie gleich ausnutzen zu können, erinnern wir den Leser an die Bewegungsgleichungen für die Spin-Operatoren s_+, s_-, s_z. In Gegenwart von Dämpfung und Fluktuationen haben diese die Gestalt

$$\dot{s}_+ = -i\omega_0 s_+ - (1/T_2) s_+ + \Gamma_+(t), \tag{8.12}$$

$$\dot{s}_- = i\omega_0 s_- - (1/T_2) s_- + \Gamma_-(t), \tag{8.13}$$

$$\dot{s}_z = (1/T_1)(s_z^0 - s_z) + \Gamma_z(t). \tag{8.14}$$

Für den „Nicht-Quantentheoretiker" fügen wir hinzu, daß die Größen s_+, s_-, s_z im folgenden wiederum als klassische Größen aufgefaßt werden können. Da wir im folgenden nur die formale Analogie zwischen einem Spin und einem Zwei-Niveau-Atom ausnutzen wollen, verzichten wir hier darauf, den Inhalt der Gln. (8.12)–(8.14) zu erläutern. Wir benutzen vielmehr die folgende Analogie

$$\begin{aligned} s_+ &\rightarrow \alpha^+ \\ s_- &\rightarrow \alpha \\ s_z &\rightarrow d \end{aligned} \tag{8.15}$$

Hierin ist α^+ ein Operator, der ein Elektron aus dem Grundzustand des Atoms in den angeregten Zustand bringt, während α für den umgekehrten Vorgang verantwortlich ist. d ist der Operator für die Besetzungszahldifferenz. Ferner setzen wir

$$\omega_0 \rightarrow -\bar{\omega}, \tag{8.16}$$

wobei $\bar{\omega}$ die optische Übergangsfrequenz des Atoms ist. Ferner identifizieren wir

$$1/T_2 = \gamma, \tag{8.17}$$

wobei γ die optische Linienbreite des Atoms ist, und

$$1/T_1 \rightarrow 1/T, \tag{8.18}$$

wobei T die Lebensdauer des angeregten atomaren Zustands ist. Hierbei ist angenommen, daß die endliche Linienbreite und die endliche

Lebensdauer des Atoms durch die Ankopplung des Atoms an äußere Wärmebäder zustandekommt. Unter diesen Wärmebädern befindet sich einmal das Kontinuum des elektromagnetischen Feldes, das nicht an der Lasertätigkeit teilnimmt, aber auch äußere Reservoirs, die Pumpvorgänge beschreiben. Diese Pumpvorgänge sollen dafür sorgen, daß ohne Lasertätigkeit das einzelne Atom eine bestimmte mittlere Besetzungszahl annimmt. Dieser Effekt ist bereits in Gl. (8.14) enthalten, wenn wir nur noch die Identifizierung

$$s_z^0 \to d_0 \tag{8.19}$$

vornehmen. Schreiben wir diese Gleichungen (8.12)–(8.14) in die neuen Bezeichnungen um! Wir erhalten dann

$$\dot{\alpha} = (-i\bar{\omega} - \gamma)\,\alpha + \Gamma_-(t), \tag{8.20}$$

$$\dot{\alpha}^+ = (i\bar{\omega} - \gamma)\,\alpha^+ + \Gamma_+(t), \tag{8.21}$$

$$\dot{d} = \frac{d_0 - d}{T} + \Gamma_z(t). \tag{8.22}$$

Ebenso wie in (8.12)–(8.14) stellen jetzt die Γ's wieder fluktuierende Kräfte dar. Die Bedeutung der Gln. (8.20) bis (8.22) wird uns sofort klar, wenn wir die Rauschkräfte $\Gamma(t)$ weglassen und die Gleichungen (8.20)–(8.22) mit den Gleichungen der halbklassischen Lasertheorie vergleichen. Wie wir sehen, sind die Gleichungen (8.20)–(8.22) in diesem Falle identisch mit denen der halbklassischen Lasertheorie (5.100), (5.101), wenn wir die Kopplung Lichtfeld–Atom, die die Kopplungskonstante g enthält, weglassen. Dies liefert uns aber den Hinweis, wie wir die jetzigen quantentheoretischen Gleichungen zu ergänzen haben, um diese Kopplung wiederzugeben. Dies kann in aller Strenge erfolgen, indem wir bei der quantentheoretischen Formulierung vom Hamiltonoperator ausgehen, der die Kopplung zwischen dem Lichtfeld und dem Atom beschreibt und sodann ins Heisenberg-Bild übergehen. Wir wollen diesen Vorgang hier nicht wiedergeben, da er uns keine physikalisch neuen Erkenntnisse liefert. Als Resultat ergibt sich nämlich, daß wir formal genau dieselben Gleichungen erhalten wie in der halbklassischen Theorie, die lediglich durch die fluktuierenden Kräfte F und Γ zu ergänzen sind.

Ferner haben wir natürlich die Größen in den Gleichungen (8.20)–(8.22) jeweils mit einem Index μ, der die Atomnummer wiedergibt, zu versehen.

Um das Wesentliche herauszuschälen, betrachten wir nach wie vor nur eine einzige Lichtmode und setzen voraus, daß die Kopplungskonstanten $g_{\mu\lambda}$ nicht von μ abhängen. In der Tat läßt sich z.B. bei ebenen Wellen die Abhängigkeit von $g_{\mu\lambda}$ vom Ort x_μ wegtransformieren, worauf wir hier aber nicht näher eingehen wollen. Wir machen also die Annahme

$$g_{\mu\lambda} \to g, \quad g \text{ reell.} \tag{8.23}$$

Ferner betrachten wir eine homogen verbreiterte Linie, bei der $\bar{\omega}_\mu = \bar{\omega}$ ist. Wir nehmen ferner exakte Resonanz an, d.h. $\bar{\omega} = \omega$

$$\bar{\omega}_\mu = \bar{\omega} = \omega. \tag{8.24}$$

Damit lauten also die Grundgleichungen, die wir im folgenden betrachten wollen,

$$\dot{b} = (-i\omega - \kappa)\, b - ig \sum_\mu \alpha_\mu + F(t), \tag{8.25}$$

$$\dot{\alpha}_\mu = (-i\omega - \gamma)\, \alpha_\mu + igbd_\mu + \Gamma_{\mu-}(t), \tag{8.26}$$

$$\dot{d}_\mu = \frac{d_0 - d_\mu}{T} + 2ig(\alpha_\mu b^+ - \alpha_\mu^+ b) + \Gamma_{\mu d}(t). \tag{8.27}$$

Die Gleichungen (8.25) und (8.26) hat man sich jeweils durch die zu diesen konjugierten Gleichungen für b^+ bzw. α_μ^+ ergänzt zu denken. Der Vollständigkeit halber führen wir noch die Eigenschaften der Γ's an. (Der eilige Leser kann die folgenden Formeln übergehen.) Diese lauten

$$\langle \Gamma_{\mu-}(t) \rangle = \langle \Gamma_{\mu+}(t) \rangle = \langle \Gamma_{\mu d}(t) \rangle = 0 \tag{8.28}$$

$$\langle \Gamma_{\mu+}(t)\, \Gamma_{\mu'-}(t') \rangle = \left[\gamma(1 + \langle d_\mu \rangle) + \frac{1}{2T}\, (d_0 - \langle d_\mu \rangle) \right] \times \delta_{\mu\mu'}\, \delta(t - t') \tag{8.29a}$$

$$\langle \Gamma_{\mu-}(t)\, \Gamma_{\mu'+}(t') \rangle = \left[\gamma(1 - \langle d_\mu \rangle) - \frac{1}{2T}\, (d_0 - \langle d_\mu \rangle) \right] \times \delta_{\mu\mu'}\, \delta(t - t') \tag{8.29b}$$

$$\langle \Gamma_{\mu d}(t)\, \Gamma_{\mu' d}(t') \rangle = (2/T)\, (1 - d_0 \langle d_\mu \rangle)\, \delta_{\mu\mu'}\, \delta(t - t') \tag{8.30}$$

$$\langle \Gamma_{\mu+}(t)\, \Gamma_{\mu' d}(t') \rangle = -(1/T)\, (1 + d_0) \langle \alpha_\mu^+ \rangle\, \delta_{\mu\mu'}\, \delta(t - t') \tag{8.31a}$$

$$\langle \Gamma_{\mu-}(t)\, \Gamma_{\mu' d}(t') \rangle = (1/T)\, (1 - d_0) \langle \alpha_\mu \rangle\, \delta_{\mu\mu'}\, \delta(t - t') \tag{8.31b}$$

Die Herleitung dieser Formeln würde den Rahmen unseres Buches bei weitem übersteigen. Wir müssen daher den daran interessierten Leser auf die Spezialliteratur verweisen, insbesondere auf meinen Artikel im Handbuch der Physik. Andererseits ist es im folgenden nur wichtig, einige Eigenschaften der obigen Korrelationsfunktionen zwischen den Γ's zu kennen. Wichtig ist vor allem, daß die Korrelationsfunktionen bezüglich der Zeit die δ-Funktion $\delta(t-t')$ enthalten. Dies bedeutet, daß die fluktuierenden Kräfte ein „sehr kurzes Gedächtnis" haben. Diese Eigenschaft werden wir im folgenden stets verwenden. Neu für uns sind die Größen $\langle \alpha_\mu \rangle$, $\langle \alpha_\mu^+ \rangle$ und $\langle d_\mu \rangle$. Es handelt sich hierbei um die Lösungen der Gleichungen (8.25)–(8.27), falls wir diese quantenmechanisch (einschl. Fluktuationen) mitteln. $\langle \alpha_\mu \rangle$, $\langle \alpha_\mu^+ \rangle$ und $\langle d_\mu \rangle$ genügen dann Gleichungen, die mit den semiklassischen Gleichungen (5.99)–(5.101) identisch sind.

8.3 Kohärenz und Rauschen

Unsere Aufgabe wird es nunmehr sein, die Ausgangsgleichungen (8.25)–(8.27) zu lösen. Die frappierende Ähnlichkeit der quantenmechanischen Gleichungen mit denen der halbklassischen Lasertheorie legt es natürlich nahe, bei der Lösung formal wie früher vorzugehen. Dies ist in der Tat möglich, wobei wir aber nun die fluktuierenden Kräfte F und Γ mitnehmen müssen. Der erste Schritt der Lösung besteht darin, daß wir die Atomvariablen α_μ, α_μ^+ und d_μ eliminieren. Da wir das entsprechende Iterationsverfahren schon ausführlich in den Abschnitten 6.3 und 6.4 vorgeführt haben, wiederholen wir dies hier nicht noch einmal, sondern geben gleich das endgültige Resultat an.

$$\dot{b} = (-i\omega - \kappa + g^2 D_0/\gamma)\, b - C b^+ bb + F_{tot}. \tag{8.32}$$

Hierin ist D_0 durch

$$D_0 = N d_0 \tag{8.33}$$

gegeben und C durch

$$C = 4 g^4 T D_0/\gamma^2. \tag{8.34}$$

Ferner ist F_{tot} durch

$$F_{tot}(t) - F(t) \quad (ig/\gamma) \sum_\mu \Gamma_{\mu-}(t) \tag{8.35}$$

dargestellt. Bezüglich der Glieder, die keine Fluktuationen enthalten, hat die Gl. (8.32) den gleichen Genauigkeitsgrad wie die frühere halbklassische Gleichung (6.44). Bezüglich der neu hinzugekommenen Fluktuationen ist festzustellen, daß ein Fluktuationsglied, das sich auf die Inversion bezieht, weggelassen wurde, da dieser Effekt klein ist. Für das Folgende ist es wichtig, die Eigenschaften der fluktuierenden Kraft F_{tot} zu erkennen. Diese lassen sich aus der Definition (8.35) gemeinsam mit den Eigenschaften (8.8)–(8.11) und (8.28) bis (8.31) herleiten, sofern wir noch annehmen, daß die fluktuierenden Kräfte F und Γ nicht korreliert sind, was z.B. bedeutet, daß

$$\langle F\Gamma_+\rangle = \langle F\rangle\langle\Gamma_+\rangle = 0 \tag{8.36}$$

gilt. Wir überlassen es dem Leser als Übungsaufgabe, sich von der Gültigkeit der folgenden Relationen zu überzeugen

$$\langle F_{tot}^+(t)\rangle = 0, \qquad \langle F_{tot}(t)\rangle = 0, \tag{8.37}$$

$$\langle F_{tot}^+(t)\, F_{tot}^+(t')\rangle = \langle F_{tot}(t)\, F_{tot}(t')\rangle = 0, \tag{8.38}$$

$$\langle F_{tot}^+(t)\, F_{tot}(t')\rangle = \left\{2\kappa n_{th} + \frac{g^2}{\gamma^2}\sum_\mu [\gamma(1 + \langle d_\mu\rangle)] + \frac{1}{2T}(d_0 - \langle d_\mu\rangle)\right\}\delta(t-t') \tag{8.39}$$

$$\approx 2\kappa\left[n_{th} + \frac{N_{2s}}{(N_2 - N_1)_{thr}}\right]\delta(t-t'). \tag{8.40}$$

Beim Übergang von (8.39) in (8.40) wurde verwendet, daß stationärer Laserbetrieb vorliegt und man in der Umgebung der Laserschwelle in guter Näherung $d_0 - \langle d_\mu\rangle \approx 0$ setzen kann. Schließlich liefert (4.60) zusammen mit der Schwellbedingung $D_{0_{thr}} = (N_2 - N_1)_{thr} = \kappa\gamma/g^2$ die endgültige Form (8.40). Dabei ist N_{2s} die tatsächliche, gesättigte Besetzungszahl des Niveaus 2 der Atome.

Bevor wir dazu übergehen, die Gleichung (8.32) zu lösen, ist es günstig, sich deren Bedeutung nochmals zu veranschaulichen, wobei wir b als klassische Variable interpretieren. Hierzu greifen wir auf das Potentialmodell zurück, das uns bereits in Abschnitt 6.3 begegnet war. Interpretieren wir b als Koordinate q eines Teilchens, so läßt sich Gl. (8.32) als Gleichung für die überdämpfte Bewegung dieses Teilchens auffassen. Sie hat also die Struktur

$$m\ddot{q} + \dot{q} = K(q) + F(t) \equiv -\frac{\partial V}{\partial q} + F(t), \tag{8.41}$$

wobei das Beschleunigungsglied $m\ddot{q}$ als sehr klein angenommen wird. Die Kräfte auf der rechten Seite von (8.41) haben wir in einen Anteil $K(q) + F(t)$ aufgespalten, wobei K dem halbklassischen Resultat entspricht und $F(t)$ die hinzukommenden fluktuierenden Kräfte darstellt. Wie wir bereits von Abschnitt 6.3 her wissen, gibt es 2 grundverschiedene Lösungen von Gl. (8.32), je nachdem ob wir uns unterhalb oder oberhalb der Laserschwelle befinden. Wir führen daher auch hier eine Diskussion dieser beiden Fälle getrennt durch.

1) *Verhalten unterhalb der Schwelle*

Unterhalb der Schwelle gilt

$$-\kappa + g^2 D_0/\gamma \equiv G, \quad \text{(ungesättigter Nettogewinn)}, \tag{8.42}$$

$$\text{wobei} \quad G < 0$$

und wir haben es mit der gestrichelten Kurve von Fig. 8.1 zu tun. In diesem Fall hält sich das fiktive Teilchen im wesentlichen bei der Koordinate $q = 0$ auf, d.h. wir erwarten, daß q klein ist. Übertragen wir dies auf die Gl. (8.32), so werden wir erwarten, daß das nichtlineare Glied

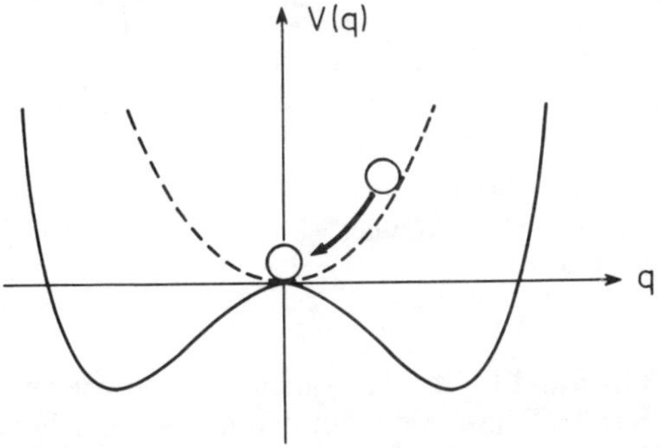

Fig. 8.1 Das Potential des fiktiven Teilchens in Abhängigkeit von der Koordinate q. Gestrichelte Linie: Verlauf unterhalb der Laserschwelle. Nach jedem Anregungsstoß infolge der fluktuierenden Kraft fällt das Teilchen in die Ruhelage zurück. Ausgezogene Linie: Potentialverlauf oberhalb der Laserschwelle.

$b^+ bb$ viel kleiner als die linearen Glieder ist und daher vernachlässigt werden darf. Diese Annahme läßt sich auch streng rechtfertigen. Damit reduziert sich (8.32) auf die Gleichung

$$\dot{b} = (-i\omega - |G|)\, b + F_{tot}, \tag{8.43}$$

deren Lösung wir direkt von Band I, Formel (7.10) übernehmen können, wenn wir nur die damalige Geschwindigkeit $v(t)$ mit $b(t)$ identifizieren:

$$b(t) = \int_0^t \exp\{(-i\omega - |G|)(t - t')\}\, F_{tot}(t')\, dt' + b(0) \exp[-(i\omega + |G|)\, t], \tag{8.44}$$

wobei F_{tot} modellmäßig durch

$$F_{tot} = \Sigma f_\mu\, \delta(t - t_\mu) \quad \text{mit} \quad f_\mu = f\, e^{i\varphi_\mu} \tag{8.45}$$

dargestellt werden kann.

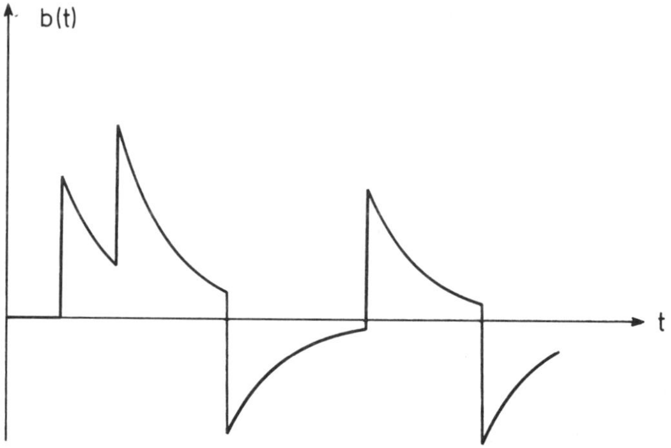

Fig. 8.2 In dieser Figur ist der Zeitverlauf von der Amplitude b, die wir hier als reelle Größe interpretieren und von der wir den Faktor $e^{-i\omega t}$ weggelassen haben, an einem Beispiel dargestellt.

Wie wir bereits in Band I, Gl. (7.3) sahen, können wir uns die Bedeutung fluktuierender Kräfte F besonders gut dadurch veranschaulichen, daß wir sie uns als eine Folge einzelner Stöße vorstellen, deren Zeiten t_μ statistisch verteilt sind. Unser fiktives Teilchen q verhält sich dann wie ein Ball in einer Schale, auf den aber noch Fußballspieler in statistischer Folge eintreten. Auch die in Gl. (8.43) durch $-|G|b$ dargestellte Dämpfung kann man sich anschaulich vorstellen. Es ist dies die Reibungswirkung des Grases auf den Fußball. Interpretieren wir F als reelle Größe, so ergibt sich für b, das ebenfalls als reelle Größe interpretiert wird und wo wir den Faktor $e^{-i\omega t}$ weggelassen haben, die in Fig. 8.2 dargestellte Folge. Nehmen wir noch die Oszillationen mit, so ergibt sich stattdessen Fig. 8.3. Wir sehen, daß die Lichtfeldamplitude b hier aus einer Folge abklingender Wellenzüge besteht. Da die einzelnen Stöße nicht in der Phase korreliert sind (vgl. (8.45)), sind auch die einzelnen Wellenzüge in Fig. 8.3 in der Phase unkorreliert. Lassen wir gemäß (8.42) die Inversion D_0 durch erhöhtes Pumpen anwachsen, so wird der Betrag von G kleiner. Wie aus (8.44) abzulesen ist, klingen die einzelnen Wellenzüge dann langsamer ab. Wie wir sehen werden, bedeutet ein langsameres Abklingen einzelner Wellenzüge eine schmaler werdende Emissionslinie der Atome. Damit geht eine Linienverengung einher. Derartige Effekte sind bei Lasern tatsächlich gefunden worden und man hat einige Zeit geglaubt, daß der Unterschied zwischen Lampenlicht und Laserlicht lediglich in dieser Linienverschmälerung besteht. Wir werden aber weiter unten sehen, daß dies keineswegs der

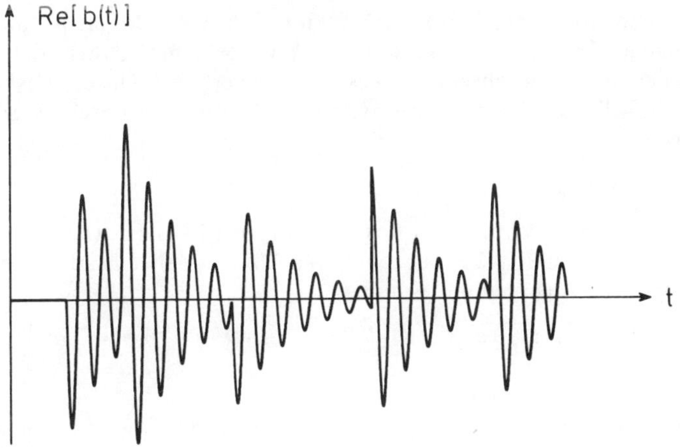

Fig. 8.3 Das Gleiche wie in Figur 8.2, jedoch unter Berücksichtigung des Zeitfaktors $e^{-i\omega t}$.

einzige und wesentliche Unterschied ist. Oberhalb der Laserschwelle verhält sich das Laserlicht qualitativ völlig anders.

Bleiben wir aber noch unterhalb der Laserschwelle und untersuchen die Kohärenzeigenschaften des Lichts, die durch (8.44) beschrieben werden. Da die Stöße mit gleicher Wahrscheinlichkeit in entgegengesetzter Richtung erfolgen, verschwindet der Mittelwert von (8.44), b,

$$\langle b \rangle = 0. \tag{8.46}$$

Wir untersuchen daher als nächstes die *Kohärenzfunktion 2. Ordnung*, die wir in Bd. I, Abschnitt 2.2, herleiteten. Damals hatten wir die Kohärenzfunktionen mit Hilfe der Feldamplituden E formuliert, wobei wir die Feldamplituden E in den sogenannten positiven und negativen Frequenzanteil aufspalteten. Der positive Frequenzanteil oszillierte dabei gemäß $e^{-i\omega t}$, der negative Frequenzanteil gemäß $e^{+i\omega t}$. Wie wir aus der Zerlegung (8.34) und den Gleichungen (8.36) und (8.37) sofort ablesen können, entspricht der positive Frequenzanteil dem Operator b, der negative Frequenzanteil hingegen dem Operator b^+. Damit können wir die folgenden Ersetzungen vornehmen

$$\begin{aligned} \mathbf{E}^+ &\rightarrow b i \sqrt{2\pi\hbar\omega}\, \mathbf{u}(\mathbf{x}) \\ \mathbf{E}^- &\rightarrow -b^+ i \sqrt{2\pi\hbar\omega}\, \mathbf{u}(\mathbf{x}). \end{aligned} \tag{8.47}$$

Da die Faktoren von b und b^+ fest vorgegeben sind und nicht fluktuieren, können wir diese Faktoren aus der Bildung der Mittelwerte herausziehen. Wie sich näher begründen läßt, lassen sich die damaligen klassischen Mittelwerte von Abschnitt 2.2 von Bd. I in quantenstatistische Mittelwerte überführen. Wir behalten daher die spitze Klammer für die Beschreibung dieser Mittelwerte bei. Unsere Diskussion zeigt, daß die Kohärenzeigenschaften des Laserlichts durch Ausdrücke der Form

$$\langle b^+(t)\, b(t')\rangle \tag{8.48}$$

wiedergegeben werden. Ausdrücke der Form (8.48) mit (8.44) sind uns bereits in Bd. I, Gl. (7.17) begegnet. Wir können daher das Ergebnis von dort sofort übernehmen und erhalten

$$\langle b^+(t)\, b(t')\rangle = \exp\{i\omega(t-t') - |G|\cdot|t-t'|\}\,\langle b^+(t')\, b(t')\rangle. \tag{8.49}$$

Hierbei sind Einschaltvorgänge vernachlässigt, d.h. wir untersuchen die stationäre Ausstrahlung, wobei die Zeit t sehr groß sein soll, $t-t'$ aber endlich ist.

Da wir einen stationären Prozeß betrachten, dürfen wir zumindest im Falle genügend großer Zeiten t' die Beziehung

$$\langle b^+(t')\, b(t')\rangle = \bar{n}, \tag{8.50}$$

verwenden, wobei $\bar{n}$ zeitunabhängig ist. Da $b^+ b$ der Operator der Photonenzahl ist (vgl. Bd. I), hat $\bar{n}$ die Bedeutung einer mittleren Photonenzahl. Diese läßt sich mit Hilfe von (8.44) explizit berechnen.

Indem wir nämlich (8.44) in (8.50) einsetzen, erhalten wir (für genügend große Zeiten)

$$\bar{n} = \int_0^t d\tau \int_0^t d\tau' \exp\{-|G|\,(2t-\tau-\tau') + i\omega(\tau-\tau')\} \times \langle F_{tot}^+(\tau)\, F_{tot}(\tau')\rangle. \tag{8.51}$$

Mit Hilfe von (8.40) läßt sich das Doppelintegral sofort auswerten (vgl. Übungsaufgabe) und wir erhalten

$$\bar{n} = \frac{\kappa}{|G|}\,(n_{th} + n_{sp}) \tag{8.52}$$

wobei wir die Abkürzung

$$n_{sp} = \frac{N_{2,s}}{(N_2 - N_1)_{thr}} \tag{8.53}$$

verwendet haben. Die einzelnen in (8.52) auftretenden Ausdrücke haben die folgende Bedeutung: n_{th} ($\equiv n_{thermisch}$) rührt von der Korrelationsfunktion von F^+ und F her und stellt die Zahl der im thermischen Gleichgewicht vorhandenen Photonen der Ausstrahlungsfrequenz ω dar. Im optischen Bereich (Laser) ist diese Zahl vernachlässigbar klein, spielt jedoch im Mikrowellenbereich (Maser) die Hauptrolle. n_{sp} ($\equiv n_{spontan}$) ist die Zahl der spontan emittierten Quanten. n_{sp} stammt von der Korrelationsfunktion von

$$F_{Atom} = (-ig/\gamma) \sum_\mu \Gamma_\mu(t) \quad \text{und} \quad F^+_{Atom} \equiv (ig/\gamma) \sum_\mu \Gamma_{\mu+}(t).$$

Die Beziehung (8.53) gilt für das hier stets betrachtete System von 2-Niveau-Atomen. $N_{2,s}$ ist, wie bekannt, die „gesättigte" Besetzungszahl des oberen Atomzustands, d.h. die Zahl, die sich beim Laserprozeß tatsächlich einstellt. $(N_2 - N_1)_{thr}$ ist die Inversion der Atome an der Laserschwelle (thr = threshold = Schwelle). Von besonderem Interesse ist der Faktor $\kappa/|G|$ in (8.52), der eine Verstärkung der Photonenzahl $(n_{th} + n_{sp})$ bewirkt, wie wir wie folgt einsehen können. Gemäß (8.42) ist G der ungesättigte Nettogewinn, der unterhalb der Laserschwelle durch

$$|G| = \kappa - g^2 D_0/\gamma$$

gegeben ist.

Ist die Inversion $D_0 = 0$, d.h. sind gleich viele Atome im angeregten wie im Grundzustand, so kompensieren sich gerade die Effekte der induzierten Emission und der Absorption. Dann ist $|G| = \kappa$ und die Zahl der tatsächlich vorhandenen Photonen ist gerade durch $\bar{n} = n_{th} + n_{sp}$ gegeben. Erhöhen wir D_0, so überwiegt die induzierte Emission die Absorption, $|G|$ wird kleiner als κ, d.h. $\kappa/|G| > 1$ und wir erhalten eine verstärkte Photonenzahl $\bar{n} > n_{th} + n_{sp}$. Wir befinden uns zwar noch unterhalb der Laserschwelle, aber im *Verstärkungsbereich.* Nähert sich schließlich D_0 dem Wert an der Laserschwelle $D_{0\,thr} = \kappa\gamma/g^2$, so geht $|G|$ gegen Null, der Verstärkungsfaktor $\kappa/|G|$ geht also gegen Unendlich. Dies ist allerdings ein Artefakt der hier verwendeten Näherung, bei der wir nichtlineare Glieder $\sim b^+ bb$ vernachlässigt haben. Bei einer strengen Rechnung, ohne Linearisierung, bleibt die Photonenzahl an der Schwelle endlich (vgl. hierzu Abschnitt 8.4). Mit (8.49) können wir auch sofort den komplexen Kohärenzgrad berechnen, der sich mit Hilfe der Beziehung (2.37) von Bd. I im vorliegenden Fall in der Form

$$\frac{\langle b^+(t)\, b^+(t')\rangle}{\langle b^+ b\rangle} \equiv \exp[i\omega(t-t') - |G|\,|t-t'|] \tag{8.54}$$

wiedergeben läßt. Wie wir sehen, klingt dieser exponentiell ab, was wieder durch die endliche Dauer der einzelnen Wellenzüge bedingt ist. Experimentell kann die Korrelationsfunktion (8.49) entweder direkt

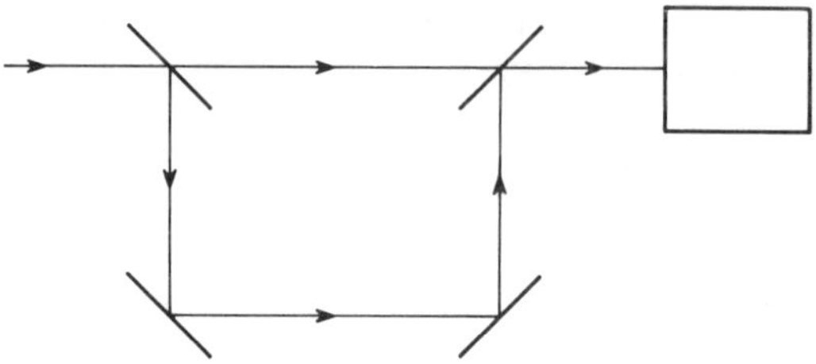

Fig. 8.4 Schema einer experimentellen Anordnung zur Messung von $\langle (b^+(t) + b^+(t'))(b(t) + b(t')) \rangle$. Durch den ersten Spiegel oben links, der halbdurchlässig ist, wird der Strahl in zwei Strahlen aufgespalten. Der zweite Spiegel unten links wie auch der dritte Spiegel unten rechts sorgen für die Umlenkung des einen Strahls, der durch den oberen Spiegel rechts wieder mit dem ursprünglichen Strahl vereinigt wird. Dadurch wird die ursprüngliche Welle mit einer identischen aber verzögerten Welle überlagert.

gemessen werden, und zwar im Prinzip wieder durch das Young'sche Doppel-Spalt-Experiment (vgl. Bd. I, Abschn. 2.1) oder Anordnungen, die in Fig. 8.4 beschrieben werden.

Eine prinzipiell andere Möglichkeit ist in der Spektroskopie dadurch gegeben, daß man die *Linienbreiten*, die bei der spektralen Zerlegung in einem Spektralapparat auftreten, mißt. Die Grundlage hierzu bietet ein Theorem von Wiener-Chintschin, das wir hier nicht in seiner mathematischen Exaktheit herleiten, aber doch in einfacher Weise verstehen können. Hierzu stellen wir uns einen idealen Spektralapparat vor, der die Feldamplitude $b(t)$ nach Fourier zerlegt

$$b(t) = \int_{-\infty}^{+\infty} d(\omega) \exp(i\omega t) \, d\omega. \tag{8.55}$$

Da gemäß (8.44) $b(t)$ und $b^+(t)$ jeweils aus fluktuierenden Größen, nämlich den F's zusammengesetzt sind, werden auch die Fourierkoeffizienten $d(\omega)$ zu fluktuierenden Größen. Wie eine genauere Diskussion zeigt, folgt aus den Eigenschaften (8.38) und (8.40) der fluktuierenden Kräfte, daß

$$\langle d^+(\omega) \, d(\omega') \rangle = \delta(\omega - \omega') \langle d^+(\omega) \, \mathrm{d}(\omega) \rangle \tag{8.56}$$

gilt. Bilden wir mit der Zerlegung (8.55) die Korrelationsfunktion (8.48), so reduziert sich wegen (8.56) das Doppelintegral über ω zu einem einzigen und wir erhalten

$$\langle b^+(t) \, b(t') \rangle = \int_{-\infty}^{+\infty} \langle d^+(\omega) \, d(\omega) \rangle \exp(i\omega(t - t')) \, d\omega. \tag{8.57}$$

Die Größe

$$y(\omega) = \langle d^+(\omega)\, d(\omega) \rangle \tag{8.58}$$

ist aber gerade die Intensität der Spektrallinien an der Stelle ω. Die Beziehung (8.57) stellt bereits das Wiener-Chintschin Theorem dar: die Korrelationsfunktion auf der linken Seite läßt sich als Fourier-Transformierte des Spektrums darstellen. Die Spektralverteilung (8.58) können wir im vorliegenden Fall explizit berechnen. Dazu greifen wir den stationären Fall heraus, indem wir t' nun formal gleich Null setzen und wegen (8.49) für die linke Seite

$$\langle b^+(t)\, b(0) \rangle = \exp\{i\bar{\omega}t - |G|\,|t|\}\, \bar{n} \tag{8.59}$$

schreiben können. Aufgrund von (8.57), (8.58), (8.59) erhalten wir die Relation

$$\bar{n} \exp\{i\bar{\omega}t - |G|\,|t|\} = \int_{-\infty}^{+\infty} y(\omega) \exp(i\omega t)\, d\omega. \tag{8.60}$$

Nach dem Fourierschen Umkehrtheorem können wir hieraus die spektrale Verteilung berechnen

$$y(\omega) = \frac{\bar{n}}{2\pi} \int_{-\infty}^{+\infty} \exp(-i\omega t) \exp\{i\bar{\omega}t - |G|\,|t|\}\, dt. \tag{8.61}$$

Die Auswertung des Integrals bereitet keine Schwierigkeiten und ergibt

$$y(\omega) = \frac{1}{2\pi} \frac{2|G|\bar{n}}{(\bar{\omega} - \omega)^2 + G^2}. \tag{8.62}$$

Wir sehen also, daß zu der Korrelationsfunktion, die durch (8.59) gegeben ist, eine Lorentzsche Linienform mit der Halbwertsbreite $|G|$ gehört. Mit der längeren Abklingzeit $1/|G|$ ist also eine schmaler werdende Linie verknüpft, wie uns das auch anfänglich bereits intuitiv klar war.

Wie wir weiter unten sehen werden, tritt der grundsätzliche Unterschied zwischen den statistischen Eigenschaften von Lampenlicht und Laserlicht erst durch *Korrelationsfunktionen 4. Ordnung* in Erscheinung. In Fig. 8.5 ist erläutert, wie eine Korrelationsfunktion 4. Ordnung gemessen werden kann. Wir betrachten hier die Korrelationsfunktion

$$\langle b^+(t)\, b^+(t')\, b(t')\, b(t) \rangle. \tag{8.63}$$

Die jetzt folgenden Rechnungen sind etwas lang. Deshalb kann der eilige Leser diese überspringen und gleich das Endresultat von Formel (8.75), (8.76) betrachten.

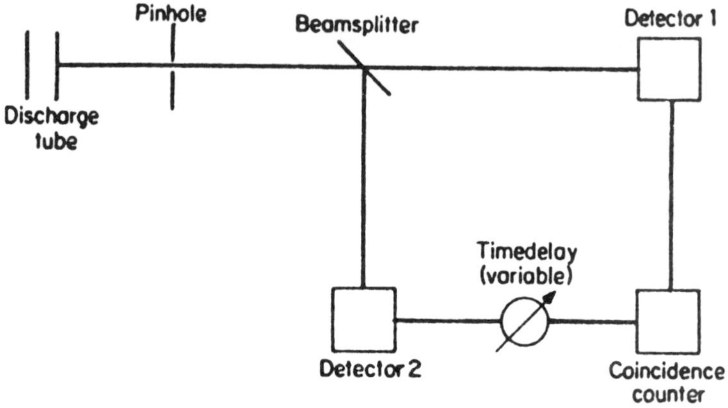

Fig. 8.5 Experimentelle Anordnung zur Messung einer Korrelationsfunktion 4. Ordnung, bei der die Korrelation zwischen Photonenzahlen gemessen wird. In Experimenten vor der Entdeckung des Lasers wurde eine Gasentladungsröhre (discharge tube) als Lichtquelle benutzt. Bei Experimenten mit Laserlicht ist diese natürlich durch den Laser ersetzt und die Lochöffnung (pinhole) kann entfallen. Der Strahl wird durch einen halbdurchlässigen Spiegel (beam splitter = Strahlteiler) geteilt. Die auftreffenden Photonen werden im Empfänger 1 bzw. 2 registriert. Durch eine Zeitverzögerung wird die Photonenzahl dem Koinzidenzmesser mit einer bestimmten Zeitverzögerung mitgeteilt und dort gemeinsam mit der Photonenzahl, die vom Detektor 1 mitgeteilt wird, verarbeitet.

Um die Rechnung besonders transparent zu machen, stellen wir uns b gemäß (8.44) berechnet vor, wobei wir wieder die Idee der einzelnen Stöße gemäß (8.45) verwenden. Wenn wir noch den stationären Zustand betrachten, dürfen wir Einschaltvorgänge vernachlässigen, was darauf hinausläuft, daß wir das Glied $b(0)$ in (8.44) weglassen. Gemäß den einzelnen Beiträgen stellen wir demnach $b(t)$, $b^+(t)$ in der Form

$$b(t) = \sum_\mu \beta_\mu(t), \qquad b^+(t) = \sum_\mu \beta_\mu^+(t) \tag{8.64}$$

dar. Wir nehmen an, daß die Beiträge, die von verschiedenen Stößen herrühren, unkorreliert sind, so daß wir für die β_μ's die Beziehung

$$\langle \beta_\mu^+ \beta_{\mu'} \rangle = \langle \beta_\mu^+ \beta_\mu \rangle \, \delta_{\mu\mu'}, \quad \text{wobei } \delta_{\mu\mu'} = \begin{matrix} 1 \text{ für } \mu = \mu' \\ 0 \text{ für } \mu \neq \mu' \end{matrix} \tag{8.65}$$

verwenden dürfen. Da die Auswertung von (8.63) mit Hilfe von (8.64) etwas lang ist, betrachten wir als Vorübung zuerst den Fall einer einfachen Korrelationsfunktion, nämlich (8.48). Setzen wir hierin (8.64) und den dazu adjungierten Ausdruck ein, so erhalten wir

$$\langle b^+(t)\, b(t')\rangle = \sum_{\mu\mu'} \langle \beta_\mu^+(t)\, \beta_{\mu'}(t')\rangle. \tag{8.66}$$

Wegen des Kronecker-Symbols $\delta_{\mu\mu'}$ in (8.65) reduziert sich die Doppelsumme über μ und μ' auf eine einfache Summe über μ. Damit geht (8.66) in

$$\langle b^+(t)\, b(t')\rangle = \sum_{\mu} \langle \beta_\mu^+(t)\, \beta_\mu(t')\rangle \tag{8.67}$$

über.

Um nun (8.63) mit Hilfe von (8.64) auswerten zu können, müssen wir Mittelwerte über Produkte von vier β's betrachten, und zwar in der Form

$$\langle \beta_{\mu_1}^+\, \beta_{\mu_2}^+\, \beta_{\mu_3}\, \beta_{\mu_4}\rangle. \tag{8.68}$$

Wir nehmen wieder an, daß die β's für verschiedene Indizes μ nicht korreliert sind und daß auch Glieder z.B. von der Form $\beta_\mu^+\,\beta_\mu^+$ mit dem *gleichen* Index μ Null ergeben. Dann können aus einem Ausdruck der Form (8.68) nur in den folgenden beiden Fällen von Null verschiedene Ausdrücke entstehen:

1) Wenn $\mu_1 = \mu_4$ und gleichzeitig $\mu_3 = \mu_2$ ist.

2) Die andere ebenfalls mögliche Konfiguration ist durch

$$\langle \beta_{\mu_1}^+\, \beta_{\mu_2}^+\, \beta_{\mu_3}\, \beta_{\mu_4}\rangle \quad \text{mit } \mu_1 = \mu_3,\ \mu_2 = \mu_4 \tag{8.69}$$

gegeben. Setzen wir (8.64) in (8.63) ein, so erhalten wir zunächst

$$\sum_{\mu\mu'\mu''\mu'''} \langle \beta_\mu^+(t)\, \beta_{\mu'}^+(t')\, \beta_{\mu''}(t')\, \beta_{\mu'''}(t)\rangle. \tag{8.70}$$

Hierin sind nur zwei Typen von Beiträgen vorhanden, die nicht verschwinden, nämlich solche, wo

$$\mu = \mu''', \qquad \mu' = \mu'' \tag{8.71}$$

gilt oder solche, wo

$$\mu = \mu'', \qquad \mu' = \mu''' \tag{8.72}$$

gilt. Dementsprechend können wir (8.70) in zwei Teile aufspalten und die Vierfach-Summen auf Doppel-Summen reduzieren

$$(8.70) = \left(\sum_{\mu} \langle \beta_\mu^+(t)\, \beta_\mu(t) \rangle\right) \left(\sum_{\mu'} \langle \beta_{\mu'}^+(t')\, \beta_{\mu'}(t') \rangle\right)$$
$$+ \left(\sum_{\mu} \langle \beta_\mu^+(t)\, \beta_\mu(t') \rangle\right) \left(\sum_{\mu'} \langle \beta_{\mu'}^+(t')\, \beta_{\mu'}(t) \rangle\right). \qquad (8.73)$$

Benutzen wir nunmehr noch das Zwischenresultat (8.66), so haben wir folgende Endformel gefunden (mit $\langle b^+(t')\, b(t') \rangle = \langle b^+(t)\, b(t) \rangle$)

$$\langle b^+(t)\, b^+(t')\, b(t')\, b(t) \rangle = (\langle b^+(t)\, b(t) \rangle)^2 + |\langle b^+(t)\, b(t') \rangle|^2. \quad (8.74)$$

Sowohl für theoretische Untersuchungen als auch für praktische Messungen ist es oft günstig, das Quadrat der Photonenzahl von der linken Seite abzuziehen, so daß wir als neue Größe

$$K_2(t, t') = \langle b^+(t)\, b^+(t')\, b(t')\, b(t) \rangle - (\langle b^+(t)\, b(t) \rangle)^2 \qquad (8.75)$$

einführen. Unter Verwendung von (8.74) erhalten wir also

$$K_2(t, t') = |\langle b^+(t)\, b(t') \rangle|^2, \qquad (8.76)$$

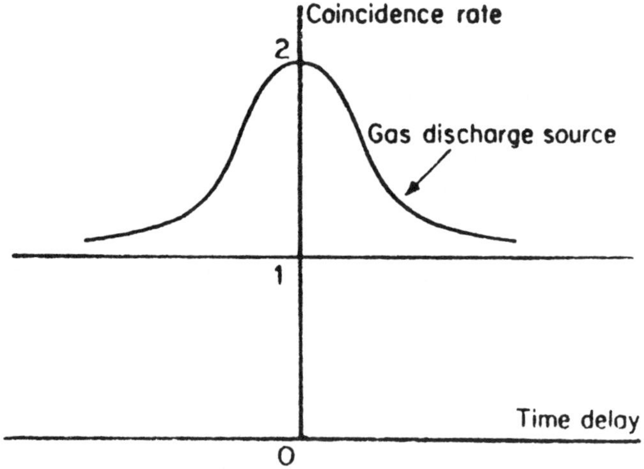

Fig. 8.6 Die Ergebnisse des mit der experimentellen Anordnung von Fig. 8.5 durchgeführten Hanbury–Brown–Twiss-Experiments sind hier dargestellt. Beim Licht von Lampen oder Laserlicht unterhalb der Laserschwelle ergibt sich das hier dargestellte Bild. Nach oben ist die Koinzidenzrate aufgetragen, nach rechts die Zeitverzögerung. Die Kurve bezieht sich auf eine Gasentladungs-Lichtquelle.

d.h. die Korrelationsfunktion K_2 läßt sich durch eine Korrelationsfunktion niedrigerer Ordnung ausdrücken.

Unter Verwendung der Resultate (8.49), (8.50) können wir K_2 explizit angeben:

$$K_2 = \bar{n}^2 \exp(-2\gamma_{eff}|t - t'|), \quad \gamma_{eff} \equiv |G|. \tag{8.77}$$

Die hier behandelten Korrelationsfunktionen werden in dem sogenannten Hanbury-Brown-Twiss Experiment gemessen, das in Fig. 8.5 und Fig. 8.6 erläutert wird.

Wie allgemein gezeigt werden kann, lassen sich im Fall daß b aus sehr vielen statistisch unabhängigen Beiträgen besteht, nämlich eben den einzelnen unkorrelierten Wellenzügen, alle höheren Korrelationsfunktionen durch solche der 1. und 2. Ordnung, d.h. durch (8.46) und (8.48) ausdrücken.

Die Feldstärke $E \sim b(t)$ des Lichts gewöhnlicher Lampen fluktuiert. Diese Fluktuationen werden durch eine Gaußverteilung beschrieben, wie wir in Abschnitt 8.4 nachrechnen werden.

2) *Verhalten oberhalb der Schwelle*

Wir untersuchen nun die Eigenschaften des Laserlichts oberhalb der Laserschwelle. Interpretieren wir wieder b als eine klassische Variable, so können wir das Verhalten von b unmittelbar wieder aus der Fig. 8.1 ablesen, wobei jetzt die untere Kurve gilt. Hier ist es wichtig, daß wir uns von vornherein vergegenwärtigen, daß b eine komplexe Größe ist. In diesem Fall haben wir die Gl. (8.41) zu Gleichungen für den Realteil und den Imaginärteil zu erweitern. Wie sich dabei herausstellt, können wir nunmehr das Verhalten von b mit Hilfe der Bewegung eines fiktiven Teilchens in zwei Dimensionen x und y deuten, wobei $b = x + iy$ ist. Die Bewegungsgleichung läßt sich wieder aus einem Potential darstellen, das in Fig. 8.7 wiedergegeben ist. Ohne Einfluß von fluktuierenden Kräften würde das Teilchen eine Ruhelage im Abstand r_0 vom Nullpunkt unter einem beliebigen aber festen Phasenwinkel φ einnehmen. Die fluktuierenden Kräfte, die wir als Stöße interpretieren können, bewirken nun zweierlei. In radialer Richtung werden sie das Teilchen den Potentialberg hinaufzutreiben versuchen, wodurch der Abstand des Teilchens von der Talsohle erhöht wird. Wir werden diese ebenfalls fluktuierenden Abweichungen im folgenden mit $\rho(t)$ bezeichnen. Da das Teilchen die Potentialberge hinaufgestoßen wird, wird es von dort wieder in die Ruhelage relaxieren, so daß wir annehmen dürfen, daß $\rho(t)$ klein bleibt. Als zweites haben wir Stöße in tangentialer Richtung zu berücksichtigen. Da hier keine rücktreibenden Kräfte auftreten, wird das Teilchen eine Art Diffusionsbewegung in tangentialer Richtung ausführen, wobei genauer

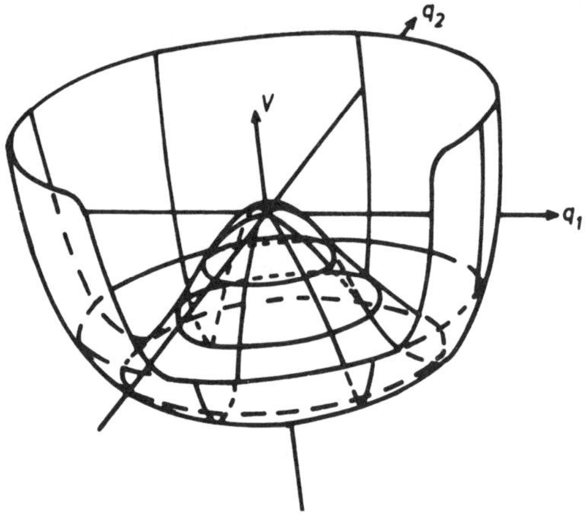

Fig. 8.7 Das Potential für die Bewegung eines fiktiven Teilchens in zwei Dimensionen, das das Verhalten der komplexen Laseramplitude darstellt (Verhältnisse oberhalb der Schwelle).

ausgedrückt die Phase $\varphi(t)$ fluktuiert. Berücksichtigen wir schließlich noch, daß b mit der Trägerfrequenz ω schwingt, so werden wir aufgrund unserer Diskussion zu dem Ansatz

$$b = (r_0 + \rho(t)) \exp(i\varphi(t)) \exp(-i\omega t) \tag{8.78}$$

für b geführt. Wie eine genauere Diskussion zeigt, bleiben unsere Überlegungen auch dann gültig, wenn b ein Operator ist. In diesem Fall ergibt sich, daß r_0 weiterhin eine klassische Zahl bleibt, während ρ und φ zu Operatoren werden. Wir wollen hier auf Feinheiten, die sich auf die Operatoreigenschaften von ρ und φ beziehen, nicht näher eingehen. Wie sich zeigt, kann man im Laser in sehr guter Näherung ρ und φ so behandeln, als wären sie klassische Größen.

Um, wie gesagt, ρ und φ zu bestimmen, gehen wir in die Ausgangsgleichung für b ein, die wir schon in Gl. (8.32) angetroffen haben und die wir der Einfachheit halber hier nochmals wiederholen

$$\dot{b} = (\underbrace{-i\omega - \kappa + g^2 D_0/\gamma}_{G})\, b - C b^+ b b + F_{tot}. \tag{8.79}$$

Setzen wir (8.78) in (8.79) ein, differenzieren nach der Zeit und dividieren das Resultat durch die Exponentialfunktionen, die in (8.78) auftreten, durch, so erhalten wir

$$i\dot{\varphi} r_0 + \dot{\rho} = G(r_0 + \rho) - C(r_0^3 + 3r_o^2 \rho + \cdots) + \underbrace{e^{i\omega t - i\varphi(t)} F_{tot}}_{\tilde{F}_{tot}}. \tag{8.80}$$

Wir beziehen r_0 aus der Bedingung, daß die Gl. (8.80) ohne Fluktuation identisch erfüllt ist, d.h. für $\varphi = \rho = F_{tot} = 0$. Dies liefert uns die Beziehung

$$G = Cr_0^2. \tag{8.81}$$

Spalten wir die Gleichung (8.80) in Real- und Imaginärteil auf, so erhalten wir

$$\dot{\varphi} = \frac{1}{ir_0} \operatorname{Im} \tilde{F}_{tot} \tag{8.82}$$

und

$$\dot{\rho} = -\gamma_a \rho + \operatorname{Re} \tilde{F}_{tot}, \tag{8.83}$$

wobei wir die Abkürzung

$$\gamma_a = 2G > 0 \tag{8.84}$$

verwendet haben. Gl. (8.82) läßt sich sofort formal aufintegrieren. Wir überlassen es dem Leser als Übungsaufgabe, sich davon zu überzeugen, daß φ die folgende Korrelationsfunktion besitzt

$$\langle(\varphi(t) - \varphi(0))^2\rangle = 2\gamma_\varphi t. \tag{8.85}$$

Dabei ist γ_φ unter der Voraussetzung, daß $\kappa \ll \gamma$ durch

$$\gamma_\varphi \equiv \Delta\omega = \frac{\hbar\omega}{P} \kappa^2(n_{sp} + n_{th}), \tag{8.86}$$

$$P = 2\kappa\bar{n}\hbar\omega \tag{8.87}$$

gegeben.

$\Delta\omega$ stellt, wie wir sogleich zeigen werden, die spektroskopische Linienbreite des Laserlichts dar. Wir erinnern an die Bedeutung der in (8.86) auftretenden Größen. ω ist die Laserlichtfrequenz (= Zentralfrequenz des atomaren optischen Übergangs, da wir exakte Resonanz annahmen). 2κ ist die inverse Lebensdauer einer Mode im Resonator ohne Lasertätigkeit, n_{sp} und n_{th} sind die spontan emittierten bzw. thermisch vorhandenen Photonen (vgl. (8.53)). P ist die Ausstrahlungsleistung des Lasers, wobei $\bar{n}$ die im Laser jeweils vorhandene Photonenzahl ist.

Es läßt sich nun leicht die Korrelationsfunktion zwischen b^+ zur Zeit t und $b(0)$ bestimmen. Wie wir sehen werden, ist etwas oberhalb der Schwelle $\rho(t) \ll r_0$. In guter Näherung können wir daher bei der Berechnung der Korrelationsfunktion zwischen b^+ und b das Glied mit ρ

vernachlässigen. Wie die Rechnung, die wir in den Aufgaben näher besprechen werden, zeigt, ergibt sich die *Korrelationsfunktion* zu

$$\langle b^+(t)\, b(0)\rangle \approx r_0^2 \exp(-\gamma_\varphi t). \tag{8.88}$$

Wir sehen, daß auch hier wieder eine Lorentzlinie auftritt, die mit zunehmender Leistung des Lasers P immer mehr abnimmt.

Wir wollen aber nun nachweisen, daß die statistischen Eigenschaften des Laserlichts doch von denen der Lampe grundsätzlich verschieden sind. Dazu betrachten wir die in (8.75) eingeführte Korrelationsfunktion K_2 und setzen in ihr (8.78) ein. Indem wir vorwegnehmen, daß ρ klein ist, berechnen wir diese Korrelationsfunktion nur bis zu den führenden Gliedern in ρ. Wie sich zeigt, sind diese die quadratischen Glieder, so daß wir erhalten

$$K_2 = 4r_0^2(\langle \rho_t \rho_{t'}\rangle - \langle \rho_t\rangle \langle \rho_{t'}\rangle). \tag{8.89}$$

Die darin auftretende Größe ρ_t genügt dabei der Gleichung (8.83). Diese hat aber eine mathematische Struktur, die der der Gl. (8.43) völlig entspricht, wenn wir dort $\omega = 0$ setzen, $|G|$ durch γ_a ersetzen und F_{tot} durch Re $\tilde{F}_{tot}$.

Die Lösung der Gl. (8.83) bereitet daher keine Schwierigkeiten, so daß wir diese nicht nochmals anzuführen brauchen. Insbesondere ergibt sich

$$\langle \rho_t\rangle = \langle \rho_{t'}\rangle = 0. \tag{8.90}$$

Damit reduziert sich (8.89) auf

$$4r_0^2\langle \rho_t \rho_{t'}\rangle. \tag{8.91}$$

Mit Hilfe der Lösungen von (8.83) können wir auch die Korrelationsfunktion zwischen ρ_t und $\rho_{t'}$ sofort in Analogie zur Bestimmung von (8.49) berechnen. Wir erhalten dann als endgültiges Resultat

$$K_2(\tau) = (n_{sp} + n_{th})\frac{\kappa}{C}\exp(-2C\langle n\rangle\,\tau), \tag{8.92}$$

wobei n_{sp} wie früher die Zahl der spontan emittierten Photonen ist und durch

$$n_{sp} = \frac{N_{2,s}}{(N_2 - N_1)_{thr}} \tag{8.93}$$

gegeben ist. n_{th} ist die thermisch vorhandene Zahl von Photonen, die beim Laser natürlich vernachlässigbar klein ist. Ferner haben wir verwendet, daß

$$\gamma_a \equiv 2C\langle n\rangle \tag{8.94}$$

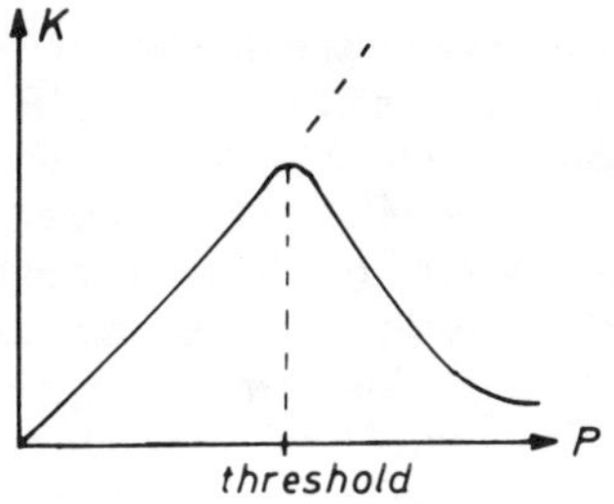

Fig. 8.8 Die Korrelationsfunktion $K = K_2/\bar{n}$ in Abhängigkeit von der Pumpleistung.

gilt und wir haben die Abkürzung

$$C = \frac{4\kappa^2 T}{(N_2 - N_1)_{thr}} \tag{8.95}$$

benutzt (T ist die Relaxationszeit der Inversion). Zum Vergleich der Verhaltens von K_2 unterhalb und oberhalb der Schwelle ist es zweckmäßig, K_2 noch durch die Photonenzahl $\bar{n}$ zu dividieren und gegenüber der ausgestrahlten Leistung aufzutragen. Für $\tau = 0$ erhalten wir dann das in Fig. 8.8 dargestellte Bild. Wie wir sehen, steigt die Größe

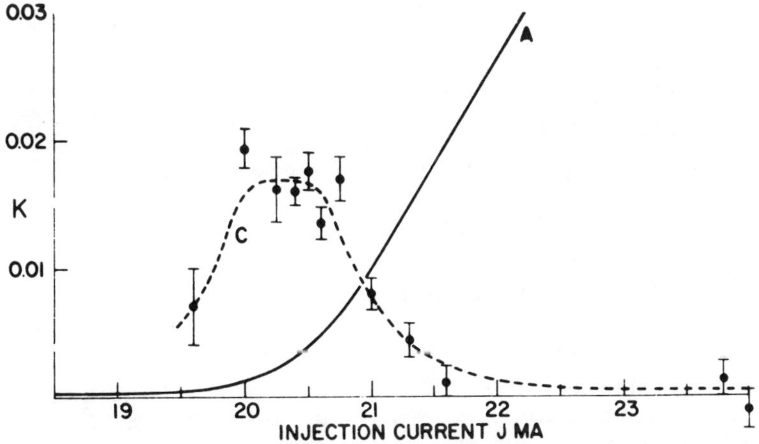

Fig. 8.9 Erstes Experiment in dem K gemessen wurde. Aufgetragen ist K für die stärkste Mode eines Halbleiterlasers gegenüber dem Injektionsstrom J, der dem Pumpparameter entspricht. Die experimentellen Punkte sind mit Fehlerbalken versehen, die die Standardabweichung der Zählfluktuationen angeben. Gleichzeitig ist die Kurve A die ausgestrahlte Intensität der Mode in willkürlichen Einheiten (Nach J. A. Armstrong and A. W. Smith, *Phys. Rev. Letters*, **14**, 68 (1965).)

$K_2/\bar{n}$ unterhalb der Laserschwelle linear an (gemäß Formel (8.77)), während sie oberhalb der Laserschwelle mit $1/\bar{n}$ abfällt. Hierin offenbart sich der entscheidende Unterschied zwischen dem Verhalten des Laserlichts und dem des Lichts gewöhnlicher Lampen. Die entsprechenden experimentellen Untersuchungen zeigt Fig. 8.9, die unsere Voraussage im Detail bestätigen. Bei unserer Betrachtung ist zu beachten, daß wir wegen der hier verwendeten mathematischen Methoden einen kleinen Bereich an der Laserschwelle ausschließen müssen. Auf diesen werden wir im nächsten Abschnitt näher eingehen.

Fassen wir unsere Ergebnisse zusammen. Wie wir gefunden haben, unterscheidet sich die physikalische Natur des Lichts grundsätzlich, je nachdem, ob wir unterhalb oder oberhalb der Laserschwelle den Laser betreiben. Unterhalb der Schwelle besteht das Licht aus exponentiell abklingenden Wellenzügen, deren Phasen unkorreliert sind. Da die Abklingzeit der Wellenzüge mit zunehmender Pumpintensität zunimmt, ergibt sich eine immer schmaler werdende Ausstrahlungslinie. Oberhalb der Laserschwelle stellt sich das Licht völlig anders dar. Es ist eine amplituden-stabilisierte Welle, die um die mittlere Amplitude noch kleine Fluktuationen ausführen kann. Diesen Fluktuationen ist eine Phasendiffusion überlagert, die ebenfalls zu einer endlichen Linienbreite des Laserlichts führt. Diese endliche Linienbreite nimmt mit zunehmender Ausstrahlungsintensität immer mehr ab.

Aufgaben zu 8.3

1) Man beweise (8.37)–(8.40).

Hinweis: Man verwende (8.8)–(8.11), (8.28)–(8.31b) sowie, daß F's und Γ's unkorreliert sind.

2) Man berechne das in (8.50) auftretende $\bar{n}$.

Hinweis: Man benutze (8.44) und (8.40).

3) Man zeige $\langle \varphi(t)\, \varphi(0) \rangle = \gamma\varphi(t)$.

Anleitung: Man integriere (8.83) auf und benutze die Tatsache, daß $\tilde{F}_{tot}(t)$, $F^+_{tot}(t')$ δ-korreliert sind, d.h. daß $\langle \tilde{F}_{tot}(t),\ \tilde{F}^+_{tot}(t') \rangle = const.\ \delta(t-t')$ ist.

4) Man beweise (8.88).

Anleitung: Man setze

$$b(t) \approx r_o\, e^{i\varphi(t)},$$

wobei $\varphi(t)$ die Lösung von (8.82) ist. Man stelle sich $\varphi(t)$ in einzelne

Beiträge φ_μ zerlegt vor, d.h. $\varphi(t) = \sum_\mu \varphi_\mu(t)$ und nehme an, daß diese klein sind und statistisch unabhängig voneinander, d.h. $\langle \varphi_\mu \varphi_{\mu'} \rangle = 0$ für $\mu \neq \mu'$.

Ferner setze man

$$e^{i\varphi(t)} = e^{i \sum_\mu \varphi_\mu(t)} = \prod_\mu e^{i\varphi_\mu(t)} \approx \prod_\mu (1 + i\varphi_\mu - \varphi_\mu^2).$$

8.4 Das Verhalten des Lasers an der Laserschwelle. Photonenstatistik

Wie wir im vorigen Abschnitt sahen, ändert sich das Verhalten des Laserlichts an der Laserschwelle grundsätzlich. Allerdings konnten wir nur das Verhalten oberhalb und unterhalb der Schwelle untersuchen, nicht jedoch die Frage beantworten, in welcher Weise sich das Laserlicht direkt an der Schwelle verhält. Zu diesem Zweck müssen wir auf die Fokker-Planck-Gleichung zurückgreifen. Eine derartige Gleichung hatten wir bereits in Band I, Abschnitt 7.1, kennengelernt. Ausgangspunkt ist wieder die Gleichung (8.32), wobei wir noch die Abkürzung (8.42) verwenden

$$\frac{db}{dt} = (-i\omega + G)\,b - C(b^+ b)\,b + F_{tot}. \tag{8.96}$$

Durch die Transformation

$$b = e^{-i\omega t} B \tag{8.97}$$

spalten wir einen Exponentialfaktor ab, der die atomare Übergangsfrequenz ω enthält. Da b und damit auch B eine komplexe Größe ist, schreiben wir nunmehr

$$B = x + iy, \tag{8.98}$$

wobei x und y reelle zeitabhängige Variable sind. (Wiederum behandeln wir B und b als Zahlenfunktionen, also nicht als Operatoren. Ein derartiges Vorgehen kann in der Tat durch die Methode der quantenklassischen Korrespondenz, die wir ebenfalls in Band I kurz andeuteten, gerechtfertigt werden.) Entsprechend zerlegen wir die fluktuierende Kraft F_{tot} in Real- und Imaginärteil und zwar setzen wir an

$$e^{i\omega t} F_{tot} = F_x + iF_y, \tag{8.99}$$

wobei F_x, F_y nun reelle fluktuierende Kräfte sind, die wir ebenfalls als Zahlenfunktionen auffassen. Setzen wir (8.98) und (8.99) in (8.96) ein, so können wir diese Gleichung in zwei Gleichungen für die reellen Größen x, y, F_x, F_y zerlegen

$$\frac{dx}{dt} = Gx - C(x^2 + y^2)\,x + F_x, \tag{8.100}$$

$$\frac{dy}{dt} = Gy - C(x^2 + y^2)\,y + F_y. \tag{8.101}$$

In Bd. I Abschnitt 7.1 hatten wir bereits gesehen, wie einer Gleichung der Gestalt (8.100) eine Fokker-Planck-Gleichung zugeordnet werden kann. Dieses Verfahren läßt sich, wie sich genauer nachweisen läßt, auch auf mehrere Gleichungen (in unserem Falle die Gleichungen (8.100) und (8.101)) verallgemeinern. In einem solchen Fall müssen wir eine Fokker-Planck-Gleichung für eine Verteilungsfunktion angeben, die nun von den beiden Größen x, y sowie von der Zeit abhängt: $\tilde{f}(x, y; t)$. $\tilde{f}(x, y; t)\,dx\,dy$ gibt darin die Wahrscheinlichkeit an, mit der zur Zeit t die Variablen x und y in den Intervallen $x \ldots x + dx$, $y \ldots y + dy$ angetroffen werden. Konkrete Beispiele hierfür werden wir weiter unten explizit angeben. Die Fokker-Planck-Gleichung für $\tilde{f}$ stellt sich dann in der Gestalt

$$\frac{\partial \tilde{f}}{\partial t} = -\frac{\partial}{\partial x}\{(Gx - C(x^2 + y^2)\,x)\,\tilde{f}\} - \frac{\partial}{\partial y}\{Gy - C(x^2 + y^2)\,y)\,\tilde{f}\} + Q_{xx}\frac{\partial^2 \tilde{f}}{\partial x^2} + Q_{yy}\frac{\partial^2 \tilde{f}}{\partial y^2} \tag{8.102}$$

dar.

Q_{ij} sind die sogenannten Diffusionskoeffizienten. Sie sind als Korrelationsfunktionen aus den fluktuierenden Kräften zu bestimmen.

$$\langle F_i(t)\,F_j(t')\rangle = \delta(t - t')\,Q_{ij}. \tag{8.103}$$

Wie die nähere Diskussion, die hier nicht wiedergegeben wird, zeigt, gilt dabei

$$Q_{xy} = Q_{yx} = 0, \tag{8.104}$$

sowie

$$Q_{xx} = Q_{yy} = Q. \tag{8.105}$$

Bei der weiteren Behandlung der Fokker-Planck-Gleichung (8.102) ist es zweckmäßig, zu Polarkoordinaten überzugehen, d.h. wir setzen

$$x = r \cos \varphi$$
$$y = r \sin \varphi. \tag{8.106}$$

Damit geht die Verteilungsfunktion $\tilde{f}$ in eine neue Verteilungsfunktion f, die von r und φ abhängt, über

$$\tilde{f} \rightarrow f(r, \varphi). \tag{8.107}$$

Da die Umrechnung auf die neuen Koordinaten nicht von physikalischem Interesse ist, geben wir sogleich das Endresultat für die neue Fokker-Planck-Gleichung an:

$$\frac{\partial f}{\partial t} = -\left\{\frac{1}{r}\frac{\partial}{\partial r}(Gr^2 - Cr^4) f\right\} + Q\left\{\frac{1}{r}\frac{\partial}{\partial r}\left(r\frac{\partial f}{\partial r}\right) + \frac{1}{r^2}\frac{\partial^2 f}{\partial \varphi^2}\right\}. \tag{8.108}$$

Im allgemeinen können die Lösungen der Gl. (8.108) nur mit Hilfe von Computern bestimmt werden. Wir werden unten einige typische Lösungen und Konsequenzen aus ihnen angeben. Die stationäre Lösung hingegen kann explizit gefunden werden. In diesem Falle gilt

$$\frac{\partial f}{\partial t} = 0. \tag{8.109}$$

Wir machen uns zunächst klar, daß im stationären Fall die Verteilungsfunktion f nicht von φ abhängen wird. Wir wissen ja bereits aus dem vorigen Abschnitt, daß das Laserlicht eine Phasendiffusion erleidet. Wenn wir nochmals das Bild eines Teilchens heranziehen, das in einem Potentialtal diffundiert, so machen wir uns sehr schnell klar, daß nach einiger Zeit die Wahrscheinlichkeit, eine bestimmte Phasenlage anzutreffen, für alle Phasenlagen gleich groß ist. Dies bedeutet, daß die Aufenthaltswahrscheinlichkeit des Teilchens längs des Tals überall gleich groß geworden ist. Dies impliziert natürlich auch

$$\frac{\partial^2 f}{\partial \varphi^2} = 0. \tag{8.110}$$

Damit reduziert sich die Gl. (8.108) auf

$$-\frac{\partial}{\partial r}\{(Gr^2 - Cr^4) f\} = Q\frac{\partial}{\partial r}\left(r\frac{\partial f}{\partial r}\right), \tag{8.111}$$

die sofort aufintegriert werden kann

$$(Gr^2 - Cr^4) f = Qr \frac{\partial f}{\partial r} + C'. \tag{8.112}$$

Die Konstante C' kann durch die Bedingung festgelegt werden, daß f und seine Ableitungen nach r im Unendlichen genügend stark verschwinden. Da f eine Verteilungsfunktion ist, muß sie ja im gesamten Bereich normierbar sein. Daraus ergibt sich dann sofort

$$C' = 0. \tag{8.113}$$

Damit vereinfacht sich (8.112) zu

$$\frac{\partial f}{\partial r} = \frac{1}{Q} (Gr - Cr^3) f. \tag{8.114}$$

Diese Differentialgleichung 1. Ordnung läßt sich sofort lösen und die zugehörige Lösung lautet

$$f = \frac{\mathcal{N}}{2\pi} \exp\{r^2 G/(2Q) - r^4 C/(4Q)\}. \tag{8.115}$$

$\mathcal{N}$ ist ein Normierungsfaktor, der durch

$$\frac{1}{\mathcal{N}} = \int_0^\infty \exp\{\cdots\} r\, dr \tag{8.116}$$

explizit gegeben ist. Mit Hilfe der Potentialfunktion $V(q)$ eines „fiktiven Teilchens“, die wir in (6.49) einführten, läßt sich f besonders einfach schreiben:

$$f = \frac{\mathcal{N}}{2\pi} \exp\{-V(q)/Q\}, \tag{8.115a}$$

wobei $q \equiv r$.

Eine nähere Diskussion der Funktion (8.115) gibt uns Aufschluß über das Verhalten des Laserlichts in der Nähe der Laserschwelle und an ihr selbst. In Fig. 8.10 ist f als Funktion von r für verschiedene Parameterwerte G aufgetragen. Wie wir sehen, ist für $G < 0$ das Maximum von f bei $r = 0$. Dieses Maximum verschiebt sich jedoch mit wachsendem $G > 0$ zu immer höheren r-Werten. Nun wissen wir aber, daß r^2 identisch mit $|b|^2$ ist. In einer klassischen Deutung ist dies die Intensität, in einer quantenmechanischen Deutung können wir r^2 zumindest als ein qualitatives Maß für die Photonenzahl ansehen.

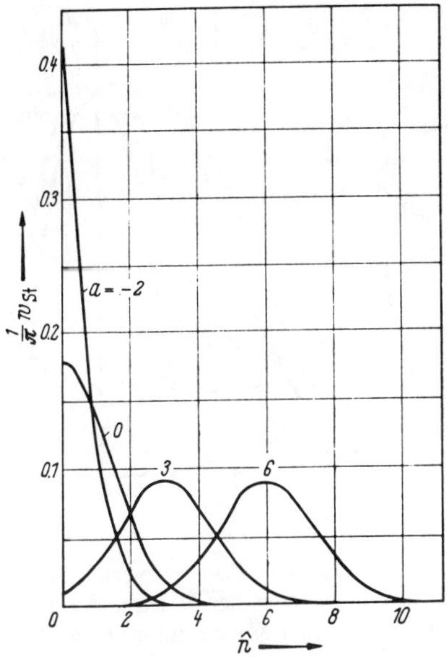

Fig. 8.10 Die Laser-Verteilungsfunktion (8.115) ist hier aufgetragen in Abhängigkeit von $\hat{n} = r^2$ in reduzierten Einheiten (vgl. (8.117), (8.118)). (Nach H. Haken, *Handbuch der Physik*, Vol. XXV 2c, Springer Verlag, 1970.)

Die Fig. 8.11 und 8.12 stellen f als Funktion von r und φ dar, wobei für $G > 0$ deutlich ein „Wahrscheinlichkeitskrater" zu sehen ist. Wir haben nochmals den Potentialverlauf des fiktiven Teilchens darunter dargestellt. Es wird deutlich, wie der Potentialverlauf gemeinsam mit den fluktuierenden Kräften die Verteilungsfunktion formt. Im Falle $G < 0$ haben wir nur ein Minimum des Potentials. Entsprechend ergibt sich nur ein Maximum der Verteilungsfunktion. Im Fall $G > 0$ hingegen liegt ein ringförmiges Tal beim Potentialverlauf vor. Dem entspricht ein ringförmiger Bergrücken mit einem Krater in der Mitte beim Verlauf der Wahrscheinlichkeitsverteilung.

Um die hier dargestellte Theorie mit Experimenten zu vergleichen, sind die folgenden beiden Gesichtspunkte zu beachten. Um die verschiedenen Laserparameter einheitlich zu erfassen, ist es zweckmäßig, zu neuen dimensionslosen Größen überzugehen. Des weiteren ist die Variable r in der Verteilungsfunktion (8.115) kontinuierlich. In einer klassischen Interpretation würde r^2 identisch mit $|b|^2$ einer Intensität entsprechen. Bei einer quantenmechanischen Interpretation ist r^2 hingegen ein gewisses Maß für die diskreten Photonenzahlen. Wir werden daher sogleich eine Umrechnung von kontinuierlichen auf diskrete Photonenzahlen vornehmen.

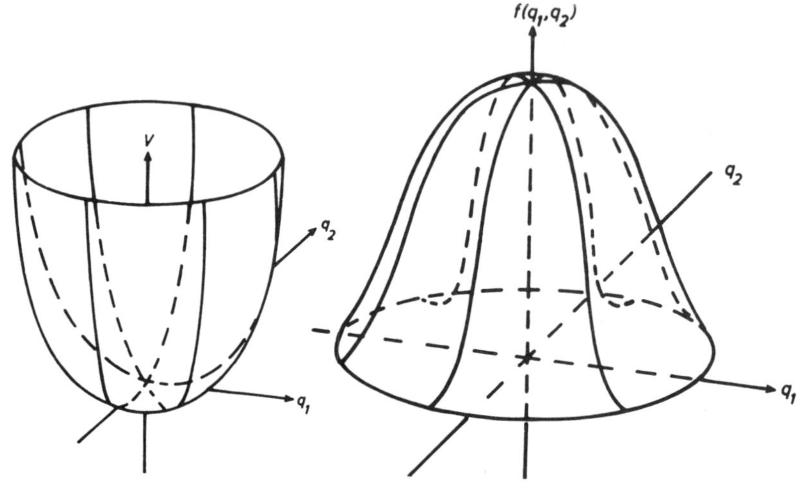

Fig. 8.11 Die linke Seite stellt den Potentialverlauf des fiktiven Teilchens unterhalb der Schwelle dar. Rechts ist der Verlauf der Funktion $f(q_1, q_2)$ mit $r^2 = q_1^2 + q_2^2$ in Abhängigkeit von den Koordinaten q_1, q_2 dargestellt. f hat einen glockenförmigen Verlauf.

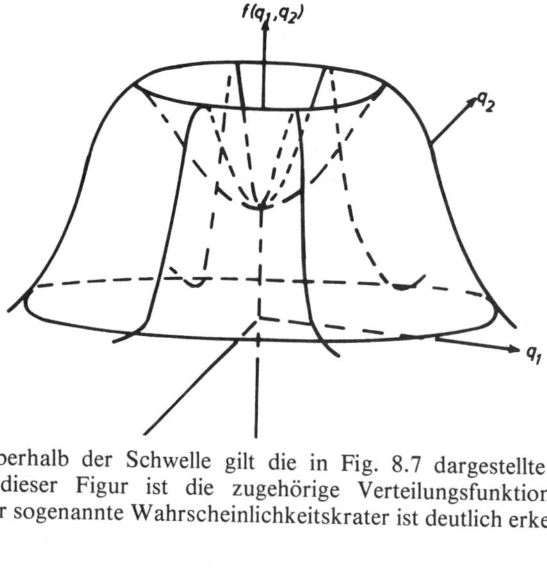

Fig. 8.12 Oberhalb der Schwelle gilt die in Fig. 8.7 dargestellte Potentialfunktion. In dieser Figur ist die zugehörige Verteilungsfunktion $f(q_1, q_2)$ dargestellt. Der sogenannte Wahrscheinlichkeitskrater ist deutlich erkennbar.

Zunächst führen wir jedoch noch, wie oben angekündigt, dimensionslose Größen ein, und zwar geschieht dies durch die Transformationen

$$\hat{r} = \sqrt[4]{C/Q}\, r, \qquad \hat{t} = \sqrt{CQ}\, t;$$
$$\hat{n} = \hat{r}^2, \qquad a = G/\sqrt{QC}. \tag{8.117}$$

(lies: $\hat{r} = r$ „Dach", etc.). Damit läßt sich z.B. die Verteilungsfunktion (8.115) in der Form

$$W(\hat{n}) = \mathcal{N} \exp\left(-\frac{\hat{n}^2}{4} + a\frac{\hat{n}}{2}\right) \tag{8.118}$$

wiedergeben.

Wir besprechen nun die Umrechnung von kontinuierlichen auf diskrete Variable. Experimentell werden diskrete Photonenzahlen n innerhalb eines jeweiligen Meßintervalls T_0 außerhalb der Spiegel des Laserresonators mit einem Photodetektor gemessen. Die sich dabei ergebende Verteilungsfunktion bezeichnen wir mit $p(n, T_0)$. Diese Verteilungsfunktion p läßt sich, wie eine genaue theoretische Untersuchung zeigt, mit der Verteilungsfunktion (8.118) in Verbindung bringen. Ist T_0 klein verglichen mit den Relaxationszeiten des nichtlinearen Oszillators $1/\gamma_\varphi$, $1/\gamma_a$, so gilt die Beziehung

$$p(n, T_0) = \int \frac{(\hat{\alpha}\hat{n})^n}{n!} e^{-\hat{\alpha}\hat{n}}\, W(\hat{n})\, d\hat{n}, \tag{8.119}$$

wobei $\hat{\alpha}$ eine durch den Photodetektor bestimmte Konstante ist, die proportional zu T_0 ist und insbesondere von der Empfindlichkeit des Detektors abhängt. (Wegen einer genaueren Diskussion von $\hat{\alpha}$ müssen wir auf die Literatur (vgl. Referenzen) verweisen.) Für eine genügend große mittlere Zahl von Photonen ergibt sich eine praktisch kontinuierliche Verteilung

$$p(n, T_0) = \frac{1}{\hat{\alpha} F_0(a)} \exp\left\{-\frac{1}{4}\left(\frac{n}{\hat{\alpha}}\right)^2 + \frac{1}{2} a \frac{n}{\hat{\alpha}}\right\}. \tag{8.120}$$

Hierbei ist $F_0(a)$ durch

$$F_0(a) = \int_0^\infty \exp\left(-\frac{\tilde{I}^2}{4} + a\frac{\tilde{I}}{2}\right) d\tilde{I} \tag{8.121}$$

gegeben, wobei a (vgl. (8.117)) proportional zum ungesättigten Nettogewinn G ist. Da dieser proportional zur ungesättigten Inversion d_0 und damit proportional zur Pumpleistung, die dem Laser zugeführt ist, anwächst, nennt man a auch den Pumpparameter.

Auf die Umrechnungen gehen wir im folgenden nicht weiter ein, sondern geben nunmehr einige typische Beispiele theoretisch gefundener Ergebnisse und ihrer experimentellen Bestätigung an. Betrachten wir nochmals Fig. 8.10. Die Photonenstatistik ändert sich offenbar in der Nähe der Schwelle $G = 0$, d.h. $a = 0$. Welcher Art die Photonenstatistik unterhalb bzw. oberhalb der Schwelle ist, läßt sich bereits aus dem mittleren Schwankungsquadrat der Photonenzahlen theoretisch ablesen und experimentell messen. Hierbei läßt sich auch der kontinuierliche Übergang von der einen zur anderen Verteilung genau verfolgen. Das mittlere Schwankungsquadrat der Photonen ist definiert durch

$$\langle (n - \langle n \rangle)^2 \rangle \equiv \langle n^2 \rangle - \langle n \rangle^2, \tag{8.122}$$

wobei $\langle \; \rangle$ Mittelwert bedeutet.

An dieser Stelle ist die präzise quantenmechanische Definition von (8.122) wichtig. Wie wir wissen, entsprechen den „Observablen" der klassischen Physik, wie z.B. der Photonenzahl n, in der Quantenmechanik Operatoren, hier also $n \to b^+ b$, wobei b^+ und b der Erzeugungs- bzw. Vernichtungsoperator eines Photons ist. Gleichzeitig sind die Mittelwerte $\langle \dots \rangle$ als quantenmechanische Erwartungswerte aufzufassen. Wir erhalten daher anstelle von (8.122) den Ausdruck

$$\langle (b^+ b)^2 \rangle - \langle b^+ b \rangle^2,$$

oder, ausführlicher geschrieben,

$$\langle (b^+ b b^+ b) \rangle - \langle b^+ b \rangle^2. \tag{8.123}$$

Wie wir von Band I, Abschn. 6.2, her wissen, genügen b, b^+ der Vertauschungsrelation

$$b b^+ - b^+ b = 1. \tag{8.124}$$

Mit Hilfe von ihr läßt sich in (8.123) das Produkt

$$b^+ b b^+ b \quad \text{umordnen in} \quad b^+ b^+ b b + b^+ b.$$

Damit geht (8.123) über in

$$\underbrace{\langle b^+ b^+ b b \rangle - \langle b^+ b \rangle^2}_{K_2\,(\tau = 0)} + \langle b^+ b \rangle. \tag{8.125}$$

Der mit $K_2\,(\tau = 0)$ bezeichnete Ausdruck ist uns bereits in Abschnitt 8.3 begegnet, wo wir ihn unterhalb und oberhalb der Laserschwelle explizit berechneten. Dabei erhielten wir

unterhalb der Schwelle:

$$K_2\,(\tau = 0) = \langle b^+ b \rangle^2, \tag{8.126}$$

oberhalb der Schwelle:

$$K_2(\tau = 0) = \frac{N_{2,s}}{4\kappa T}. \tag{8.127}$$

Damit können wir das mittlere Schwankungsquadrat (8.122) berechnen, indem wir (8.126), (8.127) in (8.125), (8.122) einsetzen. Wir erhalten

unterhalb der Schwelle:

$$\langle (n - \langle n \rangle)^2 \rangle = \langle b^+ b \rangle^2 + \langle b^+ b \rangle$$
$$\equiv \langle n \rangle (\langle n \rangle + 1). \tag{8.128}$$

Dieses Ergebnis ist charakteristisch für Bose-Einstein Statistik. Wie dort gezeigt wird, hat das Licht die Tendenz, „klümpchenweise“ anzukommen (vgl. Fig. 8.13). Andererseits erhalten wir

oberhalb der Schwelle für großes $\langle n \rangle$

folgendes Resultat:

$$\langle (n - \langle n \rangle)^2 \rangle \approx \langle n \rangle. \tag{8.129}$$

Diese Relation ist von der Poissonverteilung her bekannt. Sie besagt, daß die Photonen einen mittleren Abstand einhalten (vgl. Fig. 8.14).

Die Resultate hatten wir bereits mit Hilfe der Lösungen unserer Lasergleichung (8.79) auffinden können. Allerdings mußten wir dabei einen, wenn auch kleinen Bereich in der Nähe der Laserschwelle ausschließen. Diese Lücke kann nun mit Hilfe der Verteilungsfunktion (8.115) bzw. (8.120) geschlossen werden. Auf die durchaus subtile Frage, wie sich *quantenmechanische* Erwartungswerte mit Hilfe einer *klassischen* Verteilungsfunktion berechnen lassen, können wir hier nicht eingehen, da dies den Rahmen dieses Buches weit übersteigen würde. Es mag daher der Hinweis genügen, daß dies mit Hilfe der quantenklassischen Korrespondenz möglich ist.

Kehren wir zum eigentlichen Ziel zurück. Wir wollen verfolgen, auf welche Weise (8.128) stetig in (8.129) übergeht. Dazu ist es zweckmäßig, (8.122) in der Form

$$\langle n^2 \rangle - \langle n \rangle^2 = \langle n \rangle (1 + H_2 \langle n \rangle) \tag{8.130}$$

zu schreiben, wobei H_2 eine noch zu bestimmende Funktion von $\langle n \rangle$ ist. Ersichtlich ist $H_2 = 1$ unterhalb der Schwelle und $= 0$ oberhalb. Indem wir (8.130) nach H_2 auflösen und die Abkürzungen $M_2 = \langle n^2 \rangle$, $M_1 = \langle n \rangle$ benutzen, erhalten wir

$$H_2 = \frac{M_2 - M_1^2}{M_1^2} - \frac{1}{M_1}. \tag{8.131}$$

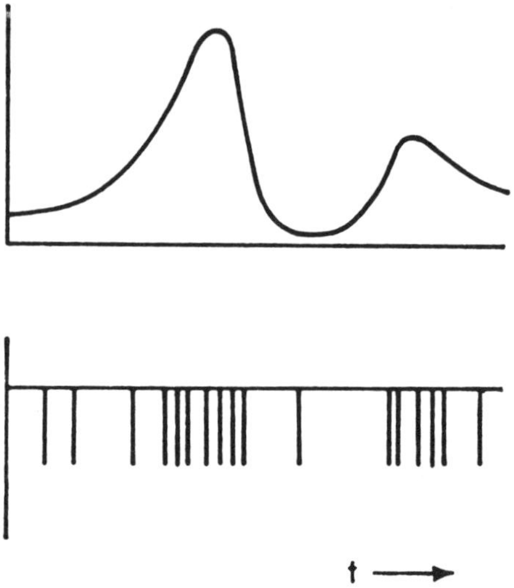

Fig. 8.13 Die Verhältnisse bei einer Lampe. Die Photonen kommen jeweils gehäuft an (im Englischen wird dieser Effekt als *bunching* bezeichnet). Die Lichtintensität zeigt entsprechend starke Schwankungen.

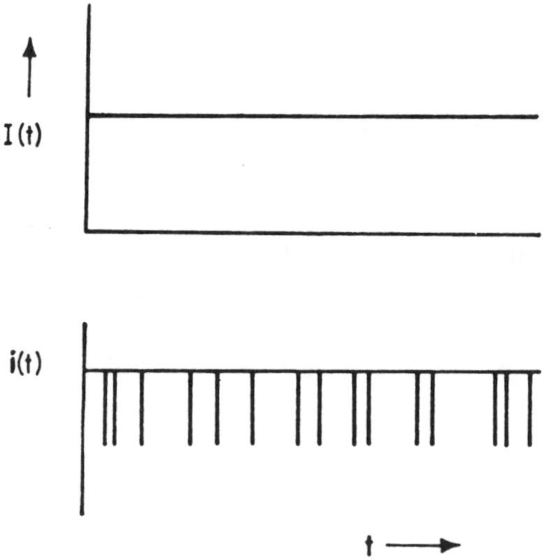

Fig. 8.14 Beim Laser halten die Photonen einen mittleren Abstand ein. Dadurch erscheint die Lichtintensität geglättet. (Nach E. R. Pike in *Quantum Optics*, eds. McKay and Maitland, Academic Press, 1970.)

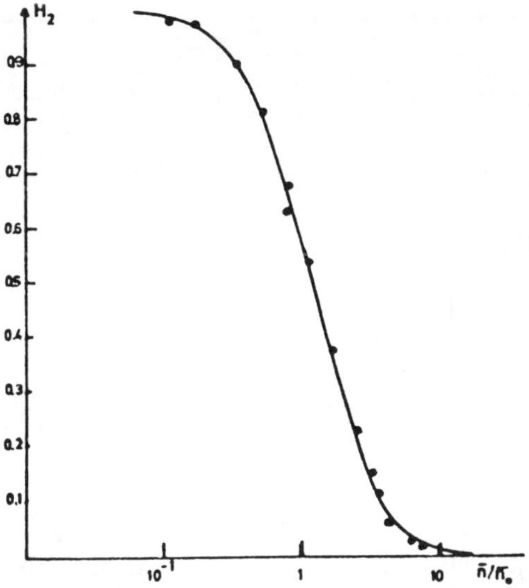

Fig. 8.15 Der Verlauf von H_2 als Funktion der normierten Photonenzahl (experimentell, nach Ergebnissen von Arecchi *et al.*, theoretische Ergebnisse nach Risken).

Auf diese Weise ist H_2 direkt durch meßbare Größen, nämlich die Momente von n^2 und n, ausgedrückt. Fig. 8.15 zeigt einen Vergleich zwischen der Theorie, die auf der Verteilungsfunktion (8.115) basiert, und dem Experiment. Dieses Resultat zeigt zum einen die gute Übereinstimmung zwischen Theorie und Experiment, zum anderen aber auch den stetigen Übergang von (8.128) zu (8.129).

Hierbei wurde der Pumpparameter durch eine normierte Ausstrahlungsintensität ersetzt. Eine ähnlich gute Übereinstimmung wird auch für Meßgrößen gefunden, in denen höhere Momente, d.h. $M_3 = \langle n^3 \rangle$, $M_4 = \langle n^4 \rangle$ beteiligt sind.

Wie wir bereits von Bd. 1, Abschn. 2.2, her wissen, werden die Kohärenzeigenschaften des Lichts durch Korrelationsfunktionen zwischen den Feldstärken, wie z.B. $\langle E^{(-)}(t) E^{+}(t') \rangle$ beschrieben. Zwei besonders wichtige Ausdrücke hatten wir bereits im vorigen Abschnitt 8.3 berechnet, nämlich

$$\langle b^{+}(t)\, b(0) \rangle \quad \text{und} \quad K_2(\tau) = \langle b^{+}(0)\, b^{+}(\tau)\, b(\tau)\, b(0) \rangle - \langle b^{+} b \rangle^2 .$$

Wir bestimmten diese Funktionen oberhalb und unterhalb der Schwelle, wobei die unmittelbare Nähe der Schwelle nicht erfaßt wurde. Mit Hilfe der zeitabhängigen Lösungen der Fokker-Planck-Gleichung (8.108)

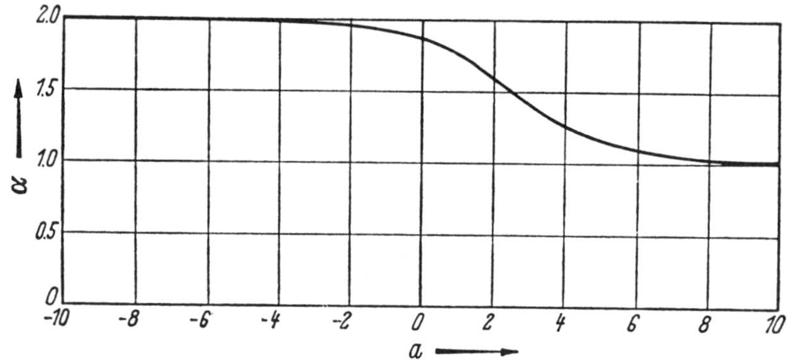

Fig. 8.16 Der Verlauf der Funktion $\alpha(a)$, die in Gl. (8.133) auftritt. (Nach H. Risken, *Z. Physik*, **191**, 302 (1966).)

können diese Funktionen berechnet werden, wobei allerdings die Lösungen mit Hilfe von Computer-Rechnungen bestimmt werden müssen. Von den Resultaten führen wir als wichtigstes Beispiel an, wie sich die Laser-Linienbreite $\Delta\omega$ in der Nähe der Laserschwelle ändert. $\Delta\omega \equiv \Delta\omega(a)$ verändert sich dabei stetig in Abhängigkeit vom Pumpparameter a, und zwar gilt:

$$\Delta\omega(a)\cdot P(a) = \Delta\omega_0 P_0 \cdot \alpha(a). \tag{8.132}$$

$P(a)$ ist die Ausstrahlungsleistung des Lasers bei der Pumpstärke a. $\Delta\omega_0$ und P_0 bezeichnen die Linienbreite bzw. die Ausstrahlungsleistung des Lasers oberhalb der Laserschwelle. $\Delta\omega_0$ ist durch (8.86) und P_0 durch (8.87) gegeben. Wie sich daraus entnehmen läßt, ist $\Delta\omega_0 \cdot P_0$ von der ausgestrahlten Leistung unabhängig, so daß sich (8.132) auch in der Form

$$\Delta\omega(a)\cdot P(a) = \text{const.} \cdot \alpha(a) \tag{8.133}$$

schreiben läßt.

$\alpha(a)$ wurde, wie eben angedeutet, numerisch berechnet und ist in Fig. 8.16 dargestellt.

Könnten wir die Ausstrahlungsleistungen P unterhalb und oberhalb der Schwelle gleich groß machen, so ergäbe sich unterhalb der Schwelle eine doppelt so große Linienbreite wie oberhalb.

9. Der 2-Photonen-Laser

9.1 Reelle und virtuelle Übergänge eines 3-Niveau-Atoms

Die bisherigen Untersuchungen der Lasertätigkeit in diesem Buch gingen davon aus, daß jedes angeregte Laseratom ein Photon aussenden kann, und zwar spontan oder induziert. Die Dynamik des Atoms mit dem Index μ wurde dabei durch die Variablen α_μ, die proportional zum Dipolmoment des Atoms sind, und die Inversion d_μ beschrieben. Als weitere charakteristische Größe trat die Kopplungskonstante $g_{\mu\lambda}$ auf, die die Stärke der Kopplung zwischen dem Atom μ und dem Lichtfeld mit der Mode λ beschreibt, wobei $g_{\mu\lambda}$ proportional zum Dipolmoment Θ_{12} ist. Bei der Aussendung eines derartigen Lichtquants mit der Frequenz ω ist der Energiesatz erfüllt, wobei $\hbar\omega = W_2 - W_1$ ist und W_j die Energie des Niveaus j bezeichnet. Wegen der atomaren Linienverbreiterung kann dabei die Frequenz ω in einem gewissen, allerdings im allgemeinen kleinen Bereich, variieren.

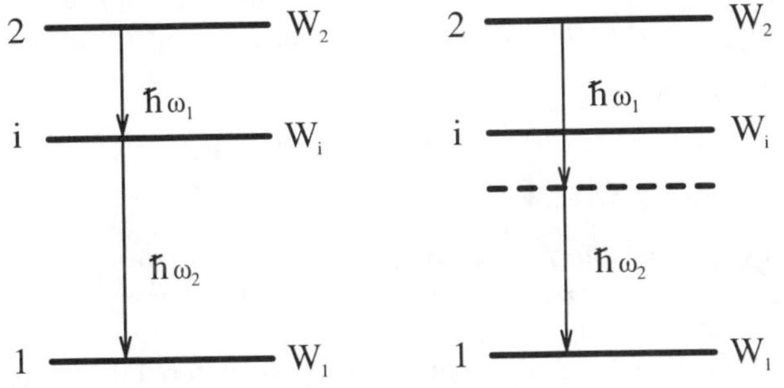

Fig. 9.1 Links: Ein Atom mit 3 Niveaus; eingezeichnet ist ein Kaskaden-Prozeß mit Photonen, die mit Frequenzen ω_1 und ω_2 ausgesandt werden. Der Übergang erfolgt über ein reelles Niveau i. Rechts: Beispiel für einen virtuellen Übergang über das Zwischenniveau i mit Photonenfrequenzen ω_1 und ω_2, die nicht in Resonanz mit den Übergängen $2 \to i$ bzw. $i \to 1$ sind.

Betrachten wir nun ein Atom mit 3 Niveaus (vgl. Fig. 9.1), dessen oberstes Niveau besetzt ist. Dann kann das Atom unter Aussendung eines Lichtquants in den mittleren Zustand mit dem Index i und der Energie W_i übergehen, wobei der Energiesatz erfüllt ist. Dabei muß das optische Matrixelement für diesen Übergang von Null verschieden sein. Von dem Niveau i kann das Atom dann in den Grundzustand mit dem Index 1 übergehen, wobei auch hier der Energiesatz erfüllt ist und wiederum vorausgesetzt wird, daß das optische Matrixelement von Null verschieden ist. Wir haben hier eine Kaskade von reellen Übergängen mit Energieerhaltung

$$\hbar\omega_1 = W_2 - W_i, \tag{9.1}$$

$$\hbar\omega_2 = W_i - W_1. \tag{9.2}$$

Hat man viele solche Atome in einem Laserresonator, gehören die Frequenzen ω_1 und ω_2 zu Resonatormoden, und ist schließlich die Zahl der angeregten Atome genügend groß, so kann es hier zu einer Laserkaskade kommen. Dieser Prozeß, der ebenfalls von Interesse wäre, soll uns aber hier nicht interessieren. Wir wollen uns vielmehr mit einer zweiten Art von Übergängen befassen, nämlich sogenannten virtuellen Übergängen. Bestrahlt man nämlich ein Atom mit einer kohärenten Welle der Frequenz ω_1, die keineswegs der Bedingung (9.1) genügt, sondern diese sogar verletzt,

$$\hbar\omega_1 \neq W_2 - W_i, \tag{9.3}$$

so kann das Atom dennoch einen Übergang in den Grundzustand machen, indem es noch ein zweites Quant aussendet, für das wiederum die Energieerhaltung zwischen den Niveaus 1 und i nicht erfüllt ist

$$\hbar\omega_2 \neq W_i - W_1, \tag{9.4}$$

so aber, daß insgesamt die Energieerhaltung gemäß

$$\hbar(\omega_1 + \omega_2) = W_2 - W_1 \tag{9.5}$$

gilt. Man bezeichnet die Aussendung der Photonen mit den Frequenzen ω_1 und ω_2 in diesem Falle als einen virtuellen Übergang, weil dabei das Niveau i gar nicht besetzt wird, sondern der Übergang gewissermaßen über dieses Niveau virtuell erfolgt. Diese virtuellen Übergänge bilden die Grundlage des 2-Photonen-Lasers.

9.2 Vorzüge des 2-Photonen-Lasers

Wegen der kleinen Linienbreite der verwendeten Laseratome können die konventionellen Laser nur in einem kleinen Bereich durchgestimmt werden. (Eine gewisse Ausnahme hiervon bilden die Farbstofflaser.) Beim 2-Photonen-Laser ist hingegen eine erhebliche Durchstimmbarkeit zu erwarten. Variiert man nämlich die eingestrahlte Frequenz ω_1, so ändert sich gemäß der Relation (9.5) die ausgestrahlte Frequenz ω_2, so daß diese in einem weiten Bereich bei Lasertätigkeit durchgestimmt werden kann. Die Welle mit der Frequenz ω_1 muß dabei nicht notwendigerweise von außen her eingestrahlt werden, sondern kann auch im 2-Photonen-Laser selbst erzeugt werden, wenn man nur die Verluste der Spiegel für die Mode ω_1 entsprechend klein macht und auch für die zu erwartende Mode mit der Frequenz ω_2. Damit ergibt sich die Hoffnung ultrarotes oder ultraviolettes Licht zu erzeugen, auch wenn mit einer anderen Wellenlänge eingestrahlt oder diese im Laser ursprünglich erzeugt wird. Ferner zeigen genauere theoretische Untersuchungen, daß beim 2-Photonen-Laser, bei dem die Moden für ω_1 und ω_2 identisch werden, es zu Ausbildungen von *squeezed states* (vgl. Band 1) kommen kann. (Vgl. Aufgabe am Schluß von Abschnitt 9.3.)

9.3 Modell des 2-Photonen-2-Niveau-Lasers*

Da die Rechnungen sehr schnell umfangreich und ziemlich unübersichtlich werden, betrachten wir hier ein spezielles Modell. Dieses besteht zum einen darin, daß die Mode 1 mit der Mode 2 identisch ist, wir es also nur mit einem Typ von Photonen zu tun haben. Außerdem wollen wir nur die Dynamik des Grundniveaus 1 und des angeregten Niveaus 2 explizit berücksichtigen. Die Wirkung des Zwischenniveaus i macht sich hierbei nur indirekt bemerkbar und wird in unserem Modell nicht explizit erfaßt (siehe aber weiter unten, Abschn. 9.5). Wir nehmen an, daß die Niveaus 1 und 2 die gleiche Parität haben, das Zwischenniveau i hingegen die entgegengesetzte Parität. Damit ist die Dipolwechselwirkung erster Ordnung zwischen Feld und Atom gleich Null, der 1-Photonen-Übergang von dem Niveau 2 nach 1 ist also verboten, und wir können uns direkt mit dem virtuellen Übergang zweier Photonen über das Niveau i befassen. Das Niveau i soll nicht genau in der Mitte zwischen den beiden Niveaus 1 und 2 liegen, da es sonst zu einem reellen Übergang mit einer Kaskade käme.

Der wohl eleganteste Weg zur Formulierung unseres Modells geht über die Quantentheorie, wobei wir vom Hamiltonoperator ausgehen. Wir bezeichnen den Erzeugungs- bzw. Vernichtungsoperator der hier betrachteten Lasermode mit b^+ bzw. b. Die Inversion zwischen den Niveaus 1 und 2 bezeichnen wir wie bisher mit d_μ, und wir führen die atomare Amplitude α_μ ein. Die Kopplungskonstante zwischen dem Lichtfeld und dem Atom μ bezeichnen wir mit $\bar{g}_\mu$. Wie wir später sehen werden, enthält $\bar{g}_\mu$ nicht wie bisher das statische Matrixelement zwischen 1 und 2, sondern ist aus Dipolmatrixelementen zwischen 2 und i und i und 1 zusammengesetzt. Unser Hamilton-Operator nimmt dann die Form

$$H = \hbar\omega b^+ b + \frac{1}{2}\hbar\bar{\omega} \sum_\mu d_\mu + \hbar \sum (\bar{g}_\mu b^+ b^+ \alpha_\mu + h.k.) \qquad (9.6)$$

* Die Abschnitte 9.3–9.5 sind mathematisch anspruchsvoller und können überschlagen werden, ohne daß das Verständnis von Kap. 10 leidet.

an. Der erste Summand auf der rechten Seite ist die Photonenenergie, der zweite beschreibt die Energie der Atome μ. Das letzte Glied schließlich beschreibt die Wechselwirkung zwischen dem atomaren Übergang und den Photonen, wobei bei einem Übergang zwei Photonen erzeugt werden, wie dies in dem Produkt b^+b^+ zum Ausdruck kommt. Die Bedeutung des Wechselwirkungsgliedes zwischen Licht und dem Atom μ wird besonders anschaulich, wenn wir uns daran erinnern, daß in der Quantentheorie gezeigt wird, daß α_μ sich als ein Produkt aus zwei Operatoren auffassen läßt, von denen der eine Operator die Vernichtung eines Elektrons im angeregten Zustand und der andere Operator die Erzeugung des Elektrons im Grundzustand beschreiben. Das Produkt dieser Operatoren gibt also nichts anderes als den Übergang eines Elektrons vom angeregten in den Grundzustand wieder. Damit verknüpft ist gemäß dem Ausdruck in (9.6) die Erzeugung zweier Photonen.

Wir besprechen nun eine für die Quantentheorie des 2-Photonen-Lasers, wie auch des 1-Photonen-Lasers, fundamentale Methode, wie man von einem solchen Hamilton-Operator (9.6) zu den Bewegungsgleichungen kommen kann. Derartige Bewegungsgleichungen sind uns schon beim 1-Photonen-Laser (vgl. z.B. (8.25)–(8.27)) begegnet. Der systematische Weg zur Herleitung solcher Gleichungen für Operatoren läuft über das sogenannte Heisenberg-Bild. Hierbei werden die Zeitabhängigkeiten der Operatoren durch Gleichungen beschrieben, die sich mit Hilfe des Hamilton-Operators H gemäß der Relation

$$\dot{b} = \frac{i}{\hbar}[H, b] \tag{9.7}$$

gewinnen lassen. Dabei ist die eckige Klammer auf der rechten Seite ein sogenannter Kommutator, der durch

$$[H, b] = Hb - bH \tag{9.8}$$

definiert ist. Die Auswertung der Klammer mit dem Hamilton-Operator H (9.6) gelingt mit Hilfe von Vertauschungsrelationen, wobei wir zur Auswertung der rechten Seite (9.7) die Vertauschungsrelationen bezüglich b brauchen. Dies sind die Relationen

$$bb^+ - b^+b = 1, \tag{9.9}$$

$$[b^+, d_\mu] = [b, d_\mu] = 0 \tag{9.10}$$

und

$$[b^+, \alpha_\mu] = [b, \alpha_\mu] = [b^+, \alpha_\mu^+] = [b, \alpha_\mu^+] = 0. \tag{9.11}$$

Die Auswertung der rechten Seite von Gleichung (9.7) ist dann sehr einfach und kann dem Leser als eine kleine Übungsaufgabe überlassen werden. Es ergibt sich dabei die Gleichung für den Operator der Feldamplitude b

$$\dot{b} = -i\omega b - 2i \sum_{\mu} \bar{g}_{\mu} \alpha_{\mu} b^{+} . \tag{9.12}$$

Die Gleichung beschreibt die Wechselwirkung zwischen dem Feld und den Atomen im Laser, aber noch nicht die Ankopplung des Feldes an die Verlustmechanismen, insbesondere in den Spiegeln. Hierzu muß die Dämpfung eingeführt werden, was z.B. phänomenologisch erfolgen kann, und zwar indem auf der rechten Seite noch das Glied $-\kappa \cdot b$ hinzugefügt wird. Wie in der Quantenstatistik gedämpfter Systeme gezeigt wird, treten mit Dämpfungen auch stets Fluktuationen auf, sodaß wir, wie wir es schon früher in Abschnitt 8.2 sahen, fluktuierende Kräfte $F(t)$ auf der rechten Seite der Gleichung (9.12) hinzufügen müssen. Damit nehmen die Gleichungen für den Operator b für die Feldmode die Form

$$\dot{b} = (-i\omega - \kappa) b - 2i \sum_{\mu} \bar{g}_{\mu} \alpha_{\mu} b^{+} + F(t) \tag{9.13}$$

an. Nachdem auf der rechten Seite von (9.13) die atomaren Variablen α_{μ} auftreten, haben wir auch noch die Heisenberg-Gleichungen für diese Variablen herzuleiten. Wir benutzen dazu wieder das „Rezept" (9.7), wobei jetzt b aber durch α_{μ} zu ersetzen ist. Um die rechte Seite auszuwerten, müssen wir die Vertauschungsrelationen für α_{μ}, α_{μ}^{+} und d_{μ} kennen. Hierzu nützen wir die Tatsache aus, daß diese Operatoren sich genau wie Spin-Operatoren verhalten, wobei die Zuordnung (vgl. 8.15)

$$\left.\begin{aligned} s_{+} &\leftrightarrow \alpha^{+} \\ s_{-} &\leftrightarrow \alpha \\ s_{z} &\leftrightarrow d \end{aligned}\right\} \tag{9.14}$$

besteht. Wir müssen also nur aus der Literatur die Vertauschungsrelationen für Spin-Operatoren übernehmen. Wir wissen, daß die Kommutatoren für verschiedene μ verschwinden, daß also z.B. gilt

$$[s_{\mu}^{+}, s_{\mu'}] = 0, \qquad \mu \neq \mu' . \tag{9.15}$$

Sind die Indizes μ und μ' gleich, so haben wir die Spin-Vertauschungsrelationen zu benutzen, die sich gemäß der Übersetzung (9.14) dann in der folgenden Form schreiben lassen:

$$[\alpha_{\mu}^{+}, d_{\mu}] = -\alpha_{\mu}^{+}, \tag{9.16}$$

$$[\alpha_{\mu}, d_{\mu}] = \alpha_{\mu}, \tag{9.17}$$

$$[\alpha_{\mu}^{+}, \alpha_{\mu}] = 2d_{\mu}. \tag{9.18}$$

Mit Hilfe dieser Relationen gelingt es leicht, die Heisenberg-Gleichungen für die Amplituden α_μ und Inversionen d_μ anzugeben. Hierbei addieren wir gleich wieder das Dämpfungsglied für die Amplituden α_μ und die zugehörigen fluktuierenden Kräfte $\Gamma_{\mu-}$. Entsprechend fügen wir die durch das Pumpen auftretenden Glieder bei der Inversion hinzu, sowie die zugehörige fluktuierende Kraft $\Gamma_{\mu z}$

$$\dot{\alpha}_\mu = (-i\bar{\omega} - \gamma)\,\alpha_\mu + i\bar{g}^*_\mu d_\mu b^2 + \Gamma_{\mu -}, \tag{9.19}$$

$$\dot{d}_\mu = -\gamma_\parallel (d_\mu - d_{0,\mu}) + 2i[\bar{g}_\mu \alpha_\mu b^{+2} - h.k.] + \Gamma_{\mu z}. \tag{9.20}$$

Hierbei haben wir noch die Abkürzung

$$\gamma_\parallel = \frac{1}{T} \tag{9.21}$$

benützt. Die Gleichungen (9.13), (9.19) und (9.20) können nun als Ausgangspunkt einer vollständig quanten-mechanischen Behandlung des 2-Photonen-Lasers benutzt werden. Hier wollen wir uns aber mit der halbklassischen Näherung begnügen. Diese gewinnen wir dadurch, daß wir uns die Gleichungen (9.13) und (9.19) bzw. (9.20) über die Quantenfluktuationen gemittelt denken. Dies hat zur Folge, daß die Mittelwerte von b, α_μ und d_μ zu klassischen Größen werden, gemäß

$$\langle b\rangle \rightarrow b(t), \tag{9.22}$$

$$\langle \alpha_\mu\rangle \rightarrow \alpha(t), \tag{9.23}$$

$$\langle d_\mu\rangle \rightarrow d_\mu(t), \tag{9.24}$$

wobei wir gleichzeitig noch annehmen, daß die Mittelwerte über die Fluktuationen verschwinden

$$\langle F\rangle = \langle \Gamma_{\mu -}\rangle = \langle \Gamma_{\mu z}\rangle = 0. \tag{9.25}$$

Im folgenden wollen wir also annehmen, daß es sich bei den Gleichungen (9.13), (9.19) und (9.20) um Gleichungen für klassische, zeitabhängige Variable b, α_μ und d_μ handelt, wobei die fluktuierenden Kräfte weggefallen sind.

Aufgabe zu 9.3

Die enge Beziehung zwischen dem 2-Photonen-Laser und der Erzeugung von „squeezed states“ (vgl. Bd. I) läßt sich durch folgende Aufgabe erhellen: Man zeige, daß Lösungen der Schrödingergleichung

$$(\hbar\omega b^+ b + \hbar g (A b^+ b^+ + A^* bb))\,\Psi = E\Psi \tag{9.26}$$

die „squeezed states“

$$\Psi = N e^{\beta(bb - b^+ b^+)}\Psi_0 \tag{9.27}$$

sind. Der Hamiltonoperator in (9.26) ergibt sich aus (9.6), indem wir $\sum_\mu \bar{g}_\mu \alpha_\mu = gA$ setzen und wir A, A^* und $\sum_\mu d_\mu$ als *klassische, vorgegebene* Größen auffassen. Dabei kann die klassisch behandelte Energie der Atome, $\frac{1}{2}\hbar\bar{\omega}\sum_\mu d_\mu$, in die Energie E in (9.26) mit einbezogen werden und tritt nicht mehr explizit in Erscheinung. Ψ_0 in (9.27) ist der Vakuumzustand mit der Eigenschaft $b\Psi_0 = 0$. N ist der Normierungsfaktor.

Hinweis: Beim Einsetzen von (9.27) in (9.26) beachte man, daß mit $U = e^{\beta(bb - b^+ b^+)}$ gilt (vgl. Bd. I, S. 127)

$$bU = Ub\mu - Ub^+\nu, \tag{9.28}$$

$$b^+U = Ub^+\mu - Ub\nu, \tag{9.29}$$

wobei $\mu = \cosh(2\beta)$, $\nu = \sinh(2\beta)$.

Nach Einsetzen von (9.27) in (9.26) wende man (9.28), (9.29) 2-fach an, um die Operatoren b^+, b sämtlich rechts von U zu bringen, verwende die Vertauschungsrelation (9.9) und benutze $b\Psi_0 = 0$. Sodann dividiere man die sich ergebende Gleichung durch U, vergleiche die Koeffizienten und bestimme damit β und E.

9.4 Ein typisches Verhalten des 2-Photonen-Lasers

Um einige wichtige und typische Eigenschaften des 2-Photonen-Lasers zu erschließen, nehmen wir an, daß es sich bei den Laserwellen um laufende Wellen handelt. Wir dürfen dann die Annahme

$$|\bar{g}_\mu|^2 = \bar{g}^2 \tag{9.30}$$

machen, wobei natürlich $\bar{g}$ reell ist. Im Falle laufender Wellen läßt sich der Phasenfaktor $\exp(ikx_\mu)$, der in den Kopplungskonstanten $\bar{g}_\mu$ auftritt, heraustransformieren, sodaß die Gleichungen (9.19) und (9.20) gar nicht mehr explizit vom Atomort in der Kopplungskonstante abhängen. Daraufhin können wir statt der einzelnen Gleichungen für μ auch deren Summen betrachten. Deshalb führen wir die Transformationen

$$\sum_\mu d_\mu = D \tag{9.31}$$

und

$$\sum_\mu \alpha_\mu = A\,e^{-2i\omega t} \tag{9.32}$$

ein, wobei wir exakte Resonanz

$$\bar{\omega} = 2\omega \tag{9.33}$$

annehmen und den rasch oszillierenden Anteil aus A_μ herausgezogen haben. Ferner ziehen wir den rasch oszillierenden Anteil aus b heraus:

$$b = B e^{-i\omega t}. \tag{9.34}$$

Wir betrachten nun den physikalisch besonders relevanten Fall, daß die atomaren Dämpfungskonstanten γ, $\gamma_\parallel$ wesentlich größer als die Dämpfungskonstante des Resonators κ sind. Wir dürfen dann die adiabatische Näherung verwenden, der zufolge wir

$$\dot{A} = 0, \qquad \dot{D} = 0 \tag{9.35}$$

benutzen. Die Rechnungen sind elementar und lassen sich in Analogie zu Abschnitt 6.3 durchführen. Nach kurzer Rechnung ergibt sich für die Inversion D die Relation

$$D = D_0\left(1 - \frac{4\tilde{g}^2 B^4}{r} \bigg/ \left(1 + \frac{4\tilde{g}^2 B^4}{r}\right)\right), \tag{9.36}$$

wobei wir die Abkürzung

$$r = \gamma_\parallel / \gamma_\perp = 1/(T\gamma), \qquad \tilde{g} = \bar{g}/\gamma \tag{9.37}$$

verwendet haben. Wie man aus dieser Formel erkennt, klingt die gesättigte Inversion D mit wachsendem Feld B rasch ab, um dann für große B-Werte einer Sättigung, nämlich $D = 0$, zuzustreben. Setzen wir die resultierenden Werte für A und D in die Gleichung für die Feldamplitude B ein, so ergibt sich eine Gleichung der Form

$$\frac{\dot{B}}{\gamma} = G(B, D_0)\,B, \tag{9.38}$$

wobei die Größe G

$$G = -\kappa/\gamma + \frac{2\tilde{g}^2 D_0 B^2}{1 + (4\tilde{g}^2 B^4)/r} \tag{9.39}$$

als Gewinnfaktor bezeichnet wird. Die rechte Seite von (9.38) läßt sich mit Hilfe einer Potentialfunktion V in der Form

$$GB = -\frac{\partial V}{\partial B} \tag{9.40}$$

schreiben. Damit nimmt (9.38) die Gestalt

$$\dot{B} = -\gamma \frac{\partial V}{\partial B} \tag{9.41}$$

an. Mit Hilfe der Potentialfunktion, die explizit

$$V = \frac{\tilde{g}}{2}\left[(\kappa/\gamma)\,B^2 - \frac{D_0 r}{4}\ln(1 + 4\tilde{g}^2 B^4/r)\right] \tag{9.42}$$

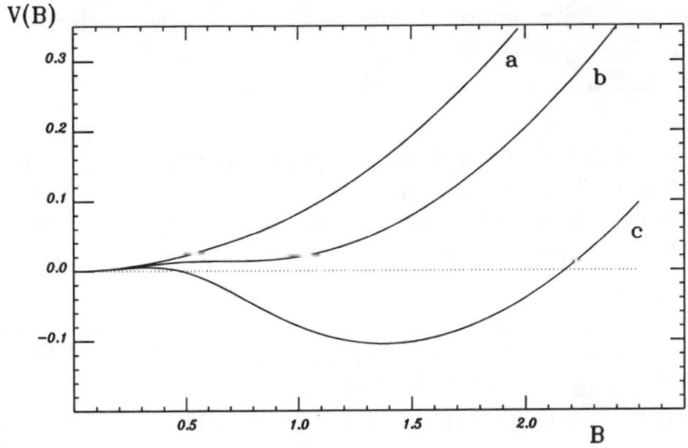

Fig. 9.2 Das Potential (9.42) gegenüber der dimensionslosen elektrischen Feldstärke B für verschiedene Werte der ungesättigten Version D_0, wobei diese in der Reihenfolge a, b, c anwächst.

lautet, läßt sich nun die Lasertätigkeit anhand von Fig. 9.2 leicht erläutern. Wie man aus dieser Abbildung entnimmt, sind mit kleinem Wert der Inversion D_0 die stabilen Punkte des Potentials bei $B=0$, d.h. es setzt keine Lasertätigkeit ein. Erhöht man D_0, so tritt ein Potentialminimum spontan für $B \neq 0$ auf, wobei aber ein Potentialberg zu überschreiten ist. Wir haben es hier mit einem Phasenübergang erster Ordnung zu tun. Wir sehen daraus, daß die Lasertätigkeit mit wachsendem D_0 zunächst nicht einsetzt, sondern erst von einem genügend großen D_0 möglich wird, wobei wir aber einen von Null verschiedenen Anfangswert von B von außen her vorgeben müssen.

9.5 Zusätzliche Effekte

Bei einer genauen theoretischen Behandlung des 2-Photonen-Lasers geht man von einem Hamiltonoperator aus, der die Photonenemission und -Absorption, die mit den Übergängen $2 \rightarrow i$, $i \rightarrow 1$ auftreten, explizit beschreibt. Hierbei gehen dann auch die Variablen des mittleren Niveaus i ein. In oft guter Näherung lassen sich dann in einem nächsten Schritt diese Variablen wieder eliminieren und ein „effektiver" Hamiltonoperator analog zu (9.6) herleiten. Interessanterweise treten in ihm gegenüber (9.6) durchaus wichtige Zusatzglieder auf, die wir hier kurz angeben und diskutieren. Die Resonatorfrequenz ω ist durch

$$\omega' = \omega_\lambda + \frac{1}{2\Delta} b^+ b \sum_\mu (g_{i1,\mu} \overset{*}{g}_{i1,\mu} + g_{2i,\mu} \overset{*}{g}_{2i,\mu})(\alpha_{22,\mu} + \alpha_{11,\mu}) \quad (9.43)$$

zu ersetzen und die atomare Übergangsfrequenz $\bar{\omega} \equiv \bar{\omega}_{21}$ durch

$$\bar{\omega}'_{21,\mu} = \bar{\omega}_{21} + \frac{1}{\Delta} b^+ b (g_{2i,\mu} g^*_{2i,\mu} - g_{i1,\mu} g^*_{i1,\mu}). \tag{9.44}$$

$g_{i1,\mu}$, $g_{2i,\mu}$ sind die Kopplungskonstanten des Atoms μ, die zu den Übergängen $i \rightarrow 1$ bzw. $2 \rightarrow i$ gehören und die proportional zu den entsprechenden Dipolmatrixelementen sind. Δ ist durch $\Delta = (W_2 - W_i)/\hbar$ definiert. Da in (9.43) $\alpha_{22,\mu}$ und $\alpha_{11,\mu}$ die Besetzungszahloperatoren der Niveaus 2 bzw. 1 des Atoms μ sind, bedeutet (9.43) eine Verschiebung der Frequenz der Photonen, die von der Besetzung der Niveaus 2 und 1 abhängt. (9.44) beschreibt umgekehrt eine Verschiebung der atomaren Übergangsfrequenz, die von dem Photonenzahloperator $b^+ b$, oder klassisch gesprochen, von der Intensität des Laserlichts, abhängt. Damit beschreibt (9.44) den sogenannten dynamischen Stark-Effekt, der beim 2-Photonen-Laser eine wichtige Rolle spielt.

9.6 Eine experimentelle Realisierung des 2-Photonen-Lasers

Ein kontinuierlicher 2-Photonen-Laser konnte im Bereich der Mikrowelle mit Hilfe von Rydberg-Atomen realisiert werden. Bei Rydberg-Atomen handelt es sich um Atome, die hoch angeregt sind. Der Vorteil solcher Atome liegt darin, daß sie eine sehr große elektrische Dipolkopplung besitzen. Die Quadrate der Matrixelemente für elektrische Dipolübergänge zwischen benachbarten Zuständen sind proportional zur 4. Potenz der effektiven Hauptquantenzahl n^*. Bei den 2-Photonenübergängen geht dieser Faktor zweimal ein, während er bei den 1-Photonen-Übergängen nur einmal auftritt. Das Resultat ist also eine Verstärkung der 2-Photonenwahrscheinlichkeit gegenüber der für 1-Photonenübergänge. Das Rydberg-Atom bietet noch einen weiteren Vorteil für den 2-Photonen-Übergang: Es ist hier leicht ein Niveauschema zu finden, in dem sich ein drittes Niveau fast in der Mitte zwischen den beiden äußeren Niveaus findet. Dabei kann die geringe Verstimmung die Übergangswahrscheinlichkeit erheblich erhöhen. Allerdings könnte die 1-Photonen-Kaskade alle Übergänge beherrschen, wenn diese Verstimmung zu klein wird. Glücklicherweise ist es gerade in diesem Bereich der Wellenlänge möglich, einen sehr scharfen, mit der 2-Photonen-Übergangsfrequenz abgestimmten Supraleitungsresonator mit sehr hohem Qualitätsfaktor, d.h. sehr kleinem κ, herzustellen, wodurch gleichzeitig die 2-Photonen-Lasertätigkeit erhöht und die 1-Photonen-Lasertätigkeit unterdrückt wird. Die Experimente wurden mit *Rb*- und *Cs*-Atomen mit Quantenzahlen $n^* \approx 40$ durchgeführt.

10. Der Laser als Modellbeispiel der Synergetik

10.1 Was ist Synergetik?

Das Wort Synergetik besteht aus zwei griechischen Wörtern und bedeutet soviel wie „Wissenschaft vom Zusammenwirken". Wenn Wissenschaftler der verschiedensten Richtungen die Eigenschaften ihrer Untersuchungsobjekte verstehen wollen, so zerlegen sie sehr oft die Objekte in Einzelteile. Hierbei stellen sie in vielen Fällen fest, daß die Eigenschaften des Gesamtsystems nicht durch eine Aufaddition der Eigenschaften der einzelnen Untersysteme erklärt werden können. Vielmehr wirken die einzelnen Untersysteme in einer oft sinnvoll erscheinenden Weise zusammen und erzeugen damit Eigenschaften des Gesamtsystems, die sich auch qualitativ von den Eigenschaften der einzelnen Untersysteme unterscheiden. Die Synergetik hat sich zum Ziel gesetzt, allgemein gültige Prinzipien aufzufinden, die das Auftreten makroskopischer Eigenschaften, die auf das Zusammenwirken der einzelnen Teile zurückgehen, aufdecken. Hierbei dürfen die Einzelsysteme z.B. Atome, Moleküle, Zellen, Computer und sogar Menschen sein.

Der Laser hat bei der Aufdeckung solcher allgemeingültiger Prinzipien im Rahmen der Synergetik eine fundamentale Rolle gespielt. Deshalb gehen wir im Rahmen dieses Buches auf einige der wichtigsten Aspekte ein. Wir werden sehen, daß der Übergang des Lampenlichts zum Laserlicht ein schönes Beispiel für einen Vorgang der Selbstorganisation darstellt. Ferner wollen wir zeigen, wie der Laser ein typisches Beispiel für eine ganz neue Klasse von Phänomenen, die sogenannten Nichtgleichgewichtsphasenübergänge, ist.

10.2 Selbstorganisation. Das Versklavungsprinzip

Wie wir in Kap. 8 gesehen haben, ändern sich die statistischen Eigenschaften des Lichts an der Laserschwelle dramatisch. Betrachten wir hierzu noch einmal Fig. 8.8. In dieser Figur war die in bestimmter Weise normierte Rauschintensität gegenüber der zugeführten Pumpleistung aufgetragen. Wie wir aus dieser Figur bereits entnahmen, ändert sich das statistische Verhalten des Laserlichts an der Laserschwelle entscheidend. Unterhalb der Laserschwelle nimmt das Rauschen immer mehr zu, während es oberhalb davon wieder abklingt. Die anschauliche Bedeutung haben wir ebenfalls kennengelernt. Unterhalb der Laserschwelle besteht das Licht aus den einzelnen Wellenzügen, die von den angeregten Atomen unabhängig voneinander ausgesendet werden.

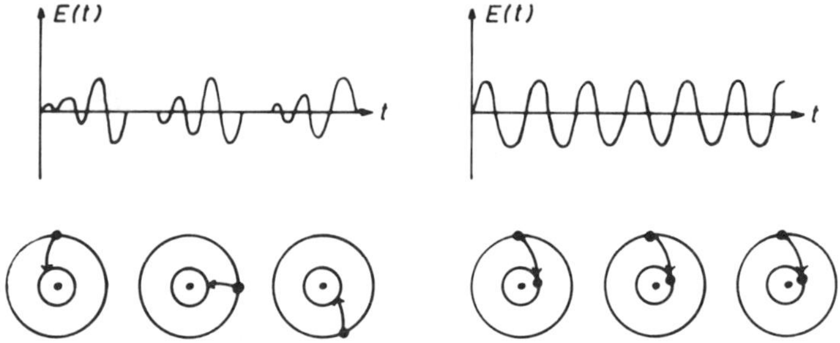

Fig. 10.1 Oben: Verlauf der elektrischen Feldstärke als Funktion der Zeit bei einer Lampe (links) und einem Laser (rechts). Unten: Im Bohrschen Atom-Modell umkreist jeweils ein Elektron den Atomkern. Beim Herunterfallen auf eine tiefere Bahn wird die darüber gezeichnete Lichtwelle emittiert. Bei der Lampe fallen die Elektronen unkorreliert in den Grundzustand, beim Laser tun sie dies in Phase, d.h. korreliert.

Oberhalb der Laserschwelle entsteht hingegen ein praktisch unendlich langer Wellenzug. Um den hier vorliegenden physikalischen Sachverhalt noch besser zu verstehen, betrachten wir die einzelnen Atome im Bohrschen Atommodell (Fig. 10.1). Beim *Lampenlicht* fallen die angeregten Elektronen *völlig unabhängig* voneinander von einer äußeren Bahn auf eine innere Bahn. Das Laserlicht können wir hingegen so verstehen, daß die Übergänge der einzelnen Elektronen korreliert erfolgen. Warum dieser Vorgang von Bedeutung für Fragen der Selbstorganisation ist, erkennen wir am besten, wenn wir die ganzen Vorgänge in ein anschauliches Bild übersetzen. Stellen wir uns dazu Männchen vor, die an einem Kanal, der mit Wasser gefüllt ist, stehen (Fig. 10.2). Die Männchen sollen die Atome symbolisieren, das Wasser hingegen das Lichtfeld. Durch Hineinstoßen von Stöcken können die Männchen das Wasser zu einer Wellenbewegung anregen. Um das Lampenlicht modellmäßig zu beschreiben, lassen wir die Männchen die Stöcke unabhängig voneinander in das Wasser stoßen. Es entsteht dann eine wildbewegte Wasseroberfläche oder, mit anderen Worten, eine völlig inkohärente Bewegung. Um die Kohärenz des Laserlichts zu verstehen, müssen wir in unserem Modellbeispiel annehmen, daß die Männchen völlig gleichphasig ihre Stöcke in das Wasser stoßen.

Im menschlichen Bereich können wir einen solchen Vorgang leicht verstehen, wenn wir annehmen, daß ein Capo da ist, der den Männchen jeweils den Befehl erteilt, wann sie die Stöcke in das Wasser stoßen müssen. Beim Laser ist natürlich niemand da, der den Atomen einen derartigen Befehl erteilt. Das Verhalten der Atome ist daher *selbstorganisiert.*

Wie sich gezeigt hat, gibt es in vielen anderen Bereichen der Wissen-

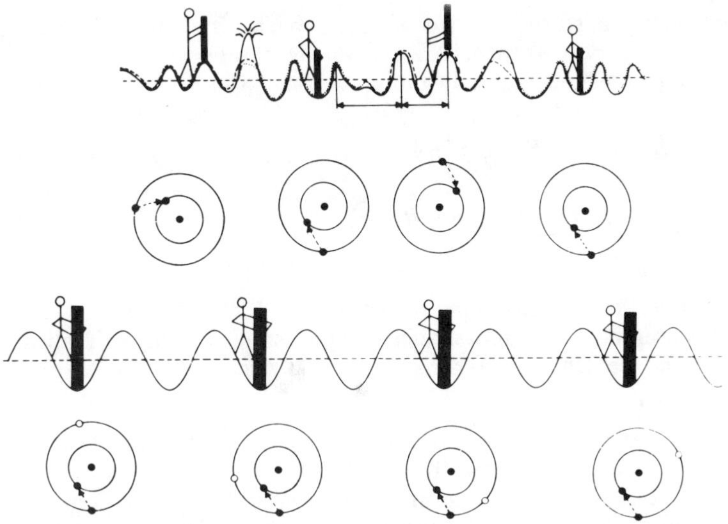

Fig. 10.2 Zur Veranschaulichung des Verhaltens von Lampe bzw. Laser. In beiden Fällen werden die Atome durch Männchen verkörpert, das Lichtfeld durch Wasser in einem Kanal, an dessen Ufer die Männchen stehen. Durch Hineinstoßen von Pflöcken erzeugen die Männchen eine Wasserwelle. Im Falle der Lampe geschieht das Hineinstoßen irregulär und unabhängig voneinander. Im Falle des Lasers jedoch werden die Pflöcke im Takt hineingestoßen.

schaft, wie z.B. Physik, Chemie und Biologie, Vorgänge, bei denen sich die Untersysteme in ähnlicher Weise in ihrem Verhalten selbst organisieren.

Wir wollen am Beispiel des Lasers zeigen, wodurch ein solcher Prozeß zustandekommt. Dazu greifen wir nochmals auf die Gleichungen des Einmoden-Lasers zurück, d.h. wir gehen von den Gleichungen (6.14)–(6.16) aus, wobei wir aber noch zwei Änderungen vornehmen. Wir haben bereits im vorhergehenden Kapitel gesehen, daß Fluktuationen sehr wesentlich sind, so daß wir zu den betreffenden Gleichungen noch fluktuierende Kräfte F und Γ_μ hinzufügen. Der Einfachheit halber beschränken wir uns von vornherein auf eine klassische Beschreibung. Ferner nehmen wir eine homogen verbreiterte Linie und exakte Resonanz an, d.h.

$$\omega = \bar{\omega}_\mu, \tag{10.1}$$

und setzen voraus, daß die Kopplungskonstanten $g_{\mu\lambda}$ von μ und λ unabhängig sind, d.h.

$$g_{\mu\lambda} = g, \quad g \text{ reell.} \tag{10.2}$$

Schließlich transformieren wir noch die rasche Oszillation der Frequenz ω mit Hilfe des Ansatzes (6.17), (6.19) mit $\Omega = \omega$ weg. Die Lasergleichungen nehmen dann die Gestalt

$$dB/dt = -\kappa B - i \sum_{\mu} g A_{\mu} + \tilde{F}, \tag{10.3}$$

$$dA_{\mu}/dt = -\gamma A_{\mu} + igd_{\mu} B + \tilde{\Gamma}_{\mu}, \tag{10.4}$$

$$dd_{\mu}/dt = (d_0 - d_{\mu})/T + 2ig(A_{\mu} B^* - A_{\mu}^* B). \tag{10.5}$$

an. Bei der letzten Gleichung haben wir der Einfachheit halber die nicht sehr wesentlichen Fluktuationen weggelassen. In vielen realistischen Fällen ist die Dämpfungskonstante κ viel kleiner als die Dämpfungskonstante γ.

Dies führt zu der folgenden Idee (die wir schon mehrfach in diesem Buch, z.B. in Abschnitt 6.3 und in Kap. 8, benutzten). Da κ klein ist, nimmt B gemäß (10.3) sicher nur langsam ab. Wie wir in Kapitel 8 sahen, klingt B unterhalb der Laserschwelle mit einer Dämpfungskonstanten ab, die sogar noch kleiner als κ ist. Auch oberhalb der Schwelle relaxiert B nur langsam, wenn wir den Laserprozeß berücksichtigen.

Gemäß (10.4) wird die zeitliche Änderung von A_{μ} durch die auf der rechten Seite stehende Feldamplitude B bewirkt (wenn wir von Fluktuationen einmal absehen). Gemäß (10.4) werden wir also erwarten müssen, daß auch A_{μ} sich zeitlich nur langsam ändert. Dies führt uns unmittelbar zu der Ungleichung

$$|dA_{\mu}/dt| \approx |\kappa A_{\mu}| \ll |\gamma A_{\mu}|. \tag{10.6}$$

Da κ viel kleiner als γ ist, können wir die linke Seite von (10.4) praktisch gleich Null setzen. Dies bedeutet, daß wir (10.4) direkt nach A_{μ} auflösen können:

$$A_{\mu}(t) = (ig/\gamma)\, d_{\mu} B(t) + \tilde{\Gamma}_{\mu}/\gamma. \tag{10.7}$$

Diese Gleichung besagt, daß die Amplitude der Dipole, die proportional zu A_{μ} ist, instantan durch eine Feldamplitude $B(t)$ gegeben ist (zuzüglich Fluktuationen). Wir haben hier ein Beispiel für ein Prinzip, das sich als von grundsätzlicher Bedeutung für die ganze Synergetik erwiesen hat, nämlich: *rasch relaxierende Größen (hier A_{μ}) passen sich instantan den Werten langsam veränderlicher Größen (hier $B(t)$) an*, oder, um einen in diesem Gebiet verwendeten terminus technicus zu verwenden: *schnell relaxierende Größen (A_{μ}) werden durch langsam veränderliche Größen (B) versklavt.* Diese *Versklavungsprinzip* bewirkt eine *enorme Reduktion der Freiheitsgrade.* Da nämlich $A_{\mu}(t)$ durch $B(t)$ gegeben ist, müssen alle atomaren Dipolmomente genau das tun, was ihnen vom B-Feld

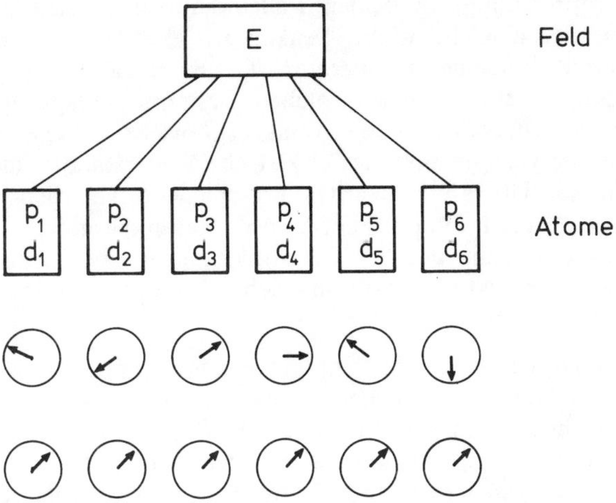

Fig. 10.3 Zur Veranschaulichung des Versklavungsprinzips.

vorgeschrieben ist. (Bei einer etwas genaueren Betrachtung muß man auch die Veränderung von d_μ berücksichtigen. In der Tat läßt sich d_μ ebenfalls durch B instantan ausdrücken.) Da A_μ und d_μ durch $B(t)$ ausgedrückt werden können, lassen sich diese Größen aus den Gleichungen (10.3)–(10.5) eliminieren und wir bekommen dann, wenn wir noch eine Reihenentwicklung nach B^+B vornehmen, die uns schon mehrfach begegnete Endgleichung

$$\dot{B} = GB - C(B^+B)B + \tilde{F}_{tot}. \tag{10.8}$$

Diese bestimmt das gesamte Geschehen im Laser und damit auch das Verhalten der einzelnen Dipolmomente bzw. der Inversion der einzelnen Atome. Unterhalb der Laserschwelle ist B klein. Aus (10.7) ersehen wir, daß das Verhalten der Dipole im wesentlichen dann durch die Fluktuationen Γ_μ bestimmt ist. Oberhalb der Laserschwelle hingegen wächst das kohärente Feld B immer mehr an und es kann die Freiheitsgrade der Dipolmomente und Inversion gemäß (10.7) versklaven (Fig. 10.3).

10.3 Nichtgleichgewichtsphasenübergänge

Der Laser war das erste Beispiel, an dem das Auftreten eines Nichtgleichgewichts-Phasenübergangs aufgezeigt werden konnte, und zwar sogar in allen Einzelheiten. Bevor wir uns mit diesem Problem befassen, wollen wir uns zunächst noch einmal an einige wichtige Eigenschaften von bekannten Phasenübergängen erinnern. Zu Phasenübergängen gehört beispielsweise das Auftreten von Ferromagnetismus oder Supraleitung. In beiden Fällen handelt es sich um Systeme im thermischen Gleichgewicht. Senken wir die Temperatur T unter eine bestimmte kritische Temperatur T_c ab, so ändert sich das makroskopische Verhalten eines solchen Systems schlagartig. Beim Ferromagneten tritt plötzlich eine makroskopische Magnetisierung auf, im Supraleiter verschwindet der elektrische Widerstand völlig. Zur Behandlung dieser Übergänge wurden verschiedene Theorien entwickelt. Insbesondere die Landau-Theorie der Phasenübergänge und in neuerer Zeit Theorien, die auf der Renormierungsgruppe beruhen. Für unsere Zwecke ist es jedoch völlig ausreichend, wenn wir kurz an die Landau-Theorie erinnern.

Betrachten wir also ein System im thermischen Gleichgewicht und greifen als Beispiel den Ferromagneten heraus. Diesen denken wir uns aufgebaut aus einzelnen Elementar-Magnetchen mit dem magnetischen Moment μ. Wir nehmen ferner an, daß diese Elementar-Magnetchen nur in zwei Richtungen (oben oder unten) zeigen können. Bezeichnen wir die Zahl der nach oben zeigenden Elementar-Magneten mit $M_\uparrow$, die nach unten zeigenden mit $M_\downarrow$, so ist die Gesamtmagnetisierung des Materials durch

$$M = (M_\uparrow - M_\downarrow)\,\mu \tag{10.9}$$

gegeben.

Im folgenden ersetzen wir die Variable M durch die Variable q, weil wir das Problem etwas allgemeiner betrachten wollen. Im folgenden wollen wir q als Ordnungsparameter bezeichnen. Dabei müssen wir den Leser ein klein wenig an die Thermodynamik erinnern. Die freie Energie hängt im vorliegenden Fall von zwei Größen ab, nämlich der Temperatur T und der Magnetisierung q. Bei nicht zu großem q können wir uns die freie Energie in eine Taylorreihe entwickelt denken

$$\mathcal{F}(q, T) = \mathcal{F}(0, T) + \mathcal{F}'(0, T)\,q + \cdots + \frac{1}{4!}\mathcal{F}''''(0, T)\,q^4 + \cdots. \tag{10.10}$$

In vielen Fällen von praktischem Interesse verschwinden aus Symmetriegründen die 1. und 3. Ableitung

$$\mathcal{F}' = \mathcal{F}''' = 0. \tag{10.11}$$

In diesem Fall reduziert sich (10.10) auf

$$\mathcal{F}(q, T) = \mathcal{F}(0, T) + \frac{\alpha}{2}q^2 + \frac{\beta}{4}q^4, \tag{10.12}$$

wobei wir noch die entsprechende Ableitung mit ihren Vorfaktoren von

$\mathscr{F}$ durch die Konstanten $\alpha/2$ bzw. $\beta/4$ abgekürzt haben. In der statistischen Physik wird gezeigt, daß die Wahrscheinlichkeit, das System bei der Temperatur T mit einer bestimmten Magnetisierung q anzutreffen, durch die Formel

$$f = \mathscr{N} \exp(-\mathscr{F}(q, T)/k_B T) \tag{10.13}$$

gegeben ist, wobei k_B die Boltzmann-Konstante ist und $\mathscr{N}$ ein Normierungsfaktor. Der wahrscheinlichste Ordnungsparameter wird durch die Bedingung $\mathscr{F} = \text{min!}$ bestimmt. Wir untersuchen die Lage dieses Minimums bzw. dieser Minima in Abhängigkeit von dem Koeffizienten α. In der Landau-Theorie der Phasenübergänge wird dieser Koeffizient in der Form

$$\alpha = a(T - T_c) \quad (a > 0) \tag{10.14}$$

angenommen, d.h. dieser Koeffizient wechselt sein Vorzeichen bei der kritischen Temperatur $T = T_c$. Daher unterscheiden wir zwischen den beiden Gebieten $T > T_c$ und $T < T_c$ (vgl. hierzu Tabelle 1). Für $T > T_c$, d.h. für $\alpha > 0$ liegt das Minimum von $\mathscr{F}$ bei $q = q_0 = 0$. Wir betrachten die Entropie des Systems. Diese ist gemäß Formeln der Thermodynamik mit der freien Energie durch

$$S = -\frac{\partial \mathscr{F}(q, T)}{\partial T} \tag{10.15}$$

verknüpft. Wir erhalten daher in dem betrachteten Temperaturbereich

$$S = S_0 = -\frac{\partial \mathscr{F}(0, T)}{\partial T}. \tag{10.16}$$

Die zweite Ableitung von $\mathscr{F}$ nach der Temperatur liefert uns die spezifische Wärme (bis auf den Faktor T).

$$c = T\left(\frac{\partial S}{\partial T}\right). \tag{10.17}$$

Unter Benutzung von (10.16) erhalten wir somit

$$c = T\left(\frac{\partial S_0}{\partial T}\right). \tag{10.18}$$

Nun führen wir das Gleiche nochmals durch, aber für den Fall $T < T_c$, d.h. für $\alpha < 0$. Dies ergibt einen neuen Gleichgewichtswert $q = q_1$ und eine neue Entropie, die in der Tabelle 1 wiedergegeben ist.

Wie man anhand dieser Tabelle überblicken kann, ist die Entropie S kontinuierlich bei $T = T_c$. Berechnen wir hingegen die spezifische Wärme (vgl. Tabelle 1), so erhalten wir zwei verschiedene Ausdrücke oberhalb

Tabelle 1

Zustand	ungeordnet	geordnet
Temperatur	$T > T_c$	$T < T_c$
äußerer Parameter	$\alpha > 0$	$\alpha < 0$
wahrscheinlichster Ordnungsparameter q_0:	$q_0 = 0$	$q_1 = \pm(-\alpha/\beta)^{1/2}$
$f(q) = \max!$ $\mathcal{F} = \min!$		gebrochene Symmetrie
Entropie $S = -\{\partial\mathcal{F}(q_0, T)/\partial T\}$	$S_0 = -\partial\mathcal{F}(0, T)/\partial T$	$S_0 + (a^2/(2\beta))(T - T_c)$
	kontinuierlich bei $T = T_c$	
spezifische Wärme	$T(\partial S_0/\partial T)$	$T(\partial S_0/\partial T) + (a^2/(2\beta))T$
$c = T(\partial S/\partial T)$	diskontinuierlich bei $T = T_c$	

und unterhalb der kritischen Temperatur und somit einen Sprung in der spezifischen Wärme bei $T = T_c$. Dieses Phänomen wird Phasenübergang 2. Ordnung genannt, weil die 2. Ableitung der freien Energie diskontinuierlich ist. Da die Entropie selbst jedoch kontinuierlich ist, wird dieser Übergang auch als kontinuierlicher Phasenübergang bezeichnet.

In der statistischen Physik wird auch die zeitliche Änderung des Ordnungsparameters untersucht. Hierzu nimmt man oft in rein phänomenologischer Weise an, daß die zeitliche Änderung des Ordnungsparameters durch eine Gleichung von der Form

$$\dot{q} = -\frac{\partial\mathcal{F}}{\partial q} \tag{10.19}$$

gegeben ist. In unserem konkreten Beispiel (10.12) nimmt (10.19) die Gestalt

$$\dot{q} = -\alpha q - \beta q^3 \tag{10.20}$$

an. In (10.19) bzw. (10.20) haben wir einen konstanten Faktor auf der rechten Seite weggelassen, der lediglich den Zeitmaßstab festlegt. Lassen wir in (10.20) α gegen Null gehen, so erhalten wir ein Phänomen, das in der Phasenübergangstheorie als *kritisches Langsamerwerden* bezeichnet wird. Wir haben dieses Phänomen bereits in Abschnitt 6.3 in einem ganz anderen Zusammenhang kennengelernt. Ferner liegt am Phasenübergang eine *symmetriebrechende Instabilität* vor, da für $T < T_c$ die

Gleichgewichtslage $q_0=0$ *instabil* ist und durch eine der beiden Gleichgewichtslagen $q_1=\sqrt{|\alpha|/\beta}$ oder $q_1=-\sqrt{|\alpha|/\beta}$ ersetzt wird. Denken wir uns schließlich zu (10.20) fluktuierende Kräfte hinzugefügt, so wirken diese besonders stark in der Nähe von $\alpha=0$, da die Rückstellkraft mit der dritten Potenz von q geht, also bei kleinen Werten von q sehr klein ist. Wir haben es dann mit sogenannten *kritischen Fluktuationen* zu tun.

Soweit haben wir den Leser an einige Begriffe der Phasenüber gangstheorie von Systemen im thermischen Gleichgewicht erinnert. Sehen wir die einzelnen Formeln der Landau-Theorie der Phasenübergänge an, so erkennen wir eine ausgesprochene Analogie zu den Lasergleichungen. In der Tat entspricht (10.13) mit dem durch (10.12) gegebenen $\mathscr{F}$ genau der Laserverteilungsfunktion (8.115) (mit $r\equiv q$), oder, noch deutlicher, (8.115a), die wir im Kapitel 8 trafen.

Wir sehen daher, daß das Potential V unseres fiktiven Teilchens in der Lasertheorie genau die gleiche Rolle spielt wie die freie Energie bei der Phasenübergangstheorie von Systemen im thermischen Gleichgewicht. Ferner sehen wir, daß die Gleichung (10.20) genau die gleiche Gestalt wie die Lasergleichung hat, wobei wir es allerdings bei q mit einer reellen Variablen zu tan haben, während die Feldamplitude B komplex war. Wir erkennen aber sofort, daß die Begriffe wie „kritisches Langsamerwerden", „kritische Fluktuationen" und „Symmetriebrechung" sich sofort auf den Laser übertragen lassen. Formal finden wir also im Laser-Fall ganz genau die gleichen Erscheinungen, wie sie bei Phasenübergängen im thermischen Gleichgewicht auftreten. Der entscheidende Unterschied ist jedoch, daß es sich beim Laser um ein System außerhalb vom thermischen Gleichgewicht handelt. Dieses System ist ein offenes System, da ja ständig Energie hineingepumpt und wieder in Form des Laserlichts abgestrahlt wird. Wir müssen uns dabei im klaren sein, daß die Analogie formal ist. Der Temperatur entspricht jetzt die zugeführte Pumpleistung oder damit äquivalent, die ungesättigte Inversion. Der Entropie entspricht, wie man sich klar machen kann, die ausgestrahlte Laserleistung. Der spezifischen Wärme entspricht der differentielle Wirkungsgrad, d.h. die Änderung der ausgestrahlten Leistung mit Änderung der zugeführten Leistung (vgl. Tabelle 2).

Der Vollständigkeit halber sei erwähnt, daß es neben Phasenübergängen 2. Ordnung auch solche 1. Ordnung gibt. Auch solche Phasenübergänge lassen sich durch bestimmte Laseranordnungen in einem System außerhalb des thermischen Gleichgewichts realisieren. Die Phasenübergangsanalogie hat sich als außerordentlich fruchtbar erwiesen, da es nunmehr möglich ist, das Verhalten von Lasern in einfacher Weise zu klassifizieren. Die Phasenübergangsanalogie hat sich nicht nur, wie eben bemerkt, auf dem Lasergebiet bewährt, sondern wir wissen heute, daß es

Tabelle 2 Phasenübergangs-Analogie

Physikalisches System im thermischen Gleichgewicht	Laser mit stationärer Verteilungsfunktion $f(B)$.
Ordnungsparameter q	Ordnungsparameter B
Verteilungsfunktion $f = \mathcal{N} \exp(-\mathcal{F}/k_B T)$	Verteilungsfunktion $f(B)$
Temperatur	Pumpleistung
Entropie	ausgestrahlte Leistung
Spezifische Wärme	Wirkungsgrad

in vielen anderen Systemen in Physik, Chemie, Biologie derartige Nichtgleichgewichtsphasenübergänge gibt. Der Laser kann es aber für sich in Anspruch nehmen, das erste Beispiel dieser Art, das im Licht der Phasenübergänge analysiert wurde, gewesen zu sein.

10.4 Spontane Bildung räumlicher und raum-zeitlicher Muster in der Flüssigkeitsdynamik und Chemie

Auf den ersten Blick mag es merkwürdig erscheinen, daß in einem Buch über Laserphysik ein Kapitel über Flüssigkeitsdynamik und chemische Reaktionen enthalten ist. Im Rahmen der Synergetik wurden aber weitreichende Analogien bei den Nichtgleichgewichtsphasen-Übergängen, wo auch Musterbildungen auftreten können, aufgedeckt, und wie wir in den nächsten Abschnitten sehen werden, haben sich diese Analogien gerade auch für die Laserphysik als äußerst fruchtbar erwiesen. Wir erinnern hier zunächst an einige grundlegende Phänomene aus der Flüssigkeitsdynamik. Erhitzt man eine Flüssigkeit in einer Schale von unten (vgl. Fig. 10.4) und kühlt die Flüssigkeit von oben, was z.B. auch schon

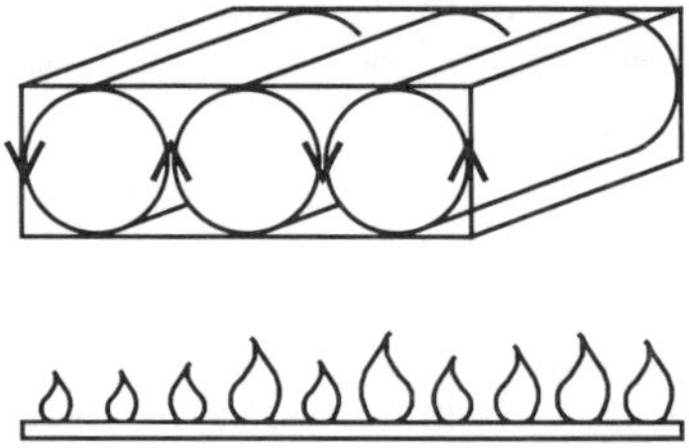

Fig. 10.4 Eine von unten erhitzte Flüssigkeit in einem rechteckigen Behälter kann jenseits einer kritischen Temperaturdifferenz zwischen unterer und oberer Oberfläche eine Rollenstruktur ausbilden.

durch die Luftschicht über ihr erfolgen kann, so bilden sich jenseits einer kritischen Temperaturdifferenz zwischen unterer und oberer Flüssigkeitsbegrenzung räumliche Muster aus. Je nach Geometrie und in Abhängigkeit von dem Verhältnis von Längenausdehnung zur Höhe der Schicht können ganz verschiedene Muster entstehen, z.B. in der Form von Rollen (Fig. 10.4) oder Hexagonen (Fig. 10.5), oder Rechtecken. Das Verhältnis von Längenausdehnung zur Höhe (auf englisch *aspect ratio*) spielt dabei eine besondere Rolle. Grob gesprochen sind bei kleinem Verhältnis nur wenige Muster möglich und diese sind starr, bei großem Verhältnis kann sich u.U. eine Vielzahl ziemlich flexibler Muster ausbilden. Die Rollenbewegung ist aus Abbildung 10.4 ersichtlich. Bei den Hexagonen steigt die Flüssigkeit in der Mitte jeder Zelle auf, kühlt sich an der oberen Schicht ab und sinkt an den Grenzen wieder hinunter. Die Bildung der Hexagone wird nach ihrem Entdecker auch als Bénard-Instabilität bezeichnet. Bei einer kreisrunden Berandung können sich auch konzentrische Rollen ausbilden, oder wenn die Berandung zusätzlich zur Unterseite des Gefäßes erhitzt wird, können sich Spiralstrukturen entwickeln (vgl. Fig. 10.6). Bei wachsender Temperaturdifferenz können die Rollen auch zu Oszillationen von alleine angeregt werden, wobei sogar unter bestimmten Bedingungen chaotische Oszillationen auftreten können. Alle diese Phänomene sind, wenigstens im Prinzip, durch die Navier-Stokeschen Gleichungen der Flüssigkeitsdynamik, zu denen die Wärmeleitungsgleichung tritt, beschreibbar.

Eine andere Klasse von Phänomenen bezieht sich auf chemische Reaktionen, bei denen großflächige Muster entstehen können, und zwar wiederum in Form von Streifen oder Hexagonen, wobei die Streifen oder Hexagone sich auf räumliche Muster verschiedener Konzentrationen von Chemikalien beziehen, die bei chemischen Reaktionen umgesetzt werden oder dabei entstanden sind. Die Ausbildung derartiger Muster wird auch als Turing-Instabilität bezeichnet. Daneben können bei chemischen Reaktionen auch Spiralwellen auftreten. Die Musterbildung bei chemischen Reaktionen wird durch Reaktionsdiffusionsgleichungen beschrieben, die einerseits die Reaktionen von bestimmten Sorten von Molekülen untereinander erfassen, aber auch deren Diffusion auf einem Substrat oder in ihrer Lösung wiedergeben. Obwohl die Gleichungen der Flüssigkeitsdynamik und die der chemischen Reaktionen eine völlig andere Gestalt haben, bilden sich hier die gleichen Muster aus. Wie im Rahmen der Synergetik gezeigt werden konnte, beruht dies darauf, daß auf einer höheren abstrakten Ebene beide Gleichungssysteme zu einer neuen Art von Gleichung, nämlich den Ordnungsparametergleichungen oder auch verallgemeinerten Ginzburg-Landau Gleichungen, Anlaß geben. Auf dieser Ebene werden dann die gleichen Muster erzeugt.

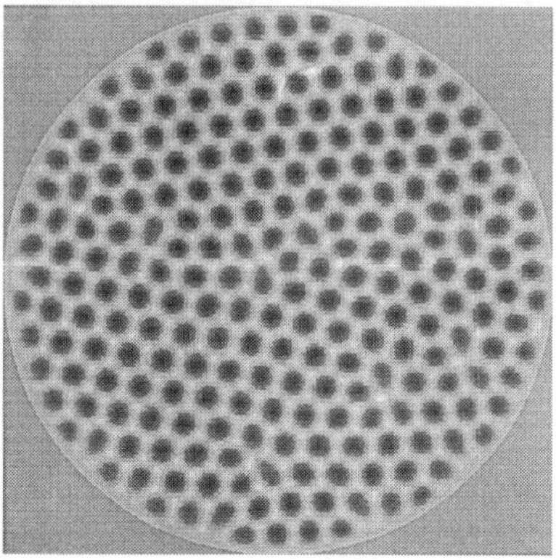

Fig. 10.5 Die Bénard-Instabilität, bei der sich in einer von unten erhitzten Schale hexagonale Muster ausbilden

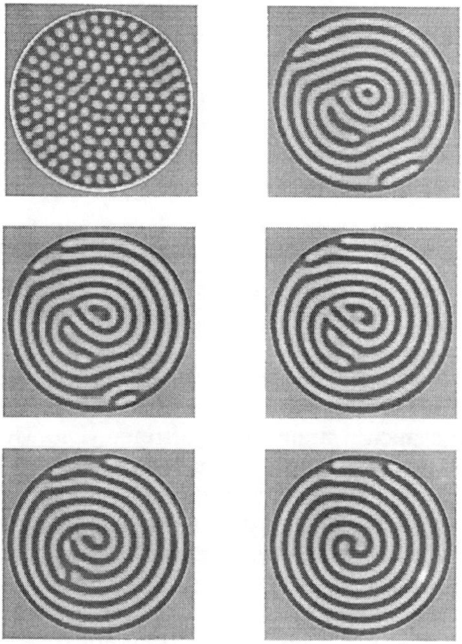

Fig. 10.6 Von links oben nach links unten und rechts oben nach rechts unten zu sehen: Als Ausgangspunkt ist die Bénard-Instabilität gewählt. Wird nun der Seitenrand zusätzlich erhitzt, so können sich Spiralstrukturen, wie hier angegeben, ausbilden. Bei der Fig. handelt es sich um Modellrechnungen, die hervorragend mit experimentellen Befunden übereinstimmen (nach M. Bestehorn, M. Fantz, R. Friedrich, H. Haken, Physics Letters **A 174**, 48 (1993)).

Im nächsten Abschnitt werden wir uns daher mit diesen verallgemeinerten Ginzburg-Landau Gleichungen befassen, da diese uns auch einen Zugang zu Musterbildungen in der Laserphysik geben werden.

10.5 Verallgemeinerte Ginzburg-Landau Gleichungen

Ein wichtiges Konzept zur Behandlung der Musterbildung, wie wir sie in Abschnitt 10.4 besprochen hatten, bilden die verallgemeinerten Ginzburg-Landau Gleichungen. Wir gehen hierzu vom sogenannten Zustandsvektor

$$\mathbf{q}=(q_1, q_2, \ldots, q_n) \tag{10.21}$$

aus, der das betrachtete System mit Hilfe seiner Komponenten $q_1, \ldots, q_n$ mikroskopisch beschreibt. Bei einem Laser wären diese Komponenten z. B. die Moden der elektrischen Feldstärke, sowie die Dipolmomente und Inversionen der einzelnen Atome. Besonders bei Flüssigkeiten und chemischen Reaktionen kommt die mesoskopische Betrachtungsweise zum Tragen, bei der sich die Komponenten z. B. auf das Geschwindigkeits-, Dichte- und Temperaturfeld beziehen. Bei einer solchen Betrachtungsweise werden die einzelnen Komponenten nicht nur zeit-, sondern auch ortsabhängig

$$q_j(\mathbf{x}, t)\,. \tag{10.22}$$

Ganz allgemein genügt der Zustandsvektor (10.21) sogenannten Evolutionsgleichungen der Form

$$\dot{\mathbf{q}}=\mathbf{N}(\mathbf{q}, \nabla, \alpha)+\mathbf{F}(\mathbf{x}, t)\,. \tag{10.23}$$

Hierin ist $\mathbf{N}$ ein Vektor, der noch vom Zustandsvektor $\mathbf{q}$ sowie von Ableitungen ∇ abhängt. Ferner hängt $\mathbf{N}$ vom Kontrollparameter α oder einem Satz solcher Kontrollparameter ab. Beispiele für solche Kontrollparameter sind z. B. die Temperaturdifferenz bei der Bénard-Instabilität oder die Konzentration zugefügter Reagenzien bei der Turing-Instabilität. $\mathbf{F}$ sind sogenannte fluktierende Kräfte, die von inneren oder äußeren Schwankungen des Systems herrühren. Beispiele für die Gleichungen (10.23) sind die Navier-Stokes Gleichungen gemeinsam mit der Wärmeleitungsgleichung bei Flüssigkeiten oder Reaktionsdiffusionsgleichungen bei chemischen Reaktionen.

Gleichungen der Form (10.23) überdecken einen großen Bereich verschiedenster Phänomene, und es erscheint zunächst hoffnungslos, hier zu einem allgemeinen Verfahren zur Behandlung solcher Gleichungen zu kommen. Hierbei können wir uns aber von experimentellen Ergebnissen leiten lassen, bei denen sich, etwa wie bei der Bénard-Instabilität, das Verhalten des Systems bei einem bestimmten Kontrollparameterwert schlagartig ändert. Wir nehmen im folgenden zunächst an, daß die fluktuierenden Kräfte verschwinden.

$$\mathbf{F}=0. \tag{10.24}$$

Wir nehmen ferner an, daß wir für einen Kontrollparameterwert

$$\alpha=\alpha_0 \tag{10.25}$$

bereits eine Lösung von (10.23), nämlich

$$\mathbf{q}=\mathbf{q}_0 \tag{10.26}$$

gefunden haben. Dabei wollen wir im folgenden das Verfahren für den einfachsten Fall demonstrieren, bei dem (10.26) zeit- und ortsunabhängig ist. Wir ändern nun den Kontrollparameterwert ab

$$\alpha_0 \rightarrow \alpha_1 \tag{10.27}$$

und untersuchen die Stabilität der Lösung $\mathbf{q}_0$. Die zugehörige lineare Stabilitätsanalyse haben wir bereits früher in diesem Buch, z.B. in Abschnitt 6.1, kennengelernt. Die Verallgemeinerung gegenüber damals besteht darin, daß in dem Ansatz

$$\mathbf{q}=\mathbf{q}_0+\mathbf{w}(\mathbf{x},t), \tag{10.28}$$

wo $\mathbf{w}$ eine kleine Größe ist, $\mathbf{w}$ noch vom Ort abhängen darf. Setzen wir (10.28) in (10.23) ein, so erhalten wir nach einiger Rechnung in der Linearisierungsnäherung für $\mathbf{w}$ eine Gleichung der Form

$$\dot{\mathbf{w}}(\mathbf{x},t)=L(\nabla)\,\mathbf{w}(\mathbf{x},t). \tag{10.29}$$

Hierin ist L ein Matrix, die auf den Vektor $\mathbf{w}$ wirkt, wobei in der Matrix selbst noch Ableitungen nach dem Ort stehen können, wie in (10.29) durch das Zeichen ∇ angedeutet ist. Zur Lösung von (10.29) läßt sich allgemein der Ansatz

$$\mathbf{w}(\mathbf{x},t)=e^{\lambda_j t}\mathbf{v}_j(\mathbf{x}), \qquad j=1,2,\ldots \tag{10.30}$$

machen, wobei wir die Eigenwerte λ der daraus resultierenden Gleichung und die Eigenfunktionen $\mathbf{v}$ noch durch einen Index j unterscheiden müssen. Für das folgende wird wichtig sein, daß wir zwischen Eigenwerten mit nicht negativem und mit negativem λ unterscheiden

$$\left.\begin{array}{ll} Re\,\lambda_j \geq 0, & j=u \\ Re\,\lambda_j < 0, & j=s \end{array}\right\}. \tag{10.31}$$

Im ersteren Falle bezeichnen wir die Indizes mit $j=u$ (englisch: unstable), im anderen Falle hingegen mit $j=s$ (englisch: stable). Um die Lösungen der nichtlinearen Gleichungen (10.23), die auch die fluktuierenden Kräfte enthalten, zu finden, entwickeln wir den Lösungsvektor $\mathbf{q}$ nach den Eigenfunktionen (10.30), d.h. in der Form

$$\mathbf{q}(\mathbf{x},t)=\mathbf{q}_0+\sum_j \xi_j(t)\,\mathbf{v}_j(\mathbf{x}). \tag{10.32}$$

Setzen wir (10.32) in (10.23) ein, so lassen sich nach einigen Umrechnungen Gleichungen für die sogenannten Modenamplituden ξ_u bzw. ξ_s gewinnen

$$\dot{\xi}_u = \lambda_u \xi_u + \hat{N}_u(\boldsymbol{\xi}_u, \boldsymbol{\xi}_s) + F_u(t), \tag{10.33}$$

$$\dot{\xi}_s = \lambda_s \xi_s + \hat{N}_s(\boldsymbol{\xi}_u, \boldsymbol{\xi}_s) + F_s(t). \tag{10.34}$$

Diese Gleichungen sind mathematisch noch völlig equivalent zu den Gleichungen (10.23) und anscheinend auch genauso schwer zu lösen. Hier hilft nun wieder der Blick auf das Experiment weiter. Ändern wir nämlich den Kontrollparameter gemäß (10.27) ab, so soll eine Instabilität auftreten, bei der also mindestens ein Eigenwert λ einen positiven Realteil annimmt. Dies ist das Kennzeichen einer instabil werdenden Lösung (10.26). An einer solchen Instabilitätsstelle tritt aber eine Zeitskalentrennung auf, wie wir sie schon bei der adiabatischen Elimination im Falle des Lasers in Abschn. 6.3, 10.2 kennengelernt haben. Der Realteil von λ_u, d.h. die, wenn man so will, Zerfallskonstante, wechselt das Vorzeichen, ist aber auf jeden Fall klein gegenüber den Realteilen von λ_s in (10.34). Wie sich durch eine detaillierte Analyse zeigen läßt, kann an einer solchen Stelle die adiabatische Elimination als erster Schritt eines systematischen Eliminationsverfahrens angesehen werden. Nach dem hier vorliegenden Versklavungsprinzip der Synergetik lassen sich die Amplituden ξ_s, also die Amplituden der stabilen Moden, durch die Amplituden der instabilen Moden ξ_u bei der gleichen Zeit ausdrükken. Die explizite Abhängigkeit von f_s von der Zeit t in

$$\xi_s(t) = f_s(\boldsymbol{\xi}_u(t); t) \tag{10.35}$$

rührt dabei von den fluktuierenden Kräften her und entfällt, wenn die fluktuierenden Kräfte nicht auftreten.

Das durch (10.35) ausgedrückte *Versklavungsprinzip* beinhaltet eine enorme Reduktion der Freiheitsgrade, oder mit anderen Worten, der Information. An Instabilitätspunkten treten nämlich, wie zahlreiche detaillierte Untersuchungen zeigten, im allgemeinen nur sehr wenige instabile Moden auf, so daß sich das gesamte Problem der hochdimensionalen Gleichungen (10.23) auf ein niederdimensionales Problem zurückführen läßt. Dazu brauchen wir nur (10.35) in (10.33) einzusetzen, wobei wir geschlossene Gleichungen für ξ_u

$$\dot{\xi}_u = \lambda_u \xi_u + \hat{N}_u(\xi_u) + \tilde{F}(\boldsymbol{\xi}_u, t) \tag{10.36}$$

bekommen. Nachdem die Amplituden ξ_u den Ordnungszustand, der sich jenseits der Instabilitätsstelle entwickelt, wiedergeben, werden sie *Ordnungsparameter* genannt. Da gemäß (10.35) die Amplituden ξ_s durch die Amplituden ξ_u bestimmt, oder mit anderen Worten versklavt werden, nennt man die ξ_s auch versklavte Moden oder Modenamplituden. Dabei ergeben sich die versklavten Moden als um eine Größenordnung kleiner als die Ordnungsparameter. In einer ersten Näherung kann daher in (10.32) das Entstehen der Muster durch die Modenamplituden ξ_u, d.h. durch die instabilen Moden, allein wiedergegeben werden. Dies gestattet es uns z.B., das Entstehen von Mustern sowohl in Flüssigkeiten als auch in dünnen chemischen Schichten zu verstehen, wobei das Aspektverhältnis groß sein soll. Nehmen wir, wie dies etwa bei einer Flüssigkeit oder bei einer horizontalen chemischen Schicht der Fall ist, an, daß die Dicke in z-Richtung klein ist, die Ausdehnung in x- und y-Richtung praktisch unendlich ist, so herrscht hier Translationssymmetrie. Aufgrund dieser lassen sich die Lösungen (10.30) in der Form

$$\mathbf{v}_j(\mathbf{x}) = \exp[i(k_x x + k_y y)]\,\mathbf{u}_{j,k}(z) \tag{10.37}$$

schreiben. In der horizontalen x-y-Ebene haben wir es also mit laufenden, oder bei geeigneter Superposition, mit stehenden Wellen zu tun. Welche Muster aus diesen Wellen gebildet werden, hängt nun von den Ordnungsparametern ab, die in (10.32) auftreten. Wir müssen also die Ordnungsparametergleichungen (10.36) genauer betrachten. Da im allgemeinen in der Nähe des Instabilitätspunktes die Ordnungsparameter klein sind, können wir die nichtlineare Funktion in (10.36) in eine Potenzreihe nach den ξ_u entwickeln und uns mit den führenden Gliedern begnügen. Hierbei treten, z.B. bei Flüssigkeiten, zwei wichtige Spezialfälle auf, nämlich 1. der Fall

$$\tilde{N}_u^{(1)}(\boldsymbol{\xi}_u) = -\xi_u \sum_{u'} C_{uu'}\,\xi_{u'}^2\,. \tag{10.38}$$

Unter diesen ragt eine Klasse hervor, bei denen die Koeffizienten $C_{uu'}$ so beschaffen sind, daß in (10.36) nur eine einzige Mode und ihr konjungiert Komplexes den Wettbewerb gewinnen. In einem solchen Falle liegt nur eine Lösung (10.37) und ihr konjungiert Komplexes vor. Wir haben es mit einer stehenden Welle zu tun. Das sind genau die Rollen, die in der Flüssigkeitsdynamik beobachtet werden. Unter anderen Bedingungen können die *C*s so beschaffen sein, daß sie ein orthogonales Netz von Rollen zulassen. Es kommt zu Rechtecken oder Quadraten.

Im 2. Fall, um auf die Bildung der Hexagone zu kommen, können bei der Entwicklung von $\tilde{N}_u$ in (10.36) auch bilineare Glieder der Form

$$\tilde{N}_u^{(2)}(\boldsymbol{\xi}_u) = A\,\xi_{u'}\,\xi_{u''} + \tilde{N}_u^{(1)} \tag{10.39}$$

gemeinsam mit dem Ausdruck (10.38) auftreten. Wie sich dabei zeigt, gehören zu den Indizes u, u', u'' drei k-Vektoren in (10.37), die ein gleichseitiges Dreieck bilden:

$$\left.\begin{array}{ll} u & \leftrightarrow \mathbf{k}_1 \\ u' & \leftrightarrow \mathbf{k}_2 \\ u''' & \leftrightarrow \mathbf{k}_3 \end{array}\right\} \tag{10.40}$$

Im vorliegenden Falle läßt sich zeigen, daß nur drei Moden mit den zugehörigen k-Vektoren auftreten können. Aus der Überlagerung von (10.37) mit diesen k-Vektoren ergeben sich Hexagone, die in Flüssigkeiten und auch bei chemischen Reaktionen gefunden wurden.
Bei der Herleitung der Gleichungen (10.36) ging ganz entscheidend ein, daß am Instabilitätspunkt eine Zeitskalentrennung, d.h. eine Trennung der λ_u bzw. λ_s nach Größenordnungen möglich ist. Wird die Ausdehnung eines Systems sehr groß (großes Aspektverhältnis), so wird das Spektrum λ_j praktisch kontinuierlich. In einem solchen Falle bricht die Zeitskalentrennung zunächst zusammen. Man kann aber die Zeitskalentrennung wieder retten, indem man die Ordnungsparameter ξ_u nicht nur als Funktion der Zeit, sondern aus als Funktion des Ortes auffaßt $\xi_u = \xi_u(\mathbf{x}, t)$. Gleichzeitig werden die Eigenwerte λ_u selbst zu Operatoren, die von den Ortsableitungen ∇ abhängen. Ein einfaches Beispiel für ein sich so ergebendes λ_u ist z.B. der Laplace-Operator Δ. Wie eine längere Analyse zeigt, resultieren anstelle der Ordnungsparametergleichen (10.36) nun die Gleichungen

$$\dot{\xi}_u = \lambda_u(\nabla)\,\xi_u + \tilde{N}_u(\boldsymbol{\xi}_u) + \tilde{F}(\boldsymbol{\xi}_u, t)\,. \tag{10.41}$$

Hierbei ist $N_u(\boldsymbol{\xi}_u)$ durch ein Polynom niedriger Ordnung gut zu approximieren. Die Gleichungen (10.41) werden als verallgemeinerte Ginzburg-Landau Gleichungen bezeichnet.
Natürlich waren unsere obigen Ausführungen sehr skizzenhaft, ich hoffe aber, daß der Leser trotzdem ein erstes Gefühl für die Methodik der verallgemeinerten Ginzburg-Landau Gleichungen bekommen hat und verweise ihn wegen einer genauen Herleitung auf das Literaturverzeichnis. Neben den oben angedeuteten Lösungen in Form von Streifen (Rollen) und Hexagonen lassen die verallgemeinerten Ginzburg-Landau Gleichungen auch noch eine Fülle weiterer Lösungen zu, die oft nur numerisch gefunden werden können, wofür Fig. 10.6 ein Beispiel lieferte. Zu möglichen Mustern gehören auch Defekte in sonst regulären Strukturen.

10.6 Transversale Effekte im Laser

Lange Zeit stand das zeitliche Verhalten des Laserlichts im Vordergrund des Interesses der Laserphysik. Zunächst war das Streben nach einer möglichst monochromatischen stabilen Lichtquelle vorherrschend, dann kam die Möglichkeit der Erzeugung ultrakurzer Pulse hinzu. Schließlich wandte sich die Aufmerksamkeit dem ungewöhnlichen Ausstrahlungsverhalten in Form von chaotischem Laserlicht zu. Die Erforschung weiterer sogenannter Instabilitäten bezüglich des Zeitverhaltens des Laserlichts ist in vollem Gange. Daneben ist ein neuer Zweig der Laserphysik dabei sich zu etablieren, nämlich die Suche nach räumlichen Mustern in transversaler Richtung, d.h. senkrecht zur Laserachse. Wie wir schon im Abschnitt über Laserresonatoren sahen, gibt es sicher auch schon hier bestimmte räumliche Muster in transversaler Richtung. Das sind aber bereits durch die Spiegel festgelegte Strukturen. Im folgenden kommt es uns darauf an zu untersuchen was geschieht, wenn mehrere oder sogar viele solcher Moden überlagert werden, zu welchen Mustern es also dann kommen kann. Damit viele transversale Moden anregbar sind, müssen wir es, ähnlich wie beim großen Aspektverhältnis bei Flüssigkeiten oder chemischen Reaktionen, mit Lasern mit großer Apertur zu tun haben. Im allgemeinen haben verschiedene Moden auch verschiedene Frequenzen im Resonator, so daß wir ein ständiges Auf- und Abflackern verschiedener Konfigurationen zu erwarten hätten. Wenn wir nach räumlichen Mustern suchen, so müssen wir unser Augenmerk auf solche Fälle lenken, in denen entweder die verschiedenen Moden aufgrund der Spiegel, z.B. sphärische Spiegel, schon miteinander entartet sind, d.h. die gleichen Frequenzen aufweisen, oder aber durch nichtlineare Kopplungseffekte eine Frequenzkopplung auftritt, so daß entweder alle Frequenzen zusammenfallen oder sich nur noch schwach unterscheiden. Im ersteren Falle werden wir es mit statischen räumlichen Intensitätsverteilungen zu tun haben, im zweiten Falle können dann noch langsam veränderliche Intensitätsverteilungen auftreten, z.B. in Form der Rotation einer hantelförmigen Intensitätsverteilung.

Für die theoretische Untersuchung bieten sich nun zwei grundsätzliche Ansätze an, nämlich je nach Zahl der beteiligten Moden. Sind nur einige wenige Moden beteiligt, so wird man sich an das Modenbild halten, Gleichungen also für die einzelnen Moden hernehmen und daraus dann die Lösungen für die Intensitätsverteilung aufbauen. Im Falle sehr vieler Moden, d.h. einer sehr großen Apertur, bietet es sich an, von dem Modenbild ganz abzusehen und von vornherein eine Verteilung der Feldstärke in transversaler Richtung anzunehmen, die zunächst noch frei ist und dann erst bestimmt werden muß. Wir werden das letztere Beispiel wählen, da sich hier besonders schön der Zusammenhang mit der Musterbildung der Synergetik, wie er durch die verallgemeinerten Ginzburg-Landau Gleichungen vermittelt wird, ergibt.

Ausgangspunkt für unsere Überlegungen sind die Gleichungen (5.9) oder die damit identische Gleichung (5.61) für die elektrische Feldstärke. Wir entwickeln diese zunächst bezüglich der Laserachse, die die x-Achse ist, in Moden der Form (5.57)

$$\mathbf{u}_\lambda(\mathbf{x}) = \mathbf{e}_\lambda \mathcal{N} \sin k_\lambda x, \tag{10.42}$$

wobei wir im folgenden aber auch unser Augenmerk auf Moden in Form laufender Wellen

$$\mathbf{u}_\lambda(\mathbf{x}) = \mathbf{e}_\lambda \mathcal{N} e^{ik_\lambda x} \tag{10.43}$$

richten wollen. Die Modenzerlegung (5.58) ersetzen wir durch

$$\mathbf{E}(\mathbf{x}, t) = \sum_\lambda E_\lambda(y, z; t)\mathbf{u}_\lambda(x) . \tag{10.44}$$

Wir behalten also die Modenzerlegung in axialer Richtung bei, lassen aber die Abhängigkeit von $E_\lambda(y, z; t)$ noch völlig offen. Setzen wir (10.44) in (5.61) ein, so müssen wir die Wirkung des Laplace-Operators Δ wie folgt berücksichtigen

$$\Delta\mathbf{E} \equiv \left(\frac{\partial^2}{\partial x^2} + \frac{\partial^2}{\partial y^2} + \frac{\partial^2}{\partial z^2}\right)\mathbf{E} = \sum_\lambda \left(\Delta_\perp - \frac{\omega_\lambda^2}{c^2}\right) E_\lambda(y, z; t)\mathbf{u}_\lambda(x) . \tag{10.45}$$

Dabei haben wir die Abkürzung

$$\Delta_\perp = \frac{\partial^2}{\partial y^2} + \frac{\partial^2}{\partial z^2} \tag{10.46}$$

benutzt und die Relation (5.59), die sich jetzt nur auf die x-Koordinate bezieht, verwendet. Setzen wir also (10.44) in (5.61) ein, verwenden (10.45), multiplizieren mit $\mathbf{u}_\lambda^*(x)$ und integrieren über x, so erhalten wir die Gleichung

$$\omega_\lambda^2 E_\lambda - c^2 \Delta_\perp E_\lambda + \ddot{E}_\lambda + \sigma_\lambda \dot{E}_\lambda = -4\pi \ddot{\overline{P}}_\lambda . \tag{10.47}$$

Hierbei haben wir die zu (5.60) analoge Orthogonalitätsrelation für $\mathbf{u}_\lambda(x)$ verwendet und die sich ergebende Gleichung mit $-c^2$ multipliziert. In (10.47) sind E_λ und

$$\overline{P}_\lambda(y, z; t) = \int \mathbf{u}_\lambda^*(x)\mathbf{P}(\mathbf{x}, t)\,dx \tag{10.48}$$

noch Funktionen von y und z. Im Vergleich zu (5.62) haben wir

$$\sigma_{\lambda\lambda'} = \sigma_\lambda \delta_{\lambda\lambda'} \tag{10.49}$$

gesetzt und unabhängig von y und z angenommen. Ein Vergleich zwischen (5.62) und (10.47) ergibt, daß wir in (5.62) lediglich (10.48) zu verwenden und die Ersetzung

$$\omega_\lambda^2 E_\lambda \to \omega_\lambda^2 E_\lambda - c^2 \Delta_\perp E_\lambda \tag{10.50}$$

vorzunehmen haben, um zu Gleichung (10.47) zu gelangen. Dies gibt uns ein Rezept an die Hand, um die *rotating wave approximation* und *slowly varying amplitude approximation* gemäß Abschnitt 5.6 durchzuführen und gleich das Endresultat anzugeben. In der damaligen Gleichung (5.87) haben wir nämlich jetzt nur noch das Zusatzglied

$$-c^2\Delta_{\perp} E_{\lambda} \tag{10.51}$$

zu berücksichtigen. Damit erhalten wir anstelle der damaligen Gl. (5.87)

$$-2i\omega_{\lambda}(\dot{E}_{\lambda}^{(+)}+i\omega_{\lambda}E_{\lambda}^{(+)})-c^2\Delta_{\perp}E_{\lambda}^{(+)}-4\pi\sigma_{\lambda}i\omega_{\lambda}E_{\lambda}^{(+)}=\overline{\omega}^2 4\pi\overline{P}_{\lambda}^{(+)}. \tag{10.52}$$

Dividieren wir diese Gleichung noch durch $-2i\omega_{\lambda}$ und ordnen sie um, so erhalten wir als Endresultat

$$\dot{E}_{\lambda}^{(+)}=(-i\omega_{\lambda}-\kappa_{\lambda})E_{\lambda}^{(+)}+i\frac{c^2}{2\omega_{\lambda}}\Delta_{\perp}E_{\lambda}+2\pi i\overline{\omega}\overline{P}_{\lambda}^{(+)}. \tag{10.53}$$

Damit haben wir die Gleichungen für die Modenamplituden E_{λ} hergeleitet.

Wir wenden uns nun der Herleitung der Gleichungen für die Polarisation und Inversion zu. Ein geeigneter Ausgangspunkt sind hierfür die Gleichungen (5.52) für die Polarisation, die wir nochmals wiedergeben

$$\frac{d}{dt}\mathbf{P}^{(+)}(\mathbf{x},t)=(-i\overline{\omega}-\gamma)\mathbf{P}^{(+)}(\mathbf{x},t)+\frac{1}{i\hbar}(\mathbf{E}(\mathbf{x},t)\Theta_{21})\Theta_{12}D(\mathbf{x},t). \tag{10.54}$$

Diese multiplizieren wir mit $\mathbf{u}_{\lambda}^{*}(x)$ und integrieren über x. Machen wir wieder von der *rotating wave approximation* Gebrauch, so dürfen wir auf der rechten Seite von (10.54) die Ersetzung

$$\mathbf{E}(\mathbf{x},t)\rightarrow\mathbf{E}^{(+)}(\mathbf{x},t) \tag{10.55}$$

vornehmen. Wegen der auf der rechten Seite von (10.54) stehenden Vektoren wird die Rechnung recht unübersichtlich. Aus diesem Grund wollen wir, um das Wesentliche herauszuarbeiten, annehmen, daß die folgenden Parallelitätseigenschaften bestehen

$$\mathbf{u}_{\lambda}\parallel\Theta_{12}\parallel\mathbf{E}^{(+)}\parallel\mathbf{P}^{(+)}. \tag{10.56}$$

Ferner wollen wir uns von nun an auf eine einzige longitudinale Mode beschränken, d.h. die $\sum_{\lambda}$ z.B. in (10.44) entfällt und der Modenindex λ soll sich nur noch auf eine einzige Mode beziehen. Daher nimmt die Zerlegung (10.44) nunmehr die Gestalt

$$\mathbf{E}^{(+)}(\mathbf{x},t)\Rightarrow E_{\lambda}^{(+)}(y,z;t)\,u_{\lambda}(x) \tag{10.57}$$

an. Ferner wollen wir zur Vereinfachung annehmen, daß wir es mit laufenden Wellen zu tun haben, wofür

$$u_\lambda^*(x)u_\lambda(x)=\mathcal{N}^2 \tag{10.58}$$

gilt. Wir multiplizieren Gleichung (10.54) mit $u_\lambda^*(x)$ und integrieren über x. Das letzte Glied von (10.54) nimmt dann die Form

$$\frac{1}{i\hbar}\int u_\lambda^*(x)E_\lambda^{(+)}(y,z;t)\,u_\lambda(x)\,|\Theta_{12}|^2 D(\mathbf{x},t)\,dx \tag{10.59}$$

an. Wegen (10.58) fallen die Modenamplituden u_λ heraus und wir erhalten

$$(10.59)=\frac{1}{i\hbar}\mathcal{N}^2\,|\Theta_{12}|^2 E_\lambda^{(+)}(y,z;t)\underbrace{\int D(\mathbf{x},t)\,dx}_{\overline{D}(y,z;t)}\,. \tag{10.60}$$

Benutzen wir die Definition (10.48) und die in (10.60) eingeführte Abkürzung für $\overline{D}$, so nehmen die Gleichungen für die Polarisation (10.54) die endgültige Gestalt

$$\frac{d}{dt}\overline{P}_\lambda^{(+)}=(-i\overline{\omega}-\gamma)\overline{P}_\lambda^{(+)}+\frac{1}{i\hbar}\mathcal{N}^2\,|\Theta_{12}|^2 E_\lambda^{(+)}\overline{D} \tag{10.61}$$

an.

Wenden wir uns schließlich den Gleichungen für die Inversion zu, wobei wir als Ausgangspunkt (5.53) wählen. Diese Gleichungen lauten nochmals ausgeschrieben

$$\frac{d}{dt}D(\mathbf{x},t)=\frac{D_0-D(\mathbf{x},t)}{T}-\frac{2}{i\hbar}\mathbf{E}(\mathbf{x},t)(\mathbf{P}^{(-)}-\mathbf{P}^{(+)})\,. \tag{10.62}$$

Diese Gleichungen integrieren wir über x, benutzen die Abkürzung

$$\int D_0\,dx=\overline{D}_0\,, \tag{10.63}$$

sowie die *rotating wave approximation,* der zufolge

$$\mathbf{E}(\mathbf{x},t)(\mathbf{P}^{(-)}-\mathbf{P}^{(+)})\ \Rightarrow\ \mathbf{E}^{(+)}\mathbf{P}^{(-)}-\mathbf{E}^{(-)}\mathbf{P}^{(+)} \tag{10.64}$$

gilt. Bei der Integration des letzten Gliedes über x in (10.62) erhalten wir bis auf den Faktor $2/(i\hbar)$

$$\int E_\lambda^{(+)}(y,z;t)\,u_\lambda(x)\,P^{(-)}(\mathbf{x})\,dx-k.k.\,, \tag{10.65}$$

was sich zu

$$E_\lambda^{(+)}(y,z;t)\underbrace{\int u_\lambda(x)\,P^{(-)}(\mathbf{x})\,dx}_{\overline{P}_\lambda^{(-)}(y,z;t)}-k.k. \tag{10.66}$$

umformen läßt. Damit erhalten wir schließlich anstelle von (10.62)

$$\frac{d}{dt}\overline{D} = \frac{\overline{D}_0 - \overline{D}}{T} - \frac{2}{i\hbar}\left(E_\lambda^{(+)} P_\lambda^{(-)} - k.k.\right). \tag{10.67}$$

Die Gleichungen (10.53), (10.61), (10.68) lassen sich nun als Ausgangsgleichungen für die Untersuchung transversaler Effekte heranziehen. Hierbei ist es nützlich, aus $E^{(+)}$ und $P^{(+)}$ den Faktor $e^{-i\omega t}$ herauszuziehen. Auf die so resultierenden Gleichungen läßt sich die Methode der Ginzburg-Landau Gleichungen des vorigen Abschnitts anwenden. Für die jetzige Diskussion möge die Anführung eines Beispiels genügen. Sind nämlich die Zerfallskonstanten $\gamma, 1/T$ groß gegenüber κ_λ, so können wir, wenigstens im allgemeinen, wieder die Methode der adiabatischen Elimination heranziehen und die Polarisation und Inversion durch die Feldstärke E_λ ausdrücken. In Analogie zu den Rechnungen von Abschnitt 6.3 erhalten wir dann die endgültige Gleichung

$$\dot{E}^{(+)} = -\kappa E^{(+)} + i\frac{c^2}{2\omega}\Delta_\perp E^{(+)} + C_1 E^{(+)} - C_2 E^{(+)} |E^{(+)}|^2 . \tag{10.68}$$

Dabei haben wir den Index λ weggelassen, da wir es nur noch mit einer einzigen Feldmode, die allerdings noch von den transversalen Koordinaten y, z abhängt, zu tun haben. Im Falle einer Verstimmung zwischen der Modenfrequenz ω im Resonator und der atomaren Übergangsfrequenz $\overline{\omega}$ werden die Koeffizienten C_1 und C_2 komplex. Hier treten wieder star-

Fig. 10.7 Äquiphasenlinien, die sich aus einer numerischen Integration der Lasergleichungen mit transversaler Wechselwirkung durch Beugung und auch Einschalten der Pumpe eines Lasers ergeben. 4 Singularitäten (Wirbel) sind zu erkennen. In den Zentren der Wirbel ist die Intensität Null (nach P. Coullet, L. Gil und F. Rocca, Opt. Comm. **73**, 387, 1989).

ke Analogien zur Flüssigkeitsdynamik auf, z.B. laufende Wellen, und die sogenannte Zick-zack-Instabilität. Weitere Eigenschaften dieser und ähnlicher Gleichungen betreffen nicht nur regelmäßige Muster, sondern auch das Auftreten von Defekten, z.B. in Form von Wirbeln (Fig. 10.7). Leider müssen wir es uns hier versagen, auf dieses sich noch in rascher Entwicklung befindliche Gebiet näher einzugehen.

AUFGABE ZU 10.6

Man zeige, daß laufende ebene Wellen

$$E^{(+)} = A \exp[i(\Omega t - k_y y - k_z z)]$$

Lösungen von (10.68) sowohl für reelle als auch komplexe Koeffizienten C_1, C_2 sind, sofern eine Laserbedingung erfüllt ist. Wie lautet diese? Wie lautet der Zusammenhang zwischen Ω und k_y, k_z bei komplexen Koeffizienten?

10.7 Optischer synergetischer Computer

Das Konzept des synergetischen Computers stellt eine aussichtsreiche Alternative zu den heute vieldiskutierten Neurocomputern dar. Während die Letzteren auf einer digitalen Datenverarbeitung beruhen, basiert der synergetische Computer auf einer analogen Verarbeitung. Dies läßt ihn prädestiniert für Realisierungen durch optische Instrumente, insbesondere durch Laser, erscheinen.

Befassen wir uns zunächst mit dem abstrakten Konzept des synergetischen Computers, und zwar eines Computers zur Mustererkennung. Dabei gehen zwei Ingredienzien ein:

1. Mustererkennung wird aufgefaßt als Wirken eines assoziativen Gedächtnisses. Ein Beispiel für ein solches Gedächtnis ist das Telefonbuch. Schlägt man hier einen Namen auf, so nennt das Telefonbuch die zugehörige Telefonnummer. Allgemeiner gesprochen, wird durch ein solches Gedächtnis ein Satz von Daten in jeweils bestimmter Weise ergänzt. Wird dem Computer z.B. ein Gesicht gezeigt, so bedeutet die Identifizierung des Gesichtes Nennung des Namens.

2. Wesentlich für den synergetischen Computer ist die Idee, daß Mustererkennung nichts anderes als Musterbildung ist. Bei der Musterbildung, etwa in einer Flüssigkeit, haben wir es mit folgendem Prozeß zu tun: Befindet sich ein Teil der Flüssigkeit bereits in einem geordneten Zustand, so ruft dieser den zu ihm gehörigen Ordnungsparameter auf, der in Konkurrenz mit anderen möglichen Ordnungsparametern, d.h. zugehörigen Konfigurationen, tritt, diesen Wettkampf gewinnt und somit die

gesamte Flüssigkeit in einen bestimmten, nämlich zu ihm gehörigen Ordnungszustand, bringt. Das Entsprechende passiert bei der Mustererkennung. Wird ein Satz von Merkmalen vorgegeben, so rufen diese den zugehörigen Ordnungsparameter auf, dieser tritt in den Wettkampf mit anderen Ordnungsparametern, d.h. anderen Konfigurationen, gewinnt diesen Wettkampf und bestimmt somit das gesamte Muster, z.B. das Gesicht mit zugehörigem Namen.

Zur Realisierung dieses Konzepts gehen wir wie folgt vor: Ein einzelnes zu speicherndes Muster, ein sogenanntes Prototypmuster, wird in seine einzelnen Pixel zerlegt, wobei dem Pixel mit dem Index j ein Grauwert v_j zugeordnet wird. Einem Muster entspricht somit ein Prototypvektor von der Form

$$\mathbf{v} = \begin{pmatrix} v_1 \\ \vdots \\ v_N \end{pmatrix}, \tag{10.69}$$

wobei N die Zahl der Pixel ist. Haben wir es mit mehreren zu speichernden Prototypmustern zu tun, wie dies im allgemeinen der Fall ist, so unterscheiden wir die Prototypvektoren $\mathbf{v}$ durch einen Index k, d.h. wir nennen sie $\mathbf{v}_k$. k läuft dabei von 1 bis M. Zur weiteren Verarbeitung gehört, daß die $\mathbf{v}_k$ auf die Länge 1 normiert sind und der Schwerpunkt auf den Nullpunkt gelegt wird. Dies wollen wir im folgenden immer voraussetzen. Zu den Vektoren $\mathbf{v}_k$ definieren wir adjungierte Vektoren $\mathbf{v}_k^+$, die der Relation

$$(\mathbf{v}_k^+ \mathbf{v}_{k'}) = \delta_{kk'} \tag{10.70}$$

genügen sollen. Dabei werden die $\mathbf{v}_k^+$ durch die ursprünglichen Vektoren (10.69) in der Form

$$\mathbf{v}_k^+ = \sum_{k'} a_{kk'} \bar{\mathbf{v}}_{k'} \tag{10.71}$$

aufgebaut, wobei die Koeffizienten $a_{kk'}$ aus der Relation (10.70) zu bestimmen sind, während der Querstrich über dem $\mathbf{v}$ die zu (10.69) transponierten Vektoren bezeichnet. Wird nun ein Muster dem Computer gezeigt, z.B. ein unvollständiges Gesicht, so soll der Computer dieses zu dem vollständigen, richtigen Gesicht ergänzen. Bezeichnen wir den Mustervektor, der dem Computer gezeigt wird, mit $\mathbf{q}(0)$, so soll im Computer eine Dynamik ablaufen, die diesen Anfangswert $\mathbf{q}$ in den Endzustand $\mathbf{v}_{k_0}$ überführt, wobei $\mathbf{v}_{k_0}$ das dem angebotenen Muster am ähnlichsten Prototypmuster ist

$$\mathbf{q}(0) \rightarrow \mathbf{q}(t) \rightarrow \mathbf{v}_{k_0}. \tag{10.72}$$

Diese Dynamik wird durch die Gleichung

$$\dot{\mathbf{q}} = \sum_k \lambda_k \mathbf{v}_k (\mathbf{v}_k^+ \mathbf{q}) - C_1 \sum_{k' \neq k} (\mathbf{v}_{k'}^+ \mathbf{q})^2 (\mathbf{v}_k^+ \mathbf{q}) \mathbf{v}_k - C_2 (\mathbf{q}^+ \mathbf{q}) \mathbf{q} \quad (10.73)$$

beschrieben. In ihr sind λ_k sogenannte Aufmerksamkeitsparameter, und C_1 und C_2 positive Konstante. Wie sich leicht zeigen läßt, läßt sich (10.73) mit Hilfe einer Potentialdynamik in der Form

$$\dot{\mathbf{q}} = -\frac{\partial V}{\partial \mathbf{q}^+} \quad (10.74)$$

schreiben, wobei das Potential V durch

$$V = -\frac{1}{2} \sum_{k=1}^{M} \lambda_k (\mathbf{v}_k^+ \mathbf{q})^2 + \frac{1}{4} C_1 \sum_{k \neq k'} (\mathbf{v}_k^+ \mathbf{q})^2 (\mathbf{v}_{k'}^+ \mathbf{q})^2 + \frac{1}{4} C_2 (\mathbf{q}^+ \mathbf{q})^2 \quad (10.75)$$

gegeben ist. Die Gleichungen (10.73) haben, wie sich in der Tat im Detail nachweisen läßt, die in (10.72) geforderte Eigenschaft. Für praktische Anwendungen ist es hingegen vorteilhaft, zu Ordnungsparametern ξ_k, die den einzelnen Mustern zugeordnet sind, überzugehen. Die zu (10.73) gehörigen Ordnungsparametergleichungen lauten

$$\dot{\xi}_k = \lambda_k \xi_k - C_1 \sum_{k' \neq k} \xi_{k'}^2 \xi_k - C_2 \left(\sum_{k'=1}^{M} \xi_{k'}^2 \right) \xi_k , \quad (10.76)$$

wobei wir den an Details interessierten Leser auf die Literatur verweisen müssen. Die Anfangswerte für die Ordnungsparameter werden dabei durch die Relation

$$(\mathbf{v}_k^+ \mathbf{q}) = \xi_k \quad (10.77)$$

festgelegt, wobei $\mathbf{q}$ das angebotene Muster ist. Im allgemeinen genügt es für den Mustererkennungsprozeß, alle Aufmerksamkeitsparameter gleich und positiv anzunehmen

$$\lambda_k = \lambda . \quad (10.78)$$

Fig. 10.8 zeigt einige der für den Test dieses Verfahrens benutzten Prototypmuster und Fig. 10.9 das Ergebnis einer Computersimulation.

Fig. 10.8 Beispiele für Prototypmuster in Form von Gesichtern und den durch Buchstaben kodierten Familiennamen.

Fig. 10.9 Beispiele für die Erkennung eines Gesichts, einschließlich des Namens, bei dem anfänglich nur ein kleiner Ausschnitt vorgegeben worden war.

Im Zusammenhang mit dem Inhalt dieses Buches ist nun die Frage interessant, inwieweit sich die Gleichungen (10.76) durch Laser realisieren lassen. Hierzu multiplizieren wir die Gleichungen (10.76) mit ξ_k und führen die Abkürzung

$$\xi_k^2 = n_k \tag{10.79}$$

ein. Wir erhalten dann die Gleichungen

$$\frac{1}{2}\dot{n}_k = \lambda n_k - C_1 \sum_{k' \neq k} n_{k'} n_k - C_2 \left(\sum_{k'=1}^{M} n_{k'} \right) n_k . \tag{10.80}$$

Diese erinnern ganz offensichtlich sehr stark an die Bilanzgleichungen für Photonenzahlen n_k. Es entsteht daher die Frage, ob man Laser konstruieren kann, deren Photonenzahlen gerade den Gleichungen (10.80) mit den speziellen Koeffizienten λ, C_1, C_2 konstruieren kann. Erleichternd hierbei ist, daß an die Größen λ, C_1, C_2 keine Anforderungen gestellt werden, mit Ausnahme der Tatsache, daß diese positiv sein müssen. Trotzdem ist das Ersinnen von Laseranordnungen, die die Form (10.80) hervorbringen, eine nicht ganz triviale Aufgabe. Immerhin konnten mehrere Typen von Laseranordnungen vorgeschlagen und zum Teil auch schon realisiert werden, die der Form (10.80) genügen. Hierzu gehören zum einen Anordnungen, in denen transversale Moden benutzt werden. Wegen der Entartung der transversalen Moden können tatsächlich Gleichungen der Form (10.80) realisiert werden. Eine andere Möglichkeit ist die Benutzung gekreuzter Laseranordnungen, wie dies in Fig.

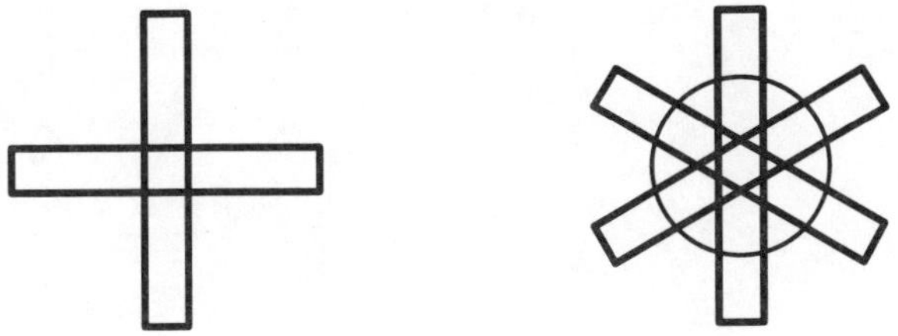

Fig. 10.10 Beispiele für Anordnungen von gekreuzten Lasern.

10.10 vorgeschlagen wird. Wie eine detaillierte Analyse der Gleichungen (10.80) zeigt, ist hierbei entscheidend, daß in den Außenbezirken die Inversion genügend positiv ist, während sie im Innenbereich negativ gehalten werden muß. Eine weitere Möglichkeit bieten parallel angeordnete Halbleiterlaser, d. h. sogenannte Laserarrays.

Bei den Gleichungen (10.76) bzw. (10.80) kommt die folgende mathematische Eigenschaft zum Tragen: Diese Gleichungen stellen einen Wettbewerb zwischen den ξ_k bzw. n_k dar, dabei gewinnt nur eine Photonenart den Wettbewerb, nämlich diejenige, die ursprünglich im Anfangswert gemäß (10.77) am stärksten vertreten war. Dies ist das Prinzip des „winners takes all". Eine wichtige Voraussetzung für die hier diskutierte Anordnung ist die Realisierung der durch (10.77) gegebenen Projektionen. Dies kann durch holographische Anordnungen geschehen, wobei die Prototypvektoren $\mathbf{v}_k^+$ holographisch gespeichert sind und mit Hilfe des angebotenen Mustervektors $\mathbf{q}$ auf die Laseranordnung abgebildet werden. Auch hier müssen wir aus Platzgründen auf die bereits umfangreiche Literatur der holographischen Speicherung verweisen. Eine höchst interessante und reizvolle Aufgabe bleibt es zu erforschen, ob nicht auch die Gleichungen (10.73) durch Laseranordnungen direkt verwirklicht werden können. Dies ist ein zur Zeit noch offenes Problem.

Referenzen und weiterführende Literatur

In den mehr als dreißig Jahren, in denen die Laserphysik entstand, ist eine fast unübersehbare Zahl von Veröffentlichungen auf diesem Gebiet erschienen. Im Rahmen dieses einführenden Lehrbuchs werden wir daher nur solche Arbeiten anführen, die eine besondere Schlüsselrolle, insbesondere bei der Entwicklung der Lasertheorie, gespielt haben, oder deren Resultate wir in diesem Buch verwendet haben. Am Schluss unserer Übersicht, die wir gemäß den einzelnen Kapiteln gliedern, geben wir noch Hinweise auf weiterführende Literatur.

1 Einleitung

Maserprinzip:

Basov, N. G., Prokhorov, A. M.: J. Exptl. Theor. Phys. USSR **27**, 431 (1954), **28**, 249 (1955)
Gordon, J. P., Zeiger, H. J., Townes, C. H.: Phys. Rev. **95**, 282 (1954), **99**, 1264 (1954)
Weber, J.: Trans. IRE, PGED-3, Juni 1953, Rev. Mod. Phys. **31**, 681 (1959)

Laser, Vorschläge:

Schawlow, A. L., Townes, C. H.: Phys. Rev. **112**, 1940 (1958)

sowie, in gewisser Weise, von
Prokhorov, A. M.: J. Exptl. Theor. Phys. USSR **34**, 1658 (1958)
Dicke, R. H.: U.S. Patent 2851652 (9.9.1958)

erste Mitteilung über Lasertätigkeit (am Rubin):
Maiman, T. H.: Brit. Comm. Electr. **7**, 674 (1960), Nature **187**, 493 (1960)

weitere frühe Laserexperimente:
Collins, R. J., Nelson, D. F., Schawlow, A. L., Bond, W., Garrett, C. G. B., Kaiser, W.: Phys. Rev. Lett. **5**, 303 (1960) (Rubin)
Javan, A., Bennett, W. R., Herriott, D. R.: Phys. Rev. Lett. **6**, 106 (1961) (He–Ne)

Frühe Arbeiten zur Lasertheorie:

Ratengleichungen:
Statz, H., deMars, G. A.: in Quantum Electronics, p. 530, ed. C. H. Townes, Columbia Univ. Press, New York, 1960
Tang, C. L.: J. Appl. Phys. **34**, 2935 (1963)

Halbklassische Lasertheorie:
Haken, H.: Vortrag – International conference on Optical Pumping, Heidelberg, 1962 (Festkörperlaser)

Haken, H., Sauermann, H.: Z. Phys. **173**, 261 (1963); **176**, 47 (1963) (Festkörper- und Gaslaser)
Lamb jr, W. E.: Phys. Rev. **134**, A1429 (1964) (Gaslaser)

Quantentheorie des Lasers, nichtlineare Theorie der Kohärenzeigenschaften des Laserlichts:
Haken, H.: Z. Phys. **181**, 96 (1964) (Voraussage der drastischen Änderung der statistischen Eigenschaften des Lichts an der Laserschwelle)

experimentelle Bestätigung:
Armstrong, J. A., Smith, A. W.: Phys. Rev. Lett. **14**, 68 (1965)

(klassische) Fokker-Planck Gleichung an Laserschwelle:
Risken, H.: Z. Phys. **186**, 85 (1965) (Voraussage der Photonenstatistik an der Laserschwelle)

sowie
Hempstead, R. D., Lax, M.: Phys. Rev. **161**, 350 (1967)

Dichtematrixgleichung für Laser:
Weidlich, W., Haake, F.: Z. Phys. **185**, 30 (1965); **186**, 203 (1965)

Photonenstatistik durch Lösung der Dichtematrixgleichung:
Scully, M. O., Lamb jr, W. E.: Phys. Rev. Lett. **16**, 853 (1966); Phys. Rev. **166**, 246 (1968)
Weidlich, W., Risken, H., Haken, H.: Z. Phys. **201**, 396 (1967)

2 Grundeigenschaften und Typen von Lasern

2.1 Laserbedingung:
Schawlow, A. L., Townes, C. H.: Phys. Rev. **112**, 1940 (1958)

2.2 und 2.3
vgl. die am Schluß angegebene Literatur

3 Laserresonatoren

In der Arbeit
Fox, A. G., Li, T.: Bell Systems Tech. J. **40**, 489 (1961) wurde erstmalig rechnerisch gezeigt, wie in einem „offenen Hohlraum", d.h. zwischen zwei Spiegeln, sich Moden ausbilden können.
Ronchi, L.: „Laser Resonators", in Laser Handbook, Vol. I, p. 151, eds. F. T. Arecchi, O. E. Schulz-Dubois, North Holland, Amsterdam, 1972

4 Die Intensität des Laserlichts. Bilanzgleichungen

Bilanzgleichungen in einfacher Form geben
Statz, H., deMars, G. A.: in Quantum Electronics, p. 530, ed. C. H. Townes, Columbia Univ. Press, New York, 1960

Gütegeschalteter Laser, erster Vorschlag:
Hellwarth, R. W.: in Advances in Quantum Electronics, S. 334, ed. J. Singer, Columbia Univ. Press, New York, 1961

Die ersten Relaxationsoszillationen wurden beobachtet von

Collins, R. J., Nelson, D. F., Schawlow, A. L., Bond, W., Garrett, C. G. B., Kaiser, W.: Phys. Rev. Lett. **5**, 303 (1960)

Die Koexistenz und den Wettbewerb von Moden behandeln

Haken, H., Sauermann, H.: Z. Phys. **173**, 261 (1963); **176**, 47 (1963) (Lochbrennen, räumlich, sowie der Frequenz nach)

Tang, C. L., Statz, H., deMars, G. A.: J. Appl. Phys. **34**, 2289 (1963) (räumliches Lochbrennen)

Lamb jr, W. E.: Phys. Rev. **134**, A1429 (1964) (Lochbrennen der Frequenz nach)

Bezüglich einer weitergehenden Behandlung dieser Probleme und weiterer Literaturhinweise siehe

Haken, H.: Laser Theory, Handbuch der Physik Band XXV/2c, Springer, Berlin, 1970

5 und 6 Semiklassische Lasertheorie

Haken, H., Sauermann, H.: Z. Phys. **173**, 261 (1963); **176**, 47 (1963)

Lamb jr, W. E.: Phys. Rev. **134**, A1429 (1964)

Unfassende Darstellungen geben

Haken, H.: Laser Theory, Handbuch der Physik Band XXV/2c, Springer, Berlin, 1970

Sargent III, M., Scully, M. O., Lamb jr, W. E.: Laser Physics, Addison Wesley, Reading Mass., 1974

Die Formulierung der Ausgangsgleichungen stützt sich vor allem auf die Analogie zwischen einem Zwei-Niveau-System von Atomen und Spins, die durch die Blochschen Gleichungen beschrieben werden. Das wesentliche Element dieser Theorie ist die Lösungsmethode, mit der die nichtlinearen Gleichungen behandelt werden und die es gestattet, zahlreiche Effekte im Laser zu behandeln

Laserlicht-Chaos:

Vorhersage:

Haken, H.: Phys. Lett. **A53**, 77 (1975)

Eigenschaften der Lorenz-Gleichungen:

Sparrow, C.: The Lorenz Equations: Bifurcation, Chaos and Strange Attractors, Springer-Verlag, New York, 1982

Experimenteller Nachweis:

Weiss, C. O., Brock, J.: Opt. Comm. **51**, 47 (1984)

Bzgl. weiterer Arbeiten s.

Tang, D. Y., Weiss, C. O.: Phys. Rev. **A49**, 1296 (1994) mit weiteren Referenzen

Eine Übersicht über das Lasergyroskop gibt

Killpatrick, J.: IEEE Spectrum, Okt. 1967, 44

7 Halbklassische Lasertheorie II

äußere Modenkopplung:

McDuff, O. P., Harris, S. E.: IEEE J. Qu. Electr. QE-3, 101 (1967) (inhomogene Linienverbreiterung)

Haken, H., Pauthier, M.: IEEE J. Qu. Electr. QE-4, 454 (1968) (homogene Linienverbreiterung, zeigt Existenz verschiedener Pulsformen)

Kuizenga, D. J., Siegman, A. E.: IEEE J. Qu. Electr. QE-6,694 (1970) (weitgehend ähnliche Theorie wie bei Haken und Pauthier, enthält aber auch experimentelle Ergebnisse)

Modelocking, sättigbare Absorber:

Die ersten theoretischen Arbeiten stammen von

Garmire, E., Yariv, A.: IEEE J. Qu. Electr. QE-3, 222 (1967)

Schwarz, S. E.: IEEE J. Qu. Electr. QE-4, 509 (1968)

Basov, N. G., Kriukov, P. G., Letokhov, V. S., Senatzkii, Yu. V.: IEEE J. Qu. Electr. QE-4, 606 (1968)

neuere Beispiele geben u.a.

Lugiato, L. A., Mandel, P., Dembinski, S. T., Kossakowski, A.: Phys. Rev. **A18**, 238 (1978)

Dembinski, S. T., Kossakowski, A., Lugiato, L. A., Mandel, P.: Phys. Rev. **A18**, 1145 (1978)

Den Gaslaser einschließlich der Sättigungsdelle behandeln

Haken, H., Sauermann, H.: Z. Phys. **173**, 261 (1963); **176**, 47 (1963)

Lamb jr, W. E.: Phys. Rev. **134**, A1429 (1964)

Experimente zur Sättigungsdelle (Lamb dip):

McFarlane, R. A., Bennett jr, W. R., Lamb jr, W. E.: Appl. Phys. Lett. **2**, 189 (1963)

Szöke, A., Javan, A.: Phys. Rev. Lett. **10**, 521 (1963); Phys. Rev. **145**, 137 (1966)

Superstrahlung und Superfluoreszenz:

bei Spinsystemen:

Dicke, R. H.: Phys. Rev. **93**, 493 (1954)

bei Zwei-Niveau Systemen von Atomen:

Glauber, R. J., Haake, F.: The Single Mode Model of Superradiance, p. 71

Bonifacio, R.: „Non-Markovian Theory of Superradiance", p. 97, in Cooperative Effects. Progress in Synergetics, ed. H. Haken, North Holland, Amsterdam, 1974

Bonifacio, R., Schwendimann, P., Haake, F.: Phys. Rev. **A4**, 302, 854 (1971)

Bonifacio, R., Lugiato, L. A.: Phys. Rev. **A11**, 1507: **A12**, 587 (1975)

Der Vorschlag „Superfluoreszenz" geht zurück auf

Bonifacio, R., Schwendimann, P.: Nuovo Cim. Lett. **3**, 509, 512 (1970)

Höhere Instabilitäten:
Arecchi, F. T., Harrison, R. G., eds.: Instabilities and Chaos in Quantum Optics, Springer-Verlag, Berlin, 1987

Chaos bei 3 Moden:
Yamada, T., Graham, R.: Phys. Rev. Lett. **45**, 1322, 1980

Selbstpulsation in Lasern:
Graham, R., Haken, H.: Z. Physik **213**, 420, 1968
Risken, H., Nummedal, K.: J. Appl. Phy. **39**, 4662, 1968

Experimente zur Frequenzaufspaltung in Farbstoff-Lasern:
Hillman, L. W., Krasinski, J., Boyd, R. W., Stroud, C. R.: J. Opt. Soc. Am. **B2**, 211, 1985

Theorie:
Fu, Hong: Instabilität, Selbstpulsation und multichromatische Lasertätigkeit im Bandmodell für Farbstofflaser. Dissertation, Stuttgart, 1989

8 Quantentheorie des Lasers

vgl hierzu die unter 1. (Einleitung) gemachten Literaturangaben. Ferner
Haken, H.: Z. Phys. **182**, 346 (1965); **190**, 327 (1966)
Sauermann, H.: Z. Phys. **189**, 312 (1966)
Lax, M., Louisell, W. H.: Phys. Rev. **185**, 568 (1969)

Übersichtsartikel finden sich bei
Haken, H.: „The Theory of Coherence, Noise and Photon Statistics of Laser Light", in Laser Handbook, Vol. I, p. 115, eds. F. T. Arecchi, O. E. Schulz-Dubois, North Holland, Amsterdam, 1972
Risken, H.: in Progress in Optics, Band VIII, p. 241, ed. E. Wolf, North-Holland, Amsterdam, 1970
Haken, H.: Laser Theory, Handbuch der Physik Band XXV/2c, Springer, Berlin, 1970

Zur *Photonenstatistik* vgl.

Arecchi, F. T., DeGiorgio, V.: „Measurement of the Statistical Properties of Optical Fields", in Laser Handbook, Vol. I, p. 191, eds. F. T. Arecchi, O. E. Schulz-Dubois, North Holland, Amsterdam, 1972
Laser an der Schwelle (mit klassischer Fokker-Planck Gleichung):
Risken, H.: Z. Phys. **186**, 85 (1965); **191**, 302 (1966)

Den Zusammenhang verschiedener Methoden erläutert:
Graham, R.: In Evolution of Dynamical Structures in Complex Systems, eds.: R. Friedrich, A. Wunderlin, Springer-Verlag, Berlin, 1992

9 2-Photonen-Laser

Ursprüngl. Vorschlag für Oszillatoren dieser Art:
Sorokin, P. P., Braslau, N.: IBM J. Res. Develop. **8**, 177 (1964)
Prokhorov, A. M.: Science **149**, 828 (1965)

Einige Arbeiten zu Laser-Kaskaden:
Haken, H., der Agobian, R., Pauthier, M.: Phys. Rev. **140**, A437 (1965)
de Valcárcel, G. J., Roldán, E., Vilaseca, R.: Phys. Rev. A, **49**, 1243 (1994)
In beiden Arbeiten zahlreiche weitere Zitate.

Für weitere Details zur Theorie des 2-Photonen-2-Niveau-Lasers s.
Wang, Z. C., Haken, H.: Z. Physik **55**, 361; 56, 77, 83 (1984)
und beim 3-Niveau System
Ning, C. Z.: Versklavungsprinzip und Normalformtheorie: Die Anwendung auf Instabilitäten beim 2-Photonen-Laser, Dissertation, Stuttgart, 1991 (Hierin weitere Zitate)

Experimentelle Realisierung:
Haroche, S., Kleppner, D.: Phys. Tod., 24, Jan. 1989
Brune, M., Raimond, J. M., Goy, P., Davidovich, L., Haroche, S.: Phys. Rev. Lett. **59**, 1899 (1987)

Allgem. Lösung der Schrödinger-Gl. für Systeme mit N+2 Niveaus unter 2-Photonen-Wechselwirkung mit gegebenem Feld:
Schenzle, A., Brewer, R. G.: Phys. Rep. **43**, 455, 1978

10 Synergetik

Haken, H., Graham, R.: „Synergetik. Die Lehre vom Zusammenwirken" Umschau **6**, 191 (1971)
Haken, H.: Rev. Mod. Phys. **47**, 67 (1975)
Haken, H.: Synergetics. An Introduction. Nonequilibrium Phase Transitions and Self-Organization in Physics, Chemistry and Biology, 2nd enlarged ed., Springer, Berlin, 1978
Springer Series in Synergetics, Bände 2–63, Springer, Berlin

Phasenübergangsanalogie:

Graham, R., Haken, H.: Z. Phys. **213**, 420 (1968); **237**, 31 (1970)
Haken, H.: in Festkörperprobleme Bd X., ed. O. E. Madelung, Pergamon, Vieweg, 1970
DeGiorgio, V., Scully, M. O.: Phys. Rev. **A2**, 1170 (1970)

Verallgemeinerte Ginzburg-Landau Gleichungen:
Haken, H.: Advanced Synergetics, 3rd print., Springer-Verlag, Berlin, 1993

Transversale Effekte s.z.B.:
Harrison, R. G., Uppal, J. S. eds.: Nonlinear Dynamics and Spatial Complexity in Optical Systems, Institute of Physics Publishing, Bristol 1993
Brambrilla, M., Cattaneo, M., Lugiato, L. A., Pirovano, R., Prati, F., Kent, A. J., Oppo, G. L., Coates, A. B., Weiss, C. O., Green, C., D'Angelo, E. J., Tredicce, J. R.: Phys. Rev. **A49**, 1427 (1994) (Theorie), Phys. Rev. **A49**, 1452 (1994) (Experimente). Der hier benutzte Ansatz beruht auf dem Modenkonzept.

Optischer synergetischer Computer:
Haken, H.: Synergetic Computers and Cognition, Springer-Verlag, Berlin, 1991

Schulz, C. D.: Theorie eines Lasersystems zur Mustererkennung als optische Realisierung eines synergetischen Computers, Dissertation, Stuttgart, 1992

Bücher über Laserphysik

Handbücher:

Haken, H.: Laser Theory, Handbuch der Physik Band XXV/2c, Springer, Berlin, 1970

Laser Handbook, Bände I, II, eds. F. T. Arecchi, O. E. Schulz-Dubois, North Holland, Amsterdam, 1972

Bücher:

Brunner, W., Radloff, W., Junge, K.: Quantenelektronik. Eine Einführung in die Physik des Lasers, VEB, Berlin, 1975

Losev, S. A.: Gasdynamic Lasers, Springer-Verlag, Berlin, 1981

Meystre, P., Sargent III, M.: Elements of Quantum Optics, 2nd, ed., Springer-Verlag, Berlin, 1991

Milonni, P. W., Shih, M. L., Ackerhalt, J. R.: Chaos in Laser-Matter Interactions, World Scientific Publishing Co., Singapore, 1987

O'Shea, D. C., Callen, W. R., Rhodes, W. T.: Introduction to Lasers and their Applications, Addison Wesley, Reading Mass., 1978

Paul, H.: Lasertheorie I, II, Wissenschaftliche Taschenbücher, Akademie Verlag, Berlin, 1969

Rosenberger, D.: Technische Anwendungen des Lasers, Springer, Berlin, 1975

Sargent III, M., Scully, M. O., Lamb jr, W. E.: Laser Physics, Addison Wesley, Reading Mass., 1974

Shimoda, K.: Introduction to Laser Physics, Springer-Verlag, Berlin, 1984

Smith, W. V., Sorokin, P. P.: The Laser, McGraw Hill, New York, 1966

Svelto, O.: Principles of Lasers, Plenum, New York, 1976

Weber, H., Herziger, G.: Laser. Grundlagen und Anwendungen, Physik Verlag, Weinheim/Bergstr., 1972

Weiss, C. O., Vilaseca, R.: Dynamics of Lasers, VCH, Weinheim, 1991

Yariv, A.: Quantum Electronics, Wiley, New York, 1975

Zory, P. S., Jr. ed.: Quantum Well Lasers, Academic Press, Boston, 1993

Sachverzeichnis